普通高等教育"十一五"国家级规划教材

# 电气控制与 PLC 原理及应用

## （西门子 S7-200 系列）（第 3 版）

李道霖　主　编

程传红　主　审

U0282683

电子工业出版社

**Publishing House of Electronics Industry**

北京·BEIJING

## 内 容 简 介

本书介绍了常用的低压电器，简单的液压传动元件及系统，继电接触器系统的基本电路，PLC 的概述及工作原理，西门子 S7-200 系列 PLC 的系统构成，S7-200 PLC 的基本指令、功能指令的功能和用法及应用实例，编程软件的使用，PLC 的控制系统应用程序的设计方法和应用举例。

本书可作为电气自动化技术、机电一体化技术、电力系统继电保护与自动化等相关专业的教学用书。对于广大的电气工程技术人员，则是一本非常有价值的参考书和技术手册。

未经许可，不得以任何方式复制或抄袭本书之部分或全部内容。
版权所有，侵权必究。

**图书在版编目（CIP）数据**

电气控制与 PLC 原理及应用：第 3 版 / 李道霖主编. —北京：电子工业出版社，2015.4
（西门子 S7-200 系列）
新编高等职业教育电子信息、机电类规划教材·机电一体化技术专业
ISBN 978-7-121-25842-8

Ⅰ．①电…　Ⅱ．①李…　Ⅲ．①电气控制－高等职业教育－教材②plc 技术－高等职业教育－教材
Ⅳ.①TM921.5②TM571.6

中国版本图书馆 CIP 数据核字（2015）第 072574 号

策　　划：陈晓明
责任编辑：郭乃明　　特约编辑：范　丽
印　　刷：北京七彩京通数码快印有限公司
装　　订：北京七彩京通数码快印有限公司
出版发行：电子工业出版社
　　　　　北京市海淀区万寿路 173 信箱　邮编：100036
开　　本：787×1092　1/16　印张：17.75　字数：454 千字
版　　次：2004 年 8 月第 1 版
　　　　　2015 年 4 月第 3 版
印　　次：2025 年 1 月第 16 次印刷
定　　价：39.00 元

凡所购买电子工业出版社图书有缺损问题，请向购买书店调换。若书店售缺，请与本社发行部联系，联系及邮购电话：(010) 88254888。

质量投诉请发邮件至 zlts@phei.com.cn，盗版侵权举报请发邮件至 dbqq@phei.com.cn。

服务热线：(010) 88258888。

# 前　言

在生产过程、科学研究和其他产业领域中，电气控制技术的应用都是十分广泛的。在机械设备的控制中，电气控制亦比其他的控制方法使用得更为普遍。随着科学技术的发展，特别是大规模集成电路的问世和微处理机技术的应用，出现了可编程序控制器（PLC），它不仅可以取代传统的继电接触器控制系统，还可以进行复杂的过程控制和构成分布式自动化系统，使电气控制技术进入了一个崭新的阶段。目前 PLC 在我国的应用相当广泛，尤其是小型 PLC，采用类似继电器逻辑的过程操作语言，使用十分方便，备受电气工程技术人员的欢迎。长期以来，PLC 始终处于工业控制自动化领域的主战场，为各种各样的电气自动化控制设备提供非常可靠的控制方案。因此，了解和学习这些重要的技术对机电类与电气类专业的高职高专学生来说是必不可少的。

本书根据高校已普遍将"低压电气控制技术"和"可编程序控制器原理及应用"两门课程合并为"电气控制与可编程序控制器原理及应用"一门课程的情况，并充分考虑到电气控制技术的实际运用和发展趋势而编写。

在本书第 3 版的编写过程中，笔者始终坚持高职教育应以高技能人才培养为目标，因此在简明扼要地介绍基本理论和基础技能的同时，重点突出了实践性环节，主要体现在大量增加了应用性实例的编程，从工程实际出发，由易到难，循序渐进，使读者在简单的实际应用中领悟 PLC 编程的技巧和方法，感悟实践渗透理论带来认知的快捷与方便，通过学习、实践，逐步进入一般工程应用的组织、规划、设计、调试和运行等领域。

本书从内容上可分为两大部分：第一部分主要介绍常用低压电器及其控制电路，在继电接触器控制系统的基本电路这一章中，增加了并励直流电动机控制电路、异步电动机软启动控制电路、变频调速控制电路、液压传动元件及系统，而对异步电动机控制电路只做了部分介绍。第二部分主要介绍了西门子 S7-200 CPU 22X 系列 PLC 的基本构成、内部元器件、基本指令及应用举例、功能指令及应用举例、软件应用、网络通信、梯形图的编程方法及应用举例、实际应用系统的设计方法等。

本书由李道霖教授主编，韩绪鹏、李莉、韩宏亮、谢更新、万莉萍、王涛、周厚全、肖春芳参加了本书的编写与修订，程传红主审了全书。书中部分章节的编写参考了有关资料，在此我们对这些同志和参考文献的作者们表示衷心的感谢。

限于编者水平有限，书中疏漏、错误之处难免，恳请读者批评指正。

编　者
2014 年 11 月

# 目 录

# 绪 论

## 1. 电气控制技术的发展概况

电气控制技术是随着科学技术的不断发展和生产工艺不断提出新的要求而得到飞速发展的。从最早的手动控制发展到自动控制，从简单的控制设备发展到复杂的控制系统，从有触点的硬接线继电器控制系统发展到以微处理器或计算机为中心的网络化自动控制系统。随着新的电气元件的不断出现和计算机技术的发展，电气控制技术也在持续发展。现代电气控制技术正是综合应用了计算机、自动控制、电子技术、精密测量等许多先进的科学技术成果而迅速发展起来的，并正向着集成化、智能化、信息化、网络化方向发展。

低压电器是现代工业过程自动化的重要元器件，是组成电气成套设备的基础配套器件，它是低压用电系统和控制系统安全运行的基础和保障。而继电接触器控制系统则主要由继电器、接触器、按钮、行程开关等组成，其控制方式是断续的，所以又称为断续控制系统。由于这种系统具有结构简单，价格低廉，维护容易，抗干扰能力强等优点，至今仍是机床和其他许多机械设备广泛采用的基本电气控制形式，也是学习更先进电气控制系统的基础。这种控制系统的缺点是采用固定接线方式，灵活性差，工作频率低，触点易损坏，可靠性差。

电气控制系统的执行机构是电机拖动和液压与气压传动。电机拖动已由最早的采用成组拖动方式→单独拖动方式→生产机械的不同运动部件分别由不同电机拖动的多电动机拖动方式，发展成今天无论是自动化功能，还是生产安全性方面都相当完善的电气自动化系统。

液压传动与控制是现代工程机械的基础技术，由于其在功率重量比、无级调速、自动控制、过载保护等方面的独特技术优势，使其成为国民经济中多行业、多类机械装备实现传动与控制的重要技术手段。

从 20 世纪 30 年代开始，机械加工企业为了提高生产效率，采用机械化流水作业的生产方式，对不同类型的零件分别组成自动生产线。随着产品机型的更新换代，生产线承担的加工对象也随之改变，这就需要改变控制程序，使生产线的机械设备按新的工艺过程运行，而继电接触器控制系统是采用固定接线的，很难适应这个要求。大型自动生产线的控制系统使用的继电器数量很多，这种有触点的电器工作频率较低，在频繁动作情况下寿命较短，从而造成系统故障，使生产线的运行可靠性降低。为了解决这个问题，20 世纪 60 年代初期利用电子技术研制出矩阵式顺序控制器和晶体管逻辑控制系统来代替继电接触器控制系统，对复杂的自动控制系统则采用电子计算机控制，由于这些控制装置本身存在某些不足，均未能获得广泛应用。1968 年美国最大的汽车制造商——通用汽车（GM）公司为适应汽车型号不断更新，提出把计算机的完备功能以及灵活性、通用性好等优点和继电接触器控制系统的简单易懂、操作方便、价格低廉等优点结合起来，做成一种能适应工业环境的通用控制装置，并把编程方法和程序输入方式加以简化，使得不熟悉计算机的人员也能很快掌握它的使用技术。根据这一设想，美国数字设备公司（DEC）于 1969 年率先研制出第一台可编程控制器（简称 PLC），在通用汽车公司的自动装配线上试用获得成功。从此以后，许多国家的著名厂商竞相研制，各自形成系列，而且品种更新很快，功能不断增强，从最初的逻辑控制为主发展到能进行模拟量控制，具有数据运算、数据处理和通信联网等多种功能。PLC 另一个突出优点是可靠性很高，平均无故障运行时间可达 10 万小时以上，可以大大减小设备维修费用和停产造成的经济损失。当前 PLC 已经成为电气自动控制系统中应用最为广泛的核心装置，在工业自动控制领域占有十分重要的地位。

PLC 发展至今已有近 45 年的历史，随着电力电子技术、计算机技术和信息技术的发展，工业控制领域已有翻天覆地的变化，PLC 也朝着新的技术不断发展。一是 PLC 向网络化技术发展，包括两个趋势：一方面，PLC 网络系统已经不再是自成体系的封闭系统，而是迅速向开放式系统发展，各大品牌 PLC 除形成自己各具特色的 PLC 网络系统，完成设备控制任务之外，还可以与上位计算机管理系统联网，实现信息交流，成为整个信息管理系统的一部分；另一方面，现场总线技术得到广泛的采用，PLC 与其他安装在现场的智能化设备，例如智能仪表、传感器、智能型电磁阀、智能型驱动执行机构等，通过一根传输介质（如双绞线、同轴电缆、光缆）连接起来，并按照同一通信规约互相传输信息，由此构成一个现场工业控制网络，这种网络与单纯的 PLC 远程网络相比，配置更灵活，扩展更方便，造价更低，性能价格比更好，也更具开放意义。二是 PLC 向高性能小型化方向发展，PLC 的功能越来越丰富，而体积则越来越小。PLC 已不再是早期那种只能进行开关量逻辑运算的产品了，而是具有越来越强的模拟量处理能力，以及具备过去只有在计算机上才能完成的高级处理能力，如浮点数运算、PID 调节、温度控制、精确定位、步进驱动、报表统计等。从这种意义上说，PLC 系统与 DCS（集散控制系统）的差别越来越小了，用 PLC 同样可以构成一个过程控制系统。三是 PLC 操作向简易化方向发展。目前 PLC 推广的难度之一就是复杂的编程使得用户望而却步，而且不同厂商 PLC 所有编程的语言也不尽相同，用户往往需要掌握更多种编程语言，难度较大。PID 控制、网络通信、高速计数器、位置控制、数据记录、配方和文本显示器等编程和应用也是 PLC 程序设计中的难点，用普通的方法对它们编程时，需要熟悉有关的特殊存储器的意义，在编程时对它们赋值，运行时通过访问它们来实现对应的功能。这些程序往往还与中断有关，编程的过程既繁琐又容易出错，阻碍了 PLC 的进一步推广应用。PLC 的发展必然朝着操作简化对复杂任务的编程，在这一点上西门子 PLC 就充当了先行者，西门子 S7-200 的编程软件设计了大量的编程向导，只需要在对话框中输入一些参数，就可以自动生成包括中断程序在内的用户程序，大大方便了用户的使用。

## 2. 本课程的性质与任务

本课程是一门实用性很强的专业课，主要内容是以电动机或其他执行电器为控制对象，介绍继电接触器控制系统和 PLC 控制系统的工作原理、典型机械的电气控制线路以及 PLC 控制系统的设计方法。当前 PLC 控制系统应用十分普遍，已经成为实现工业自动化的主要手段，是教学的重点所在。但是，一方面，根据我国当前情况，继电接触器控制系统仍然是机械设备最常用的电气控制方式，而且低压电器正在向小型化、智能化发展，出现了功能多样的电子式电器，使继电接触器控制系统性能不断提高，因此它在今后的电气控制技术中仍然占有相当重要的地位；另一方面，PLC 是计算机技术与继电接触器控制技术相结合的产物，而且 PLC 的输入、输出仍然与低压电器密切相关，因此掌握继电接触器控制技术也是学习和掌握 PLC 应用技术所必需的基础。

本课程的目标是培养学生的实际应用能力，具体要求是：

（1）熟悉常用控制电器的结构原理、用途，具有合理选择、使用重要控制电器的能力。

（2）熟练掌握继电接触器控制线路的基本环节，具有阅读和分析电气控制线路的工作原理的能力。

（3）熟悉典型设备的电气控制系统，具有从事电气设备安装、调试、维修和管理等知识。

（4）掌握 PLC 的基本结构和工作原理，能够根据工艺过程和控制要求进行简单的 PLC 控制系统的硬件设计和安装调试。

（5）熟悉 PLC 的内部元器件的结构与功能，掌握 PLC 的指令系统与编程应用，提高 PLC 控制系统程序的设计能力与技巧，增强实际控制系统的设计与调试能力。

（6）了解 PLC 的网络和通信原理。

# 第1章 常用低压电器

## 内容提要

本章主要讲述了接触器、继电器、熔断器、低压断路器、低压隔离器、主令器、电磁阀等低压电器的用途、基本结构、工作原理及其主要参数和图形符号。

## 学习要求

掌握常用低压电器的工作原理，图形符号及用途。

了解各低压电器的技术参数，以便正确选取电器。

随着电器技术不断发展，为提高系统的可靠性，应尽量选用新型的电气元件。

## 1.1 概述

### 1.1.1 电器的定义

电器是根据外界特定的信号和要求，自动或手动接通和断开电路，断续或连续地改变电路参数，实现对电路或非电对象的切换、控制、保护、检测、变换和调节的电气设备。

电器的种类繁多，构造各异。根据其工作电压高低，电器可分为高压电器和低压电器。工作在交流额定电压 1200V 及以下，直流额定电压 1500V 及以下的电器称为低压电器。

### 1.1.2 常用低压电器分类

由于低压电器的职能、品种和规格的多样化，工作原理也各异，因而有不同的分类方法。根据其与使用系统间的关系，习惯上按用途可分为以下几类。

#### 1. 低压配电电器

主要用于低压供电系统。这类低压电器有刀开关、自动开关、隔离开关、转换开关以及熔断器等。对这类电器的主要技术要求是分断能力强，限流效果好，动稳定及热稳定性能好。

#### 2. 低压控制电器

主要用于电力拖动控制系统。这类低压电器有接触器、继电器、控制器等。对这类电器的主要技术要求是有一定的通断能力，操作频率高，电器和机械寿命要长。

#### 3. 低压主令器

主要用于发送控制指令的电器。这类电器有按钮、主令开关、行程开关和万能开关等。对这类电器的主要技术要求是操作频率要高，抗冲击，电气和机械寿命要长。

#### 4．低压保护电器

主要用于对电路和电气设备进行安全保护的电器。这类低压电器有熔断器、热继电器、电压继电器、电流继电器和避雷器等。对这类电器的主要技术要求是有一定的通断能力，反应要灵敏，可靠性要高。

#### 5．低压执行电器

主要用于执行某种动作和传动功能的电器。这类低压电器有电磁铁、电磁离合器等。

### 1.1.3　低压电器发展概况

低压电器的生产和发展是和电的发明和广泛应用分不开的，从按钮、刀开关、熔断器等简单的低压电器开始，到各种规格的低压断路器、接触器以及由它们组成的成套电气控制设备，都是随着生产的需要而发展的。

随着国民经济的恢复和大规模经济建设的进行，国民经济各部门对低压电器的种类、品种、质量提出了越来越高的要求。低压电器的品种也从少到多，产品质量从低到高逐渐发展。但产品与电工行业的国际标准 IEC 仍有一定的差距。

改革开放以后，我国低压电器制造工业有了飞速发展。一方面，国产产品如 CJ20 系列接触器，RJ20 系列热继电器，DZ20 系列塑料外壳式断路器都是国内 20 世纪 80 年代更新换代产品，符合国家新标准（参考 IEC 标准制定），有的甚至符合 IEC 标准。另一方面，积极从德国 BBC 公司、AEC 公司及西门子公司，美国西屋公司、日本寺崎公司等引进了接触器、热继电器、启动器、断路器等先进的产品制造技术，并基本实现国产化，使我国低压电器的产品质量有了较大的提高。

当前，我国低压电器的发展总是不断提高其技术参数的性能指标，并在其经济性能上下功夫。其间，使用新材料、新工艺、新技术对产品质量的提高、性能的改善有着十分重要的作用。同时我国大力开发新产品，特别是多功能化产品及机电一体化产品，如电子化的新型控制电器（接近开关、光电开关、固态继电器与接触器、电子式电机保护器等）正不断研制、开发出来。总之，低压电器正向高性能、高可靠性、多功能、小型化、使用方便等方向发展。

## 1.2　低压电器的电磁机构及执行机构

### 1.2.1　电磁机构

电磁机构的作用是将电磁能转换成为机械能并带动触点的闭合或断开，完成通断电路的控制作用。

电磁机构由吸引线圈、铁芯和衔铁组成，其结构形式按衔铁的运动方式可分为直动式和拍合式，图 1.1 和图 1.2 是直动式和拍合式电磁机构的常用结构形式。图中，吸引线圈的作用是将电能转换为磁能，即产生磁通，衔铁在电磁吸力作用下产生机械位移使铁芯吸合。通入直流电的线圈称直流线圈，通入交流电的线圈称交流线圈。

1—衔铁；2—铁芯；3—吸引线圈

图 1.1　直动式电磁机构

1—衔铁；2—铁芯；3—吸引线圈

图 1.2　拍合式电磁机构

对于直流线圈，铁芯不发热，只是线圈发热，因此线圈与铁芯接触以利散热。线圈做成无骨架、高而薄的瘦高型，以改善线圈自身散热。铁芯和衔铁由软钢或工程纯铁制成。

对于交流线圈，除线圈发热外，由于铁芯中有涡流和磁滞损耗，铁芯也会发热。为了改善线圈和铁芯的散热情况，在铁芯与线圈之间留有散热间隙，而且把线圈做成有骨架的矮胖型。铁芯用硅钢片叠成，以减小涡流。当线圈通过工作电流时产生足够的磁动势，从而在磁路中形成磁通，使衔铁获得足够的电磁力，克服反作用力而吸合。在交流电流产生的交变磁场中，为避免因磁通过零点造成衔铁的抖动，需在交流电器铁芯的端部开槽，嵌入一铜短路环，使环内感应电流产生的磁通与环外磁通不同时过零，使电磁吸力总是大于弹簧的反作用力，因而可以消除铁芯的抖动。

另外，根据线圈在电路中的连接方式可分为串联线圈（即电流线圈）和并联线圈（即电压线圈）。串联（电流）线圈串接在线路中，流过的电流大，为减小对电路的影响，线圈的导线粗，匝数少，线圈的阻抗较小。并联（电压）线圈并联在线路上，为减小分流作用，降低对原电路的影响，需要较大的阻抗，因此线圈的导线细且匝数多。

### 1.2.2　触点系统

触点的作用是接通或分断电路，因此，要求触点具有良好的接触性能和导电性能，电流容量较小的电器，其触点通常采用银质材料。这是因为银质触点具有较低和较稳定的接触电阻，其氧化膜电阻率与纯银相似，可以避免触点表面氧化膜电阻率增加而造成接触不良。

触点的结构有桥式和指形两种，图 1.3 为触点结构形式。

桥式触点又分为点接触式和面接触式。点接触式适用于电流不大且触点压力小的场合，面接触式适用于大电流的场合。指形触点在接通与分断时产生滚动摩擦，可以去掉氧化膜，故其触点可以用紫铜制造，它适合于触点分合次数多、电流大的场合。

（a）点接触式触点　　　　　　　（b）面接触式触点　　　　　（c）指形触点

图 1.3　触点结构形式

### 1.2.3　灭弧系统

触点分断电路时，由于热电子发射和强电场的作用，使气体游离，从而在分断瞬间产生电弧。电弧的高温能将触点烧损，缩短电气的使用寿命，又延长了电路的分断时间。因此，应采用适当措施迅速熄灭电弧。

低压控制电器常用的灭弧方法有以下几种。

#### 1．电动力吹弧

电动力吹弧示意图如图 1.4 所示，桥式触点在分断时本身具有电动力吹弧功能，不用任何附加装置，便可使电弧迅速熄灭。这种灭弧方法多用于小容量交流接触器中。

#### 2．磁吹灭弧

在触点电路中串入吹弧线圈，如图 1.5 所示，该线圈产生的磁场由导磁夹板引向触点周围，其方向由右手定则确定（如图中×所示），触点间的电弧所产生的磁砀，其方向为⊗⊙所示。这两个磁场在电弧下方方向相同（叠加），在弧柱上方方向相反（相减），所以弧柱下方的磁场强于上方的磁场。在下方磁场作用下，电弧受力的方向为力 $F$ 所指的方向，在力 $F$ 的作用下，电弧被吹离触点，经引弧角引进灭弧罩，使电弧熄灭。

1—静触点；2—动触点

图 1.4　电动力灭弧示意图

1—磁吹线圈；2—绝缘套；3—铁芯；4—引弧角；
5—导磁夹板；6—灭弧罩；7—动触点；8—静触点

图 1.5　磁吹灭弧示意图

### 3．栅片灭弧

灭弧栅片是一组薄铜片，它们彼此间相互绝缘，如图 1.6 所示。当电弧进入栅片被分割成一段段串联的短弧，而栅片就是这些短弧的电极。每两片电弧之间都有 150～250V 的绝缘强度，使整个灭弧栅的绝缘强度大大加强，以至外电压无法维持，电弧迅速熄灭。由于栅片灭弧效应在交流时要比直流强得多，所以交流电器常常采用栅片灭弧。

1—灭弧栅片；2—触点；3—电弧

图 1.6 栅片灭弧示意图

## 1.3 接触器

接触器是一种自动的电磁式电器，适用于远距离频繁接通或断开交直流主电路及大容量控制电路。其主要控制对象是电动机，也可用于控制其他负载，如电焊机、电容器、电阻炉等。它不仅能实现远距离自动操作和欠电压释放保护及零电压保护功能，而且控制容量大，工作可靠，操作频率高，使用寿命长。常用的接触器分为交流接触器和直流接触器两类。

### 1.3.1 接触器结构和工作原理

图 1.7 为交流接触器结构示意图，交流接触器由以下四部分组成。

### 1．电磁机构

由电磁线圈、铁芯和衔铁组成，其功能是操作触点的闭合和断开。

1—动触桥；2—静触点；3—衔铁；
4—缓冲弹簧；5—电磁线圈；6—静铁芯；7—垫毡；
8—触点弹簧；9—灭弧罩；10—触点压力簧片

图 1.7 CJ20 交流接触器结构示意图

### 2．触点系统

触点系统包括主触点和辅助触点。主触点用在通断电流较大的主电路中，一般由三对常开触点组成，体积较大。辅助触点用以通断小电流的控制电路，体积较小，它有"常开"、"常闭"触点（"常开"、"常闭"是指电磁系统未通电动作前触点的状态）。常开触点（又叫动合触点）是指线圈未通电时，其动、静触点是处于断开状态的，当线圈通电后就闭合。常闭触点（又叫动断触点）是指在线圈未通电时，其动、静触点是处于闭合状态的，当线圈通电后，则断开。

线圈通电时，常闭触点先断开，常开触点后闭合；线圈断电时，常开触点先复位（断开），常闭触点后复位（闭合），其中间存在一个很短的时间间隔。分析电路时，应注意这个时间间隔。

### 3．灭弧系统

容量在 10A 以上的接触器都有灭弧装置，常采用纵缝灭弧罩及栅片灭弧结构。

### 4．其他部分

包括弹簧、传动机构、接线柱及外壳等。

当交流接触器线圈通电后，在铁芯中产生磁通，由此在衔铁气隙处产生吸力，使衔铁向下运动（产生闭合作用），在衔铁带动下，使动断（常闭）触点断开，动合（常开）触点闭合。当线圈断电或电压显著降低时，吸力消失或减弱，衔铁在弹簧的作用下释放，各触点恢复原来位置。这就是接触器的工作原理。

接触器的图形符号如图 1.8 所示，文字符号为 KM。

直流接触器的结构和工作原理与交流接触器基本相同，仅有电磁机构方面不同。

（a）线圈　　　　（b）主触点　　　（c）动合（常开）　（d）动断（常闭）
　　　　　　　　　　　　　　　　　　　辅助触点　　　　辅助触点

图 1.8　接触器图形符号

## 1.3.2　接触器的型号及主要技术参数

目前我国常用的交流接触器主要有：CJ20、CJX1、CJX2、CJ12 和 CJ10 等系列，引进产品应用较多的有：引进德国 BBC 公司制造技术生产的 B 系列、德国 SIEMNS 公司的 3TB 系列、法国 TE 公司的 LC1 系列等；常用的直流接触器有 CZ18、CZ21、CZ22、和 CZ10、CZ2 等系列，CZ18 系列是取代 CZ0 系列的新产品。

### 1．型号含义

交流接触器型号的含义如下：

直流接触器型号的含义如下：

CZ18 - □ / □ □

接触器
直流
设计代号

额定工作电流
（380V AC3 时）

常开触点数

常闭触点数

### 2．主要技术参数

（1）额定电压：是指主触点的额定工作电压。

（2）额定电流：是指主触点的额定电流。表 1.1 列出了交、直流接触器的电压、电流额定值。

表 1.1　接触器的额定电压和额定电流的等级表

|  | 直流接触器 | 交流接触器 |
|---|---|---|
| 额定电压（V） | 110、220、440、660 | 220、380、500、660 |
| 额定电流（A） | 5、10、20、40、60、100、150、250、400、600 | 5、10、20、40、60、100、150、250、400、600 |

（3）线圈额定电压：常用的额定电压等级见表 1.2。

表 1.2　接触器线圈的额定电压等级表

| 直流线圈（V） | 交流线圈（V） |
|---|---|
| 24、48、110、220、440 | 36、110、220、380 |

（4）接通和分断能力：接触器在规定条件下，能在给定电压下接通或分断的预期电流值。在此电流值下接通或分断时，不应发生熔焊、飞弧和过分磨损等。在低压电器标准中，按接触器的用途分类，规定了它的接通和分断能力，可查阅相关手册获得。

（5）机械寿命和电寿命：机械寿命是指需要维修或更换零、部件前（允许正常维护包括更换触点）所能承受的无载操作循环次数；电寿命是指在规定的正常工作条件下，不需修理或更换零、部件的有载操作循环次数。

（6）操作频率：是指每小时的操作次数。交流接触器最高为 600 次/小时，而直流接触器最高为 1200 次/小时。操作频率直接影响到接触器的电寿命和灭弧罩的工作条件，对于交流接触器还影响到线圈的温升。

### 3．接触器的选用

应根据以下原则选用接触器：

（1）根据被接通或分断的电流种类选择接触器的类型。

（2）根据被控电路中电流大小和使用类别选择接触器的额定电流。

（3）根据被控电路电压等级选择接触器的额定电压。

（4）根据控制电路的电压等级选择接触器线圈的额定电压。

## 1.4　继电器

继电器是一种根据电气量（如电压、电流等）或非电气量（如热、时间、压力、转速等）

的变化接通或断开控制电路，以实现自动控制和保护电力拖动装置的电器。继电器一般由感测机构、中间机构和执行机构三个基本部分组成。感测机构把感测到的电气量或非电气量传递给中间机构，将它与额定的整定值进行比较，当达到整定值（过量或欠量）时，中间机构便使执行机构动作，从而接通或断开被控电路。

继电器种类繁多，常用的有电流继电器、电压继电器、中间继电器、时间继电器、热继电器以及温度、计数、频率继电器等等。

### 1.4.1 电流继电器和电压继电器

#### 1．电流继电器

根据线圈中电流的大小而接通和断开电路的继电器称为电流继电器。使用时电流继电器的线圈与负载串联，其线圈的匝数少而线径粗。当线圈电流高于整定值动作的继电器称为过电流继电器；低于整定值时动作的继电器称为欠电流继电器。过电流继电器线圈通过小于整定电流时继电器不动作，只有超过整定电流时，继电器才动作。过电流继电器的动作电流整定范围是：交流过电流继电器为（110%～400%）$I_N$，直流过电流继电器为（70%～300%）$I_N$。欠电流继电器线圈通过的电流大于或等于额定电流时，继电器吸合，只有电流低于整定值时，继电器才释放。欠电流继电器动作电流整定范围是：吸合电流为（30%～65%）$I_N$，释放电流为（10%～20%）$I_N$。

型号意义如下：

图 1.9 所示为过电流、欠电流继电器图形符号，其文字符号为 KA。

#### 2．电压继电器

电压继电器检测对象为线圈两端的电压变化信号。根据线圈两端电压的大小而接通或断开电路，实际工作中，电压继电器的线圈并联于被测电路中。

根据实际应用的要求，电压继电器分过电压继电器、欠电压继电器和零电压继电器。过电压继电器是当电压大于其整定值时动作的电压继电器，主要用于对电路或设备进行过电压保护，其整定值为（105%～120%）额定电压。欠电压继电器是当电压降至某一规定范围时动作的电压继电器；零电压继电器是欠电压继电器的一种特殊形式，是当继电器的端电压降至或接近消失时才动作的电压继电器。欠电压继电器和零电压继电器在线路正常工作时，铁芯与衔铁是吸合的，当电压降至低于整定值时，衔铁释放，带动触点动作，对电路实现欠电压或零电压保护。欠电压继电器整定值为（40%～70%）额定电压，零电压继电器整定值为（10%～35%）额定电压。

电压继电器图形符号如图 1.10 所示，文字符号为 KV。

图 1.9　过电流、欠电流继电器图形符号　　　　　图 1.10　电压继电器图形符号

## 1.4.2　中间继电器

中间继电器在控制电路中主要用来传递信号、扩大信号功率以及将一个输入信号变换成多个输出信号等。中间继电器的基本结构及工作原理与接触器完全相同。但中间继电器的触点对数多，且没有主辅之分，各对触点允许通过的电流大小相同，多数为 5A。因此，对工作电流小于 5A 的电气控制线路，可用中间继电器代替接触器实施控制。

中间继电器的图形符号如图 1.11 所示，文字符号为 KA。

（a）线圈　（b）常开触点　（c）常闭触点

图 1.11　中间继电器图形符号

目前，国内常用中间继电器有 JZ7、JZ8（交流）、JZ14、JZ15、JZ17（交、直流）等系列。引进产品有：德国西门子公司的 3TH 系列和 BBC 公司的 K 系列等。

JZ15 系列中间继电器型号含义如下：

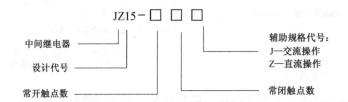

## 1.4.3　热继电器

热继电器是利用电流的热效应原理工作的保护电器。热继电器主要用于电动机的过载保护、断相保护。

### 1. 热继电器结构及工作原理

热继电器主要由热元件、双金属片、动作机构、触点、调整装置及手动复位装置等组成，如图 1.12 所示。

热继电器的热元件串接在电动机定子绕组中，一对常闭触点串接在电动机的控制电路中，当电动机正常运行时，热元件中流过电流小，热元件产生的热量虽能使金属片弯曲，但不能使触点动作。当电动机过载时，流过热元件的电流加大，产生的热量增加，使双金属片产生弯曲位移增大，经过一定时间后，通过导板推动热继电器的触点动作，使常闭触点断开，切断电动机控制电路，使电动机主电路失电，电动机得到保护。当故障排除后，按下手动复位按钮，使常闭触点重新闭合（复位），可以重新启动电动机。

1—凸轮；2a、2b—簧片；3—手动复位按钮；4—弓簧；5—主双金属片；
6—外导板；7—内导板；8—静触点；9—动触点；10—杠杆；
11—调节螺钉；12—补偿双金属片；13—推杆；14—连杆；15—压簧

图 1.12 热继电器工作原理示意图

由于热继电器主双金属片受热膨胀的热惯性及动作机构传递信号的惰性原因，热继电器从电动机过载到触点动作需要一定时间，也就是说，即使电动机严重过载甚至短路，热继电器也不会瞬时动作，因此热继电器不能用于短路保护。但也正是这个热惯性和机械惯性，保证了热继电器在电动机启动或短时过载时不会动作，从而满足了电动机的运行要求。热继电器的文字符号为 FR，图形符号如图 1.13 所示。

图 1.13 热继电器图形符号

### 2. 热继电器型号及主要参数

热继电器的型号及含义如下：

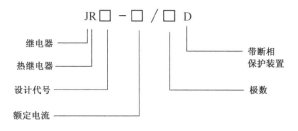

其主要参数如下：

（1）热继电器额定电流：热继电器中可以安装的热元件的最大整定电流值。

（2）热元件额定电流：热元件整定电流调节范围的最大值。

（3）整定电流：热元件能够长期通过而不致引起热继电器动作的最大电流值。通常热继电器的整定电流与电动机的额定电流相当，一般取（95%～105%）额定电流。

### 1.4.4 时间继电器

从得到输入信号（线圈的通电或断电）开始，经过一定的延时后才输出信号（触点的闭合或断开）的继电器，称为时间继电器。

时间继电器延时方式有两种：通电延时、断电延时。

通电延时：接收输入信号后延迟一定时间，输出信号才发生变化；当输入信号消失后，输出瞬时复原。

断电延时：接收输入信号时，瞬时产生相应的输出信号；当输入信号消失后，延迟一定时间，输出才复原。

常用的时间继电器主要有电磁式、电动式、空气阻尼式、晶体管式等。其中，电磁式时间继电器的结构简单，价格低廉，但体积和重量较大，延时较短（如 JT3 型只有 0.3～5.5s），且只能用于直流断电延时；电动式时间继电器的延时精度高，延时可调范围大（由几分钟到几小时），但结构复杂，价格贵。目前在电力拖动线路中，应用较多的是空气阻尼式时间继电器。近年来，晶体管式时间继电器的应用日益广泛。

空气阻尼式时间继电器是利用空气阻尼作用而达到延时的目的。它由电磁机构、延时机构和触点组成。

空气阻尼式时间继电器的电磁机构有交流、直流两种。延时方式有通电延时型和断电延时型（改变电磁机构位置、将电磁铁翻转 180°安装）。当动铁芯（衔铁）位于静铁芯和延时机构之间位置时为通电延时型；当静铁芯位于动铁芯和延时机构之间位置时为断电延时型。JS7-A 系列时间继电器如图 1.14 所示。

现以通电延时型为例说明其工作原理。当线圈 1 得电后，衔铁（动铁芯）3 吸合，活塞杆 6 在塔形弹簧 8 作用下带动活塞 12 及橡皮膜 10 向上移动，橡皮膜下方空气室空气变得稀薄，形成负压，活塞杆只能缓慢移动，其移动速度由进气孔气隙大小来决定。经一段时间延时后，活塞杆通过杠杆 7 压动微动开关 15，使其触点动作，起到通电延时作用。

(a) 通电延时型　　　　　　　　　　(b) 断电延时型

1—线圈；2—铁芯；3—衔铁；4—反力弹簧；5—推板；6—活塞杆；7—杠杆；8—塔形弹簧；9—弱弹簧；
10—橡皮膜；11—空气室壁；12—活塞；13—调节螺钉；14—进气口；15、16—微动开关

图 1.14　JS7-A 系列时间继电器

当线圈断电时，衔铁释放，橡皮膜下方空气室内的空气通过活塞肩部所形成的单向阀迅速地排出，使活塞杆、杠杆、微动开关等迅速复位。由线圈得电到触点动作的一段时间即为

时间继电器的延时时间，其大小可以通过调节螺钉 13 调节进气孔气隙的大小来改变。

断电时间继电器的结构、工作原理与通电延时继电器相似，只是电磁铁安装方向不同，即当衔铁吸合时推动活塞复位，排出空气。当衔铁释放时活塞杆在弹簧作用下使活塞向下移动，实现断电延时。

在线圈通电和断电时，微动开关 16 在推板 5 的作用下瞬时动作，其触点即为时间继电器的瞬时触点。

时间继电器的图形符号如图 1.15 所示，文字符号为 KT。

图 1.15　时间继电器图形及文字符号

空气阻尼式时间继电器结构简单，价格低廉，延时范围 0.4～180s，但是延时误差较大，难以精确地整定延时时间，常用于延时精度要求不高的交流控制电路中。

### 1.4.5　速度继电器

速度继电器是当转速达到规定值时动作的继电器，其作用是与接触器配合实现对电动机的制动，所以又称为反制动继电器。

图 1.16 是速度继电器的结构原理图。速度继电器主要由转子、定子和触点三部分组成。转子是一个圆柱形永久磁铁，定子是一个笼型空心圆环，由矽钢片叠成并装有笼型绕组，速度继电器转子的轴与被控制电动机的轴相连，而定子空套在转子上。当电动机转动时，速度继电器的转子随之转动，这样，永久磁铁的静磁场就成了旋转磁场，定子内的短路导体因切割磁场而感应电动势并产生电流，带电导体在旋转磁场的作用下产生电磁转矩，于是定子随转子旋转方向转动，但由于有返回杠杆挡位，故定子只能随转子转动一定角度，定子的转动经杠杆作用使相应的触点动作，并在杠杆推动触点动作的同时，压缩弹簧，其反作用力也阻止定子转动。当被控电动机转速下降时，速度继电器转子转速也随之下降，于是定子的电磁转矩减小，当电磁转矩小于反作用弹簧的反作用力矩时，定子返回原来位置，对应触点恢复到原来状态。同理，当电动机向相反方向转动时，定子作反向转动，使速度继电器的反向触点动作。

调节螺钉的位置，可以调节反力弹簧的反作用力大小，从而调节触点动作时所需转子的转速。一般速度继电器的动作转速不低于 120r/min，复位转速约为 100r/min 以下。

速度继电器图形符号如图 1.17 所示，文字符号为 KS。

1—螺钉；2—反力弹簧；3—常闭触点；4—动触点；
5—常开触点；6—返回杠杆；7—杠杆；8—定子导体；
9—定子；10—转轴；11—转子

图1.16　速度继电器的结构原理图

（a）常开触点　　　（b）常闭触点

图1.17　速度继电器图形符号

## 1.4.6　液位继电器

有些锅炉和水柜需根据液位的高低变化来控制水泵电动机的启停，这一控制可由液位继电器来完成。

图1.18为液位继电器的结构示意图。浮筒置于被控锅炉和水柜内，浮筒的一端有一根磁

图1.18　JYF-02液位继电器

钢，锅炉外壁装有一对触点，动触点的一端也有一根磁钢，它与浮筒一端的磁钢相对应。当锅炉或水柜内的水位降低到极限值时，浮筒下落使磁钢端绕支点A上翘。由于磁钢同性相斥的作用，使动触点的磁钢端被斥下落，通过支点B使触点1-1接通，2-2断开。反之，水位升高到上限位置时，浮筒上浮使触点2-2接通，1-1断开。显然，液位继电器的安装位置决定了被控的液位。

## 1.4.7　干簧继电器

干簧继电器由于其结构小巧，动作迅速，工作稳定，灵敏度高等优点，近年来得到广泛的应用。

干簧继电器的主要部分是干簧管，它由一组或几组导磁簧片封装在惰性气体（如氢、氮等气体）的玻璃管中组成开关元件。导磁簧片又兼作接触簧片，即控制触点，也就是说，一组簧片起开关电路和磁路双重作用。图1.19为干簧继电器的结构原理图，其中图（a）表示利用线圈内磁场驱动继电器动作，图（b）表示利用外磁场驱动继电器。在磁场作用下，干簧管中的两根簧片分别被磁化而相吸引，接通电路。磁场消失后，簧片靠本身的弹性分开。

（a）利用线圈内磁场驱动继电器　　　　（b）利用外磁场驱动继电器

图 1.19　干簧继电器的结构原理

干簧继电器特点如下：

（1）接触点与空气隔绝，可有效地防止老化和污染，也不会因触点产生火花而引起附近易燃物的燃烧。

（2）触点采用金、钯的合金镀层，接触电阻稳定，寿命长，为 100 万～1000 万次。

（3）动作速度快，为 1～3ms，比一般继电器快 5～10 倍。

（4）与永久磁铁配合使用方便，灵活。可与晶体管配套使用。

（5）承受电压低，通常不超过 250V。

### 1.4.8　固态继电器

固态继电器 SOLIDSTATE RELAYS，简写成"SSR"是一种全部由固态电子元件组成的无触点开关器件，利用电子元件的开关特性，可达到无触点、无火花接通和断开的目的，因此又称为"无触点开关"。它广泛应用于各种控制仪器仪表设备、计算机数据采集和处理系统、交通信号管理系统等作为执行器件。

固态继电器是一种四端组件，其中两端是输入端，两端是输出端。按主电路可分为直流和交流两种固态继电器，直流固态继电器内部的开关元件是功率晶体管，交流固态继电器内部的开关元件是晶闸管，产品封装结构有塑封型和金属壳全封型。

固态继电器原理框图如图 1.20 所示。图 1.20（a）是交流型 SSR 的工作原理框图。SSR 有两个输入端（A 和 B）及两个输出端（C 和 D），是一种四端器件。工作时只要在 A、B 端加上一定的控制信号，就可以控制 C、D 两端之间的"通"和"断"。其中耦合电路用的元件是"光电耦合器"，其功能是为 A、B 端输入的控制信号提供一个输入/输出端之间的通道，并在电气上断开 SSR 中输入端和输出端之间的（电）联系，以防止输出端对输入端的影响。在使用是，可直接将 SSR 的输入端与计算机输出接口相接。触发电路的功能是产生符合控制要求的触发信号，以驱动开关电路。由于开关电路在不加特殊控制电路时，会产生射频干扰，并以高次谐波或尖峰电压等污染电网，为此特设"过零控制电路"。所谓"过零"是指，当加入控制信号，交流电压过零时，SSR 即为接通状态；而当断开控制信号后，SSR 要等到交流电的正、负半周交界点（零电位）处，才为断开状态。这种设计能防止高次谐波的干扰和对电网的污染。吸收电路是为防止从电源中传来的尖峰、浪涌（电压）对开关器件造成冲击和干扰引起误动作而设计的，一般是用 RC 串联吸收电路或非线性电阻器（压敏电阻器）。

（a）交流固态继电器　　　　　　　　　　　　　（b）直流固态继电器

图 1.20　固态继电器原理框图

# 1.5　熔断器

熔断器是低压电路及电动机控制线路中主要用作短路保护的电器。使用时串联在被保护的电路中，当电路发生短路故障，通过熔断器的电流达到或超过某一规定值时，以其自身产生的热量使熔体熔断，从而自动分断电路，起到保护作用。它具有结构简单，价格便宜，动作可靠，使用维护方便等优点，因此得到广泛应用。其图形符号和文字符号如图 1.21 所示。

图 1.21　熔断器图形符号

## 1.5.1　熔断器的分类

熔断器种类很多，常用的有以下几种。

### 1．插入式熔断器（无填料式）

常用的有 RC1A 系列，主要用于低压分支路及中小容量的控制系统的短路保护，亦可用于民用照明电路的短路保护。

RC1A 系列结构简单，它由瓷盖、底座、触点、熔丝等组成，其价格低，熔体更换方便，但它的分断能力低。

### 2．螺旋式熔断器

有 RL1、RL2、RL6、RL7 等系列，其中 RL6、RL7 系列熔断器分别取代 RL1、RL2 系列，常用于配电线路及机床控制线路中作短路保护。螺旋式快速熔断器有 RLS2 等系列，常用作半导体元器件的保护。

螺旋式熔断器由瓷底座、熔管、瓷帽等组成。瓷管内装有熔体，并装满石英砂，将熔管置入底座内，旋紧瓷帽，电路就可以接通。瓷帽顶部有玻璃圆孔，其内部有熔断指示器，当熔体熔断时，指示器跳出。螺旋式熔断器具有较高的分断能力，限流性好，有明显的熔断指示，可不用工具就能安全更换熔体，在机床中被广泛采用。

### 3．无填料封闭管式熔断器

常用无填料封闭管式熔断器有 RM1、RM10 等系列，主要用于作低压配电线路的过载和短路保护。

无填料封闭管式熔断器分断能力较低，限流特性较差，适合于线路容量不大的电网中，其最大优点是熔体可很方便拆换。

#### 4．有填料封闭管式熔断器

常用有填料封闭管式熔断器有 RT0、RT12、RT14、RT15 等系列，引进产品有德国 AEG 公司的 NT 系列。有填料封闭管式熔断器主要作为工业电气装置、配电设备的过载和短路保护，亦可配套使用于熔断器组合电器中。有填料快速熔断器 RS0、RS3 系列，用作硅整流元件和晶闸管元件及其所组成的成套装置的过载和短路保护。

有填料封闭管式熔断器具有高的分断能力，保护特性稳定，限流特性好，使用安全，可用于各种电路和电气设备的过载和短路保护。

### 1.5.2 熔断器型号及主要性能参数

#### 1．熔断器型号的含义

熔断器型号的含义如下所示：

#### 2．主要性能参数

（1）额定电压：保证熔断器能长期正常工作的电压。

（2）额定电流：保证熔断器能长期正常工作的电流。是由熔断器各部分长期工作时允许温升决定的，它与熔体的额定电流是两个不同的概念。熔体的额定电流是指在规定的工作条件下，长时间通过熔体而熔体不熔断时的最大电流值。通常一个额定电流等级的熔断器可以配用若干个额定电流等级的熔体，但熔体的额定电流不能大于熔断器的额定电流值。

（3）极限分断电流：是指熔断器在额定电压下所能断开的最大短路电流。

（4）时间-电流特性：在规定工作条件下，表征流过熔体的电流与熔体熔断时间关系的函数曲线，也称保护特性或熔断特性。如图 1.22 所示。

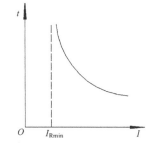

图 1.22　熔断器的时间-电流特性

## 1.6　低压断路器

低压断路器可用来分配电能，不频繁地启动异步电动机，对电源线路及电动机等实行保护，当它们发生严重的过载或短路及欠电压等故障时能自动切断电路，其功能相当于熔断器式断流器与过流、欠压、热继电器的组合，而且在分断故障电流后一般不需要更换零部件，因而获得了广泛的应用。

### 1.6.1 低压断路器结构及工作原理

低压断路器由操作机构、触点、保护装置（各种脱扣器）、灭弧系统等组成。低压断路器工作原理如图 1.23 所示。

低压断路器的主触点是靠手动操作或电动合闸的，主触点闭合后，自由脱扣机构将主触点锁在合闸位置上。过电流脱扣器的线圈和热脱扣器的热元件与主电路串联，欠电压脱扣器的线圈和电源并联。当电路发生短路或严重过载时，过电流继电器的衔铁闭合，使自由脱扣器机构动作，主触点断开主电路。当电路过载时，热脱扣器的热元件发热使双金属片向上弯曲，推动自由脱扣机构动作。当电路欠电压时，欠电压脱扣器的衔铁释放，也使自由脱扣器机构动作。分磁脱扣器则作为远距离控制用，在正常工作时，其线圈是断电的，在需远距离控制时，按下启动按钮，使线圈得电，衔铁带动自由脱扣器机构动作，使主触点断开。

低压断路器的图形符号如图 1.24 所示，文字符号 QF。

1—主触点；2—自由脱扣机构；3—过电流脱扣器；
4—分磁脱扣器；5—热脱扣器；6—欠电压脱扣器；7—按钮

图 1.23　低压断路器的工作原理示意图

图 1.24　低压断路器的图形符号

### 1.6.2 低压断路器类型及主要参数

#### 1. 低压断路器分类

（1）万能式断路器。具有绝缘衬垫的框架结构底座将所有的构件组装在一起，用于配电网络的保护。主要型号有 DW10、DW15 两个系列。

（2）塑料外壳式断路器。具有用模压绝缘材料制成封闭外壳将所有构件组装在一起。用做配电网络的保护和电动机、照明电路及电热器等控制开关。主要型号有 DZ5、DZ10、DZ20等系列。

（3）模块化小型断路器。模块化小型断路器由操作机构、热脱扣器、电磁脱扣器、触点系统、灭弧室等部件组成，所有部件都置于一个绝缘壳中。在结构上具有外形尺寸模块化（9mm 的倍数）和安装导轨化的特点，该系列断路器可作为线路和交流电动机等的电源控制开关及过载、短路等保护用。常用型号有 C45、DZ47、S、DZ187、XA、MC 等系列。

（4）智能化断路器。传统的断路器的保护功能是利用了热磁效应原理，通过机械系统的动作来实现的。智能化断路器的特征是采用了以微处理器或单片机为核心的智能控制器（智能脱扣器）。它不仅具备普通断路器的各种保护功能，同时还具有实时显示电路中的各种电参数（电流、电压、功率因数等），对电路进行在线监视、测量、试验、自诊断、通信等功能；能够对各种保护功能的动作参数进行显示、设定和修改。将电路动作时的故障参数存储在非易失存储器中以便查询。智能化断路器原理框图如图 1.25 所示。

目前国内生产的智能化断路器主要型号有 DW45、DW40、DW914（AH）、DW18（AE-S）、DW48、DW19（3WZ）、DW17（ME）等。

图 1.25　智能化断路器原理框图

# 1.7　低压隔离器

## 1.7.1　刀开关

刀开关是一种手动配电电器，主要用来手动接通或断开交、直流电路，通常只作为隔离开关使用，也可用于不频繁地接通与分断额定电流以下的负载，如小容量电动机、电阻炉等。

刀开关按极数可分为单极、双极、三极，其结构主要由操作手柄、触刀、触点座和底座组成。依靠手动来实现触刀插入触点座与脱离触点座的控制。

刀开关安装时，手柄要向上，不得倒装或平装，避免由于重力自由下落而引起误动作和合闸。接线时电源线接上端，负载线接下端。刀开关文字符号为 QS，图形符号如图 1.26 所示。

图 1.26　刀开关的图形符号

### 1.7.2　组合开关

组合开关是一种多触点、多位置式、可控制多个回路的电器。一般用于电气设备中非频繁地通断电路、换接电源和负载，测量三相电压以及控制小容量电动机。

组合开关由动触点（动触片）、静触点（静触片）、转轴、手柄、定位机构及外壳等部分组成。其动、静触点分别叠装于数层绝缘壳内，如图1.27所示为HZ10组合开关结构示意图。当转动手柄时，每层的动触点随方形转轴一起转动，从而实现对电路的通、断控制。其图形符号如图1.28所示，文字符号为QS。

组合开关的主要参数有额定电压、额定电流、极数，常用型号有HZ10、HZ15系列。

1—手柄；2—转轴；3—弹簧；4—凸轮；5—绝缘垫板；
6—动触点；7—静触点；8—接线柱；9—绝缘方轴

图1.27　HZ10组合开关结构

单极　　　　三极

图1.28　组合开关的图形符号

# 1.8　主令器

主令器是用来接通和分断控制电路以发号施令的电器。主令器用于控制电路，不能直接分合主电路。主令电器应用广泛，种类很多，本节介绍几种常用的主令电器。

### 1.8.1　按钮

按钮是一种手动且可以自动复位的主令电器，其结构简单，使用广泛，在控制电路中用于手动发出控制信号以控制接触器、继电器等。

按钮是由按钮帽、复位弹簧、桥式触点和外壳等组成。触点额定电流5A以下，其结构如图1.29所示，图形符号及文字符号如图1.30所示。

按钮按用途和结构不同，分为启动按钮、停止按钮和复合按钮等。

启动按钮带有常开触点，手指按下按钮帽，常开触点闭合；手指松开，常开触点复位。启动按钮的按钮帽一般采用绿色。停止按钮带有常闭触点，手指按下按钮帽，常闭触点断开；手指松开，常闭触点复位。停止按钮的按钮帽一般采用红色。复合按钮带有常开触点和常闭触点，手指按下按钮帽，常闭触点先断开，常开触点后闭合；手指松开时，常开触点先复位，常闭触点后复位。

控制按钮可做成单式（一个按钮）、复式（两个按钮）和三联式（有三个按钮）的形式。

为便于识别各个按钮的作用，避免误操作，通常将按钮帽做成不同颜色，以示区别，其颜色有红、绿、黄、蓝、白、黑等。

1—按钮帽；2—复位弹簧；3—动触点；
4—常闭触点；5—常开触点

图 1.29　控制按钮结构示意图

图 1.30　控制按钮的图形符号

## 1.8.2　行程开关与接近开关

### 1. 行程开关

依照生产机械的行程发出命令以控制其运行方向或行程长短的主令电器，称为行程开关。若将行程开关安装于生产机械行程终点处，以限制其行程，则称为限位开关或终点开关。

行程开关结构分为直动式（如 LX1、JLXK1 系列）、滚轮式（如 LX2、JLXK2 系列）和微动式（如 LXW-11、JLXK1-11 系列）三种。

行程开关的工作原理和按钮相同，区别在于它不靠手的按压，而是利用生产机械运动部件的挡铁碰压而使触点动作。其图形符号如图 1.31 所示，文字符号为 SQ。

图 1.31　行程开关的图形符号

常用的行程开关有 LX19、LXW5、LXK3、LX32、LX33 等系列。

### 2. 接近开关

接近开关又称无触点行程开关，是当运动的金属与开关接近到一定距离时发出接近信号，以不直接接触方式进行控制。接近开关不仅用于行程控制、限位保护等，还可用于高速计数、测速、检测零件尺寸、液面控制、检测金属体的存在等。

按工作原理分，接近开关有高频振荡型、电容型、电磁感应型、永磁型与磁敏元件型等，其中高频振荡型最常用。图 1.32 所示是 LJ2 系列电子式接近开关原理图，它主要由振荡器、放大器和输出三部分组成。其基本工作原理是当有金属物体接近高频振荡器的线圈时，使振荡回路参数变化，振荡减弱直至终止而产生输出信号。图中三极管 V1，振荡线圈 L 及电容 C1、C2、C3 组成电容三点式高频振荡器，其输出由三极管 V2 放大，经二极管 VD7、VD8 整流成直流信号，加至三极管 V3 基极，使 V3 导通，三极管 V4 截止，从而使三极管 V5 导通，三极管 V6 截止，无输出信号。

图1.32　LJ2系列电子式接近开关原理图

图1.33　接近开关的图形符号

当金属物体靠近开关感应头时,振荡器减弱直至终止,此时VD7、VD8构成整流电路无输出信号,则V3截止,V4导通,V5截止,V6导通,有信号输出。

接近开关的图形符号及文字符号如图1.33所示。

接近开关的特点是工作稳定可靠,寿命长,重复定位精度高。其主要参数有动作行程、工作电压、动作频率、响应时间、输出形式以及触点电流容量等。常用的国产接近开关的型号有3SG、LJ、CJ、SJ、AB和LXJO等系列。

### 1.8.3　转换开关

转换开关是一种多挡位、多触点、能够控制多回路的主令器。广泛应用于各种配电装置的电源隔离、电路转换、电动机远距离控制等,也常作为电压表、电流表的换相开关,还可以用于控制小容量的电动机。

转换开关目前主要有两大类,即万能转换开关和组合转换开关。它们的结构和工作原理相似,转换开关按结构分为普通型、开启型、防护型和组合型。按用途分主令控制和控制电动机两种。

转换开关一般采用组合式结构设计,由操作机构、定位装置和触点系统组成,并由各自的凸轮控制其通断;定位装置采用棘轮棘爪式结构。不同的棘轮和凸轮可组成不同的定位模式,即手柄在不同的转换角度时,触点的状态是不同的。

转换开关是由多组相同结构的触点组件叠装而成,图1.34为LW12系列转换开关某一层的结构示意图。

LW12系列转换开关由操作机构、面板、手柄和数个触点底座等主要部件组成,用螺栓组成为一个整体。每层触点底座里装有最多4对触点,并由底座中间的凸轮进行控制。操作时手柄带动转轴和凸轮一起旋转,由于每层凸轮形状不同,当手柄转到不同位置时,通过凸轮的作用,可使触点按所需要的规律接通和分断。

转换开关的触点在电路中的图形符号如图1.35所示。图形符号中"每一横线"代表一对触点,而用三条竖线分别代表手柄位置。哪一对触点接通就在代表该位置虚线上的触点下面用黑点"."表示。触点的通断也可用接通表来表示,表中的"×"表示触点闭合,空白表示触点断开。

常用的转换开关有 LW5、LW6、LW8、LW9、LW12、VK、HZ 等系列。有关参数可查看相关手册或说明书。

（a）画"•"标记表示　　（b）接通表表示

| 触点 | 位　　置 | | |
|---|---|---|---|
| — | 左 | 0 | 右 |
| 1-2 | | × | |
| 3-4 | | | × |
| 5-6 | × | | × |
| 7-8 | × | | |

图 1.34　LW12 系列转换开关一层结构示意图　　　图 1.35　转换开关的图形符号

# 1.9　常用液压传动元件与系统

液压传动与控制是现代工程机械的基础技术，由于其在功率重量比、无级调速、自动控制、过载保护等方面的独特技术优势，使其成为国民经济中多行业、多类机械装备实现传动与控制的重要技术手段。

液压传动是利用受压液体作为介质来传递运动和动力的一种传动方式。一般的液压传动系统都是由动力元件、执行元件、控制调节元件、辅助元件以及工作介质五个部分组成。动力元件即液压泵，由电动机或其他原动机拖动；执行元件，即液压缸和液压马达，它们在压力油的推动下驱动工作部件，将压力油的压力转换为机械能；辅助元件主要有油箱、管路、蓄能器、滤油器、管接器、压力开关、压力表等；工作介质即液压油；控制调节元件主要是液压阀。在这一节，我们只介绍动力元件、执行元件、控制调节元件和简单的液压系统，其他内容请参阅相关资料。

## 1.9.1　动力元件与执行元件

液压系统的动力元件即液压泵，它是液压传动系统的动力源，为液压传动系统提供压力油，将原动机输入的机械能转换为液压能。液压系统执行元件主要是液压马达和液压缸，它们的作用是将液体的压力能转换为运动部件的机械能，使运动部件实现往复直线运动或摆动。

### 1. 液压泵的工作原理与图形符号

液压泵是通过密封容积的变化来完成吸油和压油的，其排油量的大小取决于密封腔的容积变化，故称为容积式液压泵。液压泵的图形符号如图 1.36 所示。为了保证液压泵的正常工作，单向阀使吸、压油腔不相通，起配油的作用，因而称为阀式配油。为了保证液压泵吸油充分，油箱必须与大气相通。正常工作时，在原动机的拖动下，压力油顺着图 1.36 中黑色箭头方向流出。

（a）定量泵　　　　　　　　（b）变量泵

图 1.36　液压泵的图形符号

液压泵按其结构形式不同有齿轮泵、叶片泵、柱塞泵和螺杆泵等类型；按输出流量能否变化可分为定量泵和变量泵；按旋转方式分为单向和双向。

### 2. 液压马达和液压缸

液压马达和液压缸都是液压系统中将压力能转化为机械能并输出的执行元件。

液压马达与液压泵的工作原理相同，结构也相同。液压马达在工作时，高压油产生的压力拖动液压马达旋转，从而拖动生产机械运动。液压马达的符号如图 1.37 所示。

液压缸是将液压的压力转化为运动部件的机械能，使运动部件实现往复直线运动或摆动。液压缸的形式很多，但用得最多的是活塞缸、柱塞缸和摆动缸 3 类。活塞缸、柱塞缸用于实现直线运动，摆动缸用以实现小于 360° 的转动。

液压缸按其作用方式不同可分为单作用式和双作用式两种。双作用式液压缸可由液压力实现两个方向的运动。常用的单活塞缸符号如图 1.38 所示。

（a）定量马达　　　　　　　（b）变量马达

图 1.37　液压马达的符号

图 1.38　单活塞缸符号

### 1.9.2　控制调节元件

控制调节元件主要是液压控制阀，液压控制阀在液压传动系统中就是对液体的流动方向、压力的高低和流量的大小进行控制调节，从而改变执行元件方向、力矩和速度，以满足系统执行机构的工作要求。

#### 1. 液压控制阀的功能和分类

液压传动系统的控制调节部分就是由各种液压控制阀组成的。液压控制阀的种类很多，按用途、操纵方式、工作原理等可作如下分类。

（1）按用途分类。

① 方向控制阀。用来控制液流的通断和流动方向，如单向阀和换向阀。

② 压力控制阀。用来控制系统中液体压力的高低，如溢流阀、减压阀和顺序阀。

③ 流量控制。用来控制液流流量的大小，如节流阀和调速阀等。

（2）按操纵方式分类。

① 人力操纵阀。由操作者通过手把、手轮、踏板等直接控制的液压阀，这种阀在工程机械的液压系统中应用普遍。

② 机械操纵阀。通过机械挡块及弹簧等进行操纵的阀，如机动换向阀。

③ 电动操纵阀。通过电磁铁进行操纵的阀，其应用最普遍，如电磁铁换向阀等。

④ 气、液操纵阀。用有压液体或压缩空气来操纵的阀，如液动换向阀、气动换向阀等。

⑤ 联合操纵阀。用两种方式联合控制，如电、液联合控制及气、液联合控制的阀。

液压控制阀还可按照工作原理和连接方式等分类，但是在实际的应用中，我们主要根据控制阀的作用和操纵机构来称呼控制阀，比如单向阀、电磁阀等。

**2. 方向控制阀**

方向控制阀的作用是控制液压系统中液流的方向。方向控制阀的工作原理是利用阀芯和阀体间相对位置的改变，实现油路与油路间的接通与断开，以满足系统对油流方向的要求。方向控制阀分为单向阀和换向阀两类。

（1）单向阀。单向阀（亦称止回阀）的作用是仅允许液流按某一方向通过，而反向截止。液压系统中对单向阀的主要性能要求是正向流动阻力损失小，反向时密封性能好，动作灵敏。单向阀有普通单向阀和液控单向阀两种，如图1.39所示。普通单向阀，压力油由P1口流入，P2口流出；反向则阀口关闭。液控单向阀，在普通单向阀的基础上增加了一个控制口C，当不使用控制口时，其功能与普通单向阀一样。当控制口C通过一定的压力油时，阀即保持开启状态，使单向阀也可以反向通过油液。液压单向阀具有良好的单向密封性，常用于执行元件需要长时间保压、紧锁的系统，也常用于防止立式液压缸停止运动时因下滑以及速度换接的回路中，这种阀也称液压锁。常用液压双向锁如图1.40所示。

图 1.39　单向阀

图 1.40　液压双向锁

（2）换向阀。换向阀又叫方向阀，它的作用是利用阀芯和阀体的相对移动，使阀所控制的各个油口接通或断开，实现改变液流方向的目的。

按阀的操纵方式不同，换向阀可分为手动、机动、电磁动、液动、电液动换向阀，其操纵符号如图1.41所示。

（a）电磁动　（b）弹簧复位　（c）液动　（d）机动　（e）手动　（f）液动外控　（g）电液动

图 1.41　换向阀操纵方式符号

按阀芯位置数不同，换向阀可分为二位、三位、四位等；按阀体上主油路进、出油口数目不同，又可分为二通、三通、四通、五通等。换向阀的图形符号如图1.42所示。

(a) 二位二通阀　　　　(b) 二位三通阀　　　　(c) 二位四通阀

(d) 二位五通阀　　　　(e) 三位四通阀　　　　(f) 三位五通阀

图 1.42　换向阀的图形符号

图 1.42 中图形符号所表达的意义为：箭头表示两油口连通，但不表示流向。"⊥"表示油口不通流。在一个方格内，箭头或"⊥"符号与方格的交点数为油口的通路数，即"通"数。方格数即"位"数，三格即三位。控制方式各复位弹簧的符号应画在方格的两端。P 表示压力油的入口，T 表示与油箱连通的回油口，A 与 B 表示连接其他工作油路的油口。

三位阀的中格及二位阀侧面画有弹簧标识的那一方格为常态位（即未受控制时的状态）。在液压原理图中，换向阀与油路的连接应画在常态位上。二位二通阀有常开型（常态位置两油口连通）和常闭型（常态位置两油口不连通），应注意区别。

操纵机构和阀体组合在一起就可以构成多种换向阀，即常说的机动换向阀、电磁换向阀、液动换向阀等，阀体的两侧是操纵机构，有时在一侧也出现两种操纵机构，其中一种是复位弹簧。下面只介绍一种常用的三位四通的电磁换向阀，其他依次类推。图 1.43 所示为三位四通的电磁阀的符号。其工作过程是：当电磁铁 YA1 和 YA2 都失电时，其工作状态是以中间方格的内容表示，四孔互不相通，即初始状态；如 YA1 得电时，阀的工作状态由邻接 YA1 的方格中所表示内容确定，即 P 与 A 通，B 与 O 通；当 YA2 得电时，阀的工作状态视邻接 YA2 的方格所表示的内容确定，即 A 与 O 通，P 与 B 通。对三位四（五）通电磁阀，在设计控制电路时，同样不允许电磁铁 YA1 和 YA2 同时得电。

图 1.43　三位四通的电磁换向阀

## 3. 压力控制阀

压力控制阀是控制液压系统中液体的压力，它利用作用于阀芯上的液体压力和弹簧力相平衡的原理进行工作。常用的压力控制阀有溢流阀、减压阀、顺序阀和压力继电器等。

（1）溢流阀。溢流阀有多种用途，主要是在溢流的同时使液压泵的供油压力得到调整并保持基本恒定。溢流阀分为直动式溢流阀和先导式溢流阀两种，如图 1.44 所示。

直动式溢流阀见图 1.44（a）所示，它是利用阀芯右端的弹簧力与左端的液压力相平衡来进行压力控制。即在工作时，压力油的压力达到一定程度时，推动阀芯向弹簧方向移动，高压油由 P 经阀体流向油箱。由于弹簧较硬，调节困难，流量波动大，因此只用于低压系统中。先导式溢流阀见图 1.44（b）所示，它是由先导阀和主阀两部分组成。先导阀的结构原理与直动式溢流阀相同，是一个小规格锥阀式直动溢流阀，先导阀内的弹簧用来调定主阀的溢流能力。主阀控制溢流流量，主阀的弹簧不起溢流调节作用，仅是为了克服摩擦力使主阀芯及时复位而设置的。主阀芯采用先导阀封油，密封性好，流通能力大。由于无搭合量，开启迅速，所以动作灵敏，动态性能好，一般常用于高压系统中。

（2）减压阀。减压阀是一种利用液流流过缝隙产生压降的原理，使出口压力低于进口压力的压力控制阀。减压阀也分为直动式减压阀和先导式减压阀，其中先导式减压阀应用较广。

减压阀主要是利用出油口压力的反馈作用，自动控制阀口的开度，保证出口压力基本上为弹簧调定的压力（图 1.45 所示为减压阀的图形符号），因此，它也被称为定值减压阀。

（a）直动式溢流阀　　（b）先导式溢流阀

图 1.44　溢流阀的符号　　　　　　图 1.45　减压阀的符号

减压阀的阀口为常开型，其泄油口必须由单独设置的油管通往油箱，且泄油管不能插入油箱液面以下，以免造成背压，使泄油不畅，影响阀的正常工作。

（3）顺序阀。顺序阀的结构与溢流阀类似，也分为直动式顺序阀和先导式顺序阀两种。一般先导式顺序阀用于压力较高的场合。顺序阀的进油口压力超过调定压力时阀口开启，顺序阀输出压力油使其下游的执行元件动作。顺序阀符号如图 1.46（a）和（b）所示，如果将顺序阀的泄油口用螺堵封住，并使顺序阀的出油口与油箱连通，则顺序阀就成了卸荷阀，卸荷阀的符号如图 1.46（c）所示。

（a）内控式顺序阀　　　（b）液控顺序阀　　　（c）卸荷阀

图 1.46　顺序阀的符号

（4）压力继电器。压力继电器是压力—电信号的转换元件。当其进口的压力达到弹簧的调定值时，能自动接通或断开电路，以实现对液压系统工作程序的控制、安全保护或动作的联动等。图 1.47 所示是压力继电器的符号。

**4．流量控制阀**

流量控制阀的功能是通过调节控制流量，达到调节液压执行元件速度的作用。流量控制阀主要有节流阀、调节阀和同步阀等。

（1）节流阀。节流阀是通过旋转手轮改变进出油口的通流面积，从而改变流量，达到调速的目的。它的图形符号如图 1.48 所示。

图 1.47　压力继电器的符号　　　　　　　　图 1.48　节流阀的符号

（2）调速阀。调速阀由定差减压阀与节流阀串联组成，其中节流阀用来调节通过的流量，定差减压阀则自动补偿负载变化的影响，使节流前后的压差为定值，消除负载变化对流量的影响。图 1.49 所示是调速阀的符号。

（a）调速阀的图形符号　　　　　　　　（b）调速阀的简化符号

图 1.49　调速阀的图形符号和简化符号

液压传动系统的辅助元件等在这里不再介绍了，请读者需要时参考其他书籍，在下面介绍的液压系统中，对不熟悉的元件将加以说明。

### 1.9.3　组合机床动力滑台的液压系统

#### 1. 组合机床液压动力滑台概述

液压动力滑台是组合机床上用以实现进给运动的一种通用部件，它操作简便，效率高，广泛应用于生产中。

现以 YT4543 型液压动力滑台为例，分析其液压系统的工作原理和特点。图 1.50 所示为 YT4543 型动力滑台液压系统图。该系统采用限压式变量叶片泵供油，用电液换向阀换向，用行程阀实现快慢速度转换，用串联调速实现两次工进速度的转换。该系统只有一个单杆活塞缸的中压系统，其最高工作压力不大于 6.3MPa。下面以液压动力滑台的"快进→第一次工作进给→第二次工作进给→止位钉停留→快退→原位停止"半自动工作循环为例分析其工作原理及特点。

动力滑台上的工作循环是通过固定的滑动工作台侧面上的挡块直接压行程阀换位，或通过碰压行程开关控制电磁换向阀的通电顺序实现的。

#### 2. 动力滑台液压系统的工作原理

（1）快进。快进时压力低，液控顺序阀 6 关闭，变量泵 1 输出最大流量。

按下启动按钮，电磁铁 1YA 通电，电磁换向阀 4 左位接入系统，液动换向阀 3 在控制压力油作用下也将左位接入系统工作，其油路为：

进油路：泵 1→单向阀 2→电液换向阀 3（左位）→行程阀 11（下位）→液压缸左腔。

回油路：液压缸右腔→电液换向阀 3（左位）→单向阀 7→行程阀 11（下位）→液压缸左腔，形成差动连接。

图 1.50　动力滑台液压系统图

　　这时液压缸两腔连通，滑台差动快进。节流阀 $L_2$ 用以调节液动换向阀芯移动的速度，也即调节主换向阀的换向时间，以减少换向冲击。

　　（2）第一次工作供给。当滑台快进终了时，滑台上的挡块压下行程阀 11，切断换向阀 3 快速运动的进油路。其控制油路未变，而主油路中，压力油只能通过调速阀 8 和二位二通电磁阀 10（右位）进入液压缸左腔。由于油液流经调速阀而使系统压力升高，液控顺序阀 6 开启，单向阀 7 关闭，液压缸右腔的油液经阀 6 和背压阀 5 流回油箱。同时，泵的流量也自动减少。滑台实现由调速阀 8 调速的第一次工作进给，其主油路为：

　　进油路：泵 1→阀 2→阀 3（左）→调速阀 8→阀 10（右）→液压缸左腔。

　　出油路：液压缸右腔→阀 3（左）→阀 6→背压阀 5→油箱。

　　（3）第二次工作进给。第二次工作进给与第一次工作进给时的控制油路和主油路的回油路相同，所不同之处是当第一次工作进给终了时，挡块压下行程开关（图中未画），使电磁铁 3YA 通电，阀 10 左位接入系统使其油路关闭时，压力油须通过调速阀 8 和 9 进入液压缸左腔。这时由于调速阀 9 的通流面积比调速阀 8 的通流面积小，因而滑台实现由阀 9 调速的第二次工作进给，其主油路的进油路为：泵 1→阀 2→阀 3（左）→阀 8→调速阀 9→液压缸左腔。

　　（4）止位钉停留。滑台完成第二次工作进给后，液压缸碰到滑台座前端的止位钉（可调节滑台行程的螺钉）后停止运动。这时液压缸左腔压力升高，当压力升高到压力继电器 12 的开启压力时，压力继电器动作，向时间继电器发出电信号，由时间继电器延时控制滑台停留时间。这时的油路与第二次工作进给的油路相同，但实际上，系统内油液已停止流动，液压泵的流量已减至很小，仅用于补充泄漏油。

　　设置止位钉可提高滑台工作进给终点的位置精度及实现压力控制。

（5）快退。滑台停留时间结束时，时间继电器发出电信号，使电磁铁 2YA 通电，1YA、3YA 断电。这时电磁换向阀 4 右位接入系统，液动换向阀 3 也换为右位工作，主油路换向。因滑台返回时为空载，系统压力低，变量泵的流量又恢复到最大值，故滑台快速退回，其油路为：

进油路：泵 1→单向阀 2→换向阀 3（右）→液压缸右腔。

回油路：液压缸左腔→单向阀 13→换向阀 3（右）→油箱。

当滑台退至第一次工作进给起点位置时，行程阀 11 复位。由于液压缸无杆腔有效面积为有杆腔有效面积的二倍，故快退速度与快进速度基本相等。

（6）原位停止。当滑台快速退回到其原始位置时，挡块压下原位行程开关，使电磁铁 2YA 断电，电磁换向阀 4 恢复中位，液动换向阀 3 也恢复中位，液压缸两腔油路被封闭，滑台被锁紧在起始位置上，这时液压泵则经单向阀 2 及阀 3 的中位回油（卸荷）。

单向阀 2 的作用是使滑台在原位停止时，控制油路仍保持一定的控制压力（低压），以便能迅速启动。

### 3. 动力滑台液压系统的特点

动力滑台的液压系统是能完成较复杂工作循环的典型的单缸中压系统，其特点如下：

（1）该系统采用了由限压式变量叶片泵、调速阀、背压阀组成的容积调速回路，使动力滑台获得稳定的低速运动，较好的调速刚性和较大的速度范围。

（2）采用限压式变量泵和差动连接式液压缸来实现快进，能源利用比较合理。滑台停止运动时，换向阀使液压泵在低压下卸荷，减少能量的损耗。

（3）系统采用行程阀和液控顺序阀配合动作，实现快进与工作进给速度的转换，使速度转换平稳、可靠、位置准确。采用两个串联的调速阀及用行程开关控制的电磁换向阀实现两种工进速度的转换。由于进给速度较低，故能保证换接精度和平稳性的要求。

（4）采用压力继电器控制动作顺序。滑台共进结束时液压缸碰到止位钉，缸内工作压力升高，这时采用压力继电器发信号，可使滑台反向退回方便可靠。采用止位钉还能提高滑台工进结束时的位置精度及满足刮端面、锪孔、镗台阶孔等工序的加工要求。

## 1.9.4  液压剪切机

### 1. 液压剪切机工作过程

液压剪切机主要用于板料的剪切加工，它主要由送料机、料架、压块和剪刀等组成，如图 1.51 为液压剪切机功能结构图。物料的压紧和剪切由液压缸驱动。液压剪切机在初始位置时，压紧板料的压块 1 在上部位置，行程开关 SQ2 压合，剪刀 2 也在上面，行程开关 SQ4 压合。行程开关 SQ1、SQ3 和 SQ5 均为断开状态。

剪切机进入工作状态前，物料放在送料皮带上，然后启动液压系统并升压到工作压力后，开动送料机 4，向前输送物料 3，当物料送至规定的剪切长度时压下行程开关 SQ1，送料机 4 停止，压块 1 由液压缸带动下落，当压块下落到压紧物料位置触动 SQ3 时，剪刀 2 由另一液压缸带动下降，剪刀切断物料后，行程开关 SQ5 接通。料下落，行程开关 SQ1 复位断开。每落一块板料，由光电开关计一次数（光电开关没在图上表示）。与此同时，压块 1 和剪刀 2 分别回程复位，即完成一次自动工作循环。然后自动重复上述过程，实现剪切机的工作过程自动控制。

1—压块；2—剪刀；3—物料；4—送料机

图 1.51　液压剪板机的结构原理简图

### 2. 剪切机的液压系统工作原理

图 1.52 为剪切机的液压系统原理图。系统采用变量液压泵 1 供油，先导式溢流阀 2 用于设定系统的工作压力（由压力表及其开关 4 显示），接溢流阀 1 的远程控制口的二位二通电磁换向阀 3，用于控制液压系统卸荷；系统的执行器为压块液压缸 13 和剪刀液压缸 14，两缸的运动方向分别采用二位四通电磁换向阀 8 和 9 控制；压块液压缸 13 的工作压力较低，由减压阀 6 设定并由压力表及其开关 7 显示；单向顺序阀 10 作平衡阀，用于防止释压时压块缸因自重下落；单向节流阀 12 用于剪刀液压缸 14 下降时的回油节流调速；液控单向阀 11 用于剪刀缸上位时的锁紧。

1—变量液压泵；2—先导式溢流阀；3—二位二通电磁阀；4、7—开关及压力表；5—单向阀；

6—减压阀；8、9—二位四通电磁换向阀；10—单向顺序阀；11—液控顺序阀；12—单向节流阀；

13—剪板机液压缸；14—压块液压缸

图 1.52　剪板机液压系统原理图

液压系统开始工作时，启动变量液压泵 1 供油，液压油一路经单向阀 5，减压阀 6，二位四通电磁换向阀 8 左位，单向顺序阀 10，压块液压缸 13，使压块保持在上位；液压油另一路经二位四通电磁换向阀 9，液控单向阀 11，单向节流阀 12，剪刀液压缸 14，使剪刀保持在上位；这是原位状态。剪切机开始工作时，送料机 4 运行，向前输送物料 3，当物料送至规定的剪切长度时压下行程开关 SQ1，二位四通电磁换向阀 8 得电（1YA），二位四通电磁换向阀 8 处于右位，液压油进入压块液压缸 13 上部，压块下行，当压块下落到压紧物料位置触动 SQ3 时，保压，2YB 得电，二位四通电磁换向阀 9 处于右位，剪刀下行，完成剪板过程。

# 1.10　电磁执行元件

随着国民经济和科学技术的发展，各种起重施工机械、磁选机械、升降机械、机床等设备的自动化程度越来越高，而这些机械设备执行机构主要以液压、气压和电磁式元件和机构为主，常见的有电磁阀、电磁铁、电磁离合器、电磁抱闸等。

机械设备执行机构的作用是驱动受控对象，其中以电磁式电器为主，常见的有电磁铁、电磁阀、电磁离合器、电磁抱闸等，电磁铁等已发展成为一种新的电器产品系列，并已经成为成套设备中的重要元件。

### 1.10.1　电磁铁

电磁铁由励磁线圈、铁芯和衔铁三个基本组成部分构成，衔铁也称为动铁芯，是牵动主轴或触点支架动作的部分，其工作原理与本章 1.2.1 节叙述相同。当励磁线圈通以电流后便产生磁场和电磁力，衔铁被吸合，并带动机械装置完成一定的动作。根据励磁电流的性质，电磁铁分为直流电磁铁和交流电磁铁。直流电磁铁的铁芯根据不同的剩磁要求选用整块的铸钢或工程纯铁制成，交流电磁铁的铁芯则用相互绝缘的硅钢片叠成。电磁铁的结构形式多种多样，直流电磁铁常用拍合式与螺管式两种结构（如图 1.1 所示）。交流电磁铁的结构形式主要有 U 形和 E 形两种，其工作原理与交流接触器的电磁机构一样。直流电磁铁和交流电磁铁具有各自不同的机电特性，因此适用于不同场合。选用电磁铁时，应考虑用电类型（交流或直流）、额定行程、额定吸力及额定电压等技术参数。此外，在实际应用中要根据机械设计上的特点，考虑直流电磁铁和交流电磁特具有的特点，能否满足工艺要求、安全要求等。

### 1.10.2　电磁制动器

电磁制动器是现代工业中一种理想的自动化执行元件，在机械传动系统中主要起传递动力和控制运动等作用。具有结构紧凑，操作简单，响应灵敏，寿命长久，使用可靠，易于实现远距离控制等优点。电磁制动器是应用电磁铁原理使衔铁产生位移，在各种运动机构中吸收旋转运动惯性能量，从而达到制动的目的，它被广泛应用于起重机、卷扬机、碾压机等类型的升降机械设备。

电磁制动器主要由制动器、电磁铁或电力液压推动器、摩擦片、制动轮（盘）或闸瓦等组成。利用电磁效应实现制动的制动器，分为电磁粉末制动器和电磁涡流制动器、电磁摩擦式制动器等多种形式。

（1）电磁粉末制动器。励磁线圈通电时形成磁场，磁粉在磁场作用下磁化形成磁粉链，并在固定的导磁体与转子间聚合，靠磁粉的结合力和摩擦力实现制动。励磁电流消失时磁粉处于自由松散状态，制动作用解除。这种制动器体积小，重量轻，励磁功率小，而且制动力矩与转动件转速无关，但磁粉会引起零件磨损。它便于自动控制，适用于各种机器的驱动系统。

（2）电磁涡流制动器。励磁线圈通电时形成磁场，制动轴上的电枢旋转切割磁力线而产生涡流，电枢内的涡流与磁场相互作用形成制动力矩。电磁涡流制动器坚固耐用，维修方便，调速范围大；但低速时效率低，温升高，必须采取散热措施。这种制动器常用于有垂直载荷的机械中。

（3）电磁摩擦式制动器。励磁线圈通电产生磁场，通过磁轭吸合衔铁，衔铁通过连接件实现制动。

图 1.53 是盘式电磁制动器的原理结构图，它属于电磁摩擦式制动器。由图可见，盘式电磁制动器在电动机轴端装着一个钢制圆盘，它靠制动钳块与圆盘表面（径向）的离合，实现对电动机的制动和释放。圆盘的直径越大，制动力矩也越大，可以根据所需的制动力矩选择与之相匹配的圆盘。

盘式电磁制动器的供电方式采用桥式整流装置，其电磁系统是在直流状态下工作的。它的工作电流很小，整流装置是与盘式电磁制动器装在一起的，其吸引线圈用环氧树脂密封于壳体内，这样适宜于在露天或多尘埃等各种恶劣的环境中工作。

1—圆盘；2—铁芯；3—壳体；4—支架；5—摩擦片；6—衔铁

图 1.53　盘式电磁制动器的结构图

# 本 章 小 结

1. 低压电器的种类繁多，本章主要介绍了接触器、继电器、开关电器、熔断器、主令电器等常用低压电器的用途、基本结构、工作原理及其主要技术参数和图形符号，为正确使用它们打下基础。

2. 保护电器（如断路器、熔断器、热继电器等）及某些控制电器（如时间继电器、液位继电器等）的使用，除了要根据保护要求、控制要求正确选用电器的类型外，还要根据被保护、被控制电路的具体条件，进行必要的调整整定动作值，同时还要考虑各保护电器之间的配合特性要求。

3．每一种电器都有它一定的使用范围，要根据使用的具体条件正确选用。在选用电器时，其技术参数是主要的依据，其详细内容可参阅电器产品的技术手册及产品说明书。

4．随着电器技术的发展，各种新型及引进电器不断出现。为优化系统，提高系统可靠性应尽量选用新型电器元件。

5．PLC 控制系统的执行机构很多是以液压传动的方式进行的，了解液压传动的元件符号和工作基本原理已十分必要，本章简单介绍了液压的动力元件、执行元件、控制元件等。

## 习　题　1

1.1　如何区分直流电磁系统和交流电磁系统？如何区分电压线圈和电流线圈？

1.2　交流电磁系统中短路环的作用是什么？三相交流电磁铁有无短路环？为什么？

1.3　电弧是如何产生的？有哪些危害？低压电器中常用的灭弧方式有哪些？

1.4　接触器的主要结构有哪些？交流接触器和直流接触器如何区分？

1.5　中间继电器的作用是什么？中间继电器与接触器有何异同？

1.6　交流电磁线圈误接入直流电源，直流电磁线圈误接入交流电源，会发生什么问题？为什么？

1.7　说明熔断器和热继电器保护功能的不同之处。

1.8　行程开关、转换开关及主令控制器在电路中各起什么作用？

1.9　低压断路器在电路中的作用是什么？失压、过载及过流脱扣器起什么作用？

1.10　熔断器的额定电流、熔体的额定电流、熔断器的极限分断电流三者有何区别？

1.11　液压系统的主要组成包括哪几部分？电磁阀是怎么分类的？

# 第2章　继电接触器控制系统的基本电路

**内容提要**

本章主要讲述了电气控制线路的图形、文字符号及绘制原则和基本的控制电路。

**学习要求**

掌握电气控制线路的图形、符号和绘制原则。

掌握基本电气控制电路的特点和各电器触点间的逻辑关系。

能够分析复杂的电气控制线路图。能根据控制要求，设计出简单的控制线路

在各行各业广泛使用的电气设备和生产机械中，其自动控制线路大多以各类电动机或其他执行电器为被控对象，以继电器、接触器、按钮、行程开关、保护元件等器件组成的自动控制线路，通常称为电气控制线路。

各种生产机械的电气控制设备有着各种各样的电气控制线路，这些控制线路无论是简单还是复杂，一般均是由一些基本控制环节组成，在分析线路原理和判断其故障时，一般都是从这些基本控制环节入手。因此，掌握基本电气控制线路，对生产机械整个电气控制线路的工作原理分析及维修有着重要的意义。

## 2.1　电气控制线路的图形、文字符号

电气控制线路是用导线将电动机、电器、仪表等电气元件按一定的要求和方式联系起来，并能实现某种功能的电气线路。为表达电气控制线路的组成、工作原理及安装、调试、维修等技术要求，需要用统一的工程语言即用图的形式来表示。在图上用不同的图形符号来表示各种电气元件，用不同的文字符号来进一步说明图形符所代表的电气元件的基本名称、用途、主要特征及编号等。因此，电气控制线路应根据简单易懂的原则，采用统一规定的图形符号、文字符号和标准画法来进行绘制。

### 2.1.1　常用电气设备图形符号及文字符号

#### 1. 图形符号、文字符号

电气控制系统图中，各种电气元件的图形符号和文字符号必须符合统一的国家标准。为便于掌握引进的先进技术和先进设备，加强国际间交流，国家标准局颁布了 GB4728—1984《电气图用符号》及 GB6988—1987《电气制图》和 GB7159—1987《电气技术中的文字符号制定通则》。规定从 1990 年 1 月 1 日起，电气控制电路中的图形和文字符号必须符合最新的国家标准。一些常用电气图形符号和文字符号如表 2.1 所列。

表 2.1 电气控制电路中常用图形符号和文字符号

| 名 称 | 图形称号<br>(GB4728—1984) | 文字符号<br>(GB7159—1987) | 名 称 | 图形称号<br>(GB4728—1984) | 文字符号<br>(GB7159—1987) |
|---|---|---|---|---|---|
| 交流发电机 | | GA | 接地的一般符号 | | E |
| 交流电动机 | | MA | 保护接地 | | PE |
| 三相笼型<br>异步电动机 | | MC | 接机壳或接地板 | 或 | PU |
| 三相绕线型<br>异步电动机 | | MW | 单极控制开关 | | SA |
| 直流发电机 | | GD | 三极控制开关 | | SA |
| 直流电动机 | | MD | 隔离开关 | | QS |
| 直流伺服电动机 | | SM | 三极隔离开关 | | QS |
| 交流伺服电动机 | | SM | 负荷开关 | | QL |
| 直流测速发电机 | | TG | 三极负荷开关 | | QL |
| 交流测速发电机 | | TG | 断路器 | | QF |
| 步进电动机 | | TG | 三极断路器 | | QF |
| 双绕组变压器 | 或 | T | 电压互感器线圈 | 或 | TV |
| 位置开关<br>常开触点 | | SQ | 欠压继电器线圈 | U< | KV |

· 38 ·

| 名　称 | 图形称号<br>（GB4728—1984） | 文字符号<br>（GB7159—1987） | 名　称 | 图形称号<br>（GB4728—1984） | 文字符号<br>（GB7159—1987） |
|---|---|---|---|---|---|
| 位置开关常闭触点 | | SQ | 通电延时（缓吸）线圈 | | KT |
| 做双向机械操作的位置开关 | | SQ | 断电延时（缓放）线圈 | | KT |
| 常开按钮 | | SB | 延时闭合常开触点 | 或 | KT |
| 常闭按钮 | | SB | 延时断开常开触点 | 或 | KT |
| 复合按钮 | | SB | 延时闭合常闭触点 | 或 | KT |
| 交流接触器线圈 | | KM | 延时断开常闭触点 | 或 | KT |
| 接触器常开触点 | | KM | 热继电器热元件 | | FR |
| 接触器常闭触点 | | KM | 热继电器常闭触点 | | FR |
| 中间继电器线圈 | | KA | 熔断器 | | FU |
| 中间继电器常开触点 | | KA | 电磁铁 | 或 | YA |
| 中间继电器常闭触点 | | KA | 电磁制动器 | | YB |
| 过流继电器线圈 | I > | KA | 电磁离合器 | | YC |
| 电流表 | A | PA | 照明灯 | | EL |
| | | | 信号灯 | | HL |
| 电压表 | V | PV | 二极管 | | V |

| 名　称 | 图形称号<br>(GB4728—1984) | 文字符号<br>(GB7159—1987) | 名　称 | 图形称号<br>(GB4728—1984) | 文字符号<br>(GB7159—1987) |
|---|---|---|---|---|---|
| 电度表 | kWh | PJ | NPN 晶体管 | | V |
| 晶闸管 | | V | PNP 晶体管 | | V |
| 可拆卸端子 | | X | 端子 | | X |
| 电流互感器 | 或 | TA | 控制电路用<br>电源整流器 | | VC |
| 电阻器 | | R | 电抗器 | 或 | L |
| 电位器 | | RP | | | |
| 压敏电阻 | | RV | | | |
| 电容器一般符号 | 或 | C | 极性电容器 | 或 | C |
| 电铃 | | B | 蜂鸣器 | | B |

## 2．接线端子标记

电气控制系统图中各电器接线端子用字母数字符号标记，符合国家标准 GB4026—1983《电器接线端子的识别和用字母数字符号标记接线端子的通则》规定。

三相交流电源引入线用 L1、L2、L3、N、PE 标记。直流系统的电源正、负、中间线分别用 $L_+$、$L_-$、M 标记。三相动力电器引出线分别按 U、V、W 顺序标记。

三相感应电动机的绕组首端分别用 U1、V1、W1 标记，绕组尾端分别用 U2、V2、W2 标记，电动机绕组中间抽头分别用 U3、V3、W3 标记。

对于数台电动机，其三相绕组接线端标记以 1U、1V、1W；2U、2V、2W；……来区别。三相供电系统的导线与三相负荷之间有中间单元时，其相互连接线用字母 U、V、W 后面加数字来表示，且用从上至下由小到大的数字表示。

控制电路各线号采用三位或三位以下的数字标记，其顺序一般为从左到右，从上到下，凡是被线圈、触点、电阻、电容等元件所间隔的接线端点，都应标以不同的线号。

## 2.1.2　电气原理图

电气控制系统图一般有三种：电气原理图、电气元件布置图和电气安装接线图。

电气原理图是根据控制线路原理绘制的，具有结构简单、层次分明、便于研究和分析线路工作原理的特性。在电气原理图中只包括所有电气元件的导电部件和接线端点之间的相互关系，不按各电气元件的实际位置和实际接线情况来绘制，也不反映元件的大小。现以图 2.1 所示

CW6132 型车床的电气原理图为例来说明电气原理图绘制的基本规则和应注意的事项。

图 2.1　CW6132 型车床电气原理图

### 1．绘制电气原理图的基本规则

（1）原理图一般分主电路和辅助电路两部分画出。主电路指从电源到电动机绕组的大电流通过的路径。辅助电路包括控制电路、照明电路、信号电路及保护电路等，由继电器的线圈和触点，接触器的线圈和触点、按钮、照明灯、控制变压器等元件组成。通常主电路用粗实线表示，画在左边（或上部）；辅助电路用细实线表示，画在右边（或下部）。

（2）各电气元件不画实际的外形图，采用国家规定的统一标准来画，文字符号也采用国家标准。属于同一电器的线圈和触点，都要采用同一文字符号表示。对同类型的电器，在同一电路中的表示可在文字符号后加注阿拉伯数字符号来区分。

（3）各电气元件和部件在控制线路中的位置，应根据便于阅读的原则安排。同一电气元件的各部件根据需要可不画在一起，但文字符号要相同。

（4）所有电器的触点状态，都应按没有通电和没有外力作用时的初始开、关状态画出。例如继电器、接触器的触点，按吸引线圈不通电时状态画，控制器手柄处于零位时状态画，按扭、行程开关触点按不受外力作用时状态画出等等。

（5）无论是主电路还是控制电路，各电器元件一般按动作顺序从上到下、从左到右依次排列，可水平布置或垂直布置。

（6）有直接电联系的交叉导线的连接点，要用黑圆点表示，无直接电联系的交叉导线，交叉处不能画黑圆点。

### 2．图面区域的划分

电气原理图上方的 1、2、3、…数字是图区编号（图区编号也可以设置在图的下方），是为了便于检索电气线路、方便阅读分析、避免遗漏而设置的。

图区编号下方的"电源开关及保护……"等字样，表明对应区域下方元件或电路的功能，使读者能清楚地知道某个元件或某部分电路的功能，以利于理解整个电路的工作原理。

### 3．符号位置的索引

符号位置的索引用图号、页次和图区编号的组合索引法，索引代号的组成如下：

　　　　图号　　　页次　　图区号（行号、列号）

当某图仅有一页图样时，只写图号和图区的行、列号，在只有一个图号多页图样时，则图号可省略，而元件的相关触点只出现在一张图样上时，只标出图区号（无行号时，只写列号）。

电气原理图中，接触器和继电器线圈与触点的从属关系应用附图表示。即在原理图中相应线圈的下方，给出触点的图形符号，并在其下面注明相应触点的索引代号，对未使用的触点用"×"表明，有时也可采用省去触点图形符号的表示法。如图 2.1 图区 4 中 KM 的线圈下

KM

| 2 | 5 | × |
|---|---|---|
| 2 | × | × |
| 2 |   |   |

是接触器 KM 相应触点的位置索引。

在接触器的位置索引中，左栏为主触点所在的图区号（三个触点都在图区 2），中栏为辅助常开触点（一个在图区 5 中，另一个没有使用），右栏为辅助常闭触点（两个均没有使用）。

### 4．电气原理图中技术数据的标注

电气元件的技术数据，除在电气元件明细表中标明外，也可用小号字体注在其图形符号的旁边，如图 2.1 中所示 FU1 额定电流为 25A。

## 2.1.3　电气元件布置图

电气元件布置图主要用来表明各种电气设备在机械设备和电气控制柜中的实际安装位置，为机械电气控制设备的制造，安装、维修提供必要的资料。各电气元件的安装位置是由机床的结构和工作要求决定的，如电动机要和被拖动的机械部件在一起，行程开关应放在要取得信号的地方，操作元件要放在操纵箱等操作方便的地方，一般元件应放在控制柜内。

机床电气元件布置主要由机床电气设备布置图、控制柜及控制板电气设备布置图、操作台及悬挂操纵箱电气设备布置图等组成。图 2.2 所示为 CW6132 型车床电器位置图。

### 2.1.4　电气安装接线图

为了进行装置设备或成套装置的布线或布缆，必须提供其中各个项目（包括元件、器件、组件、设备等）之间的电气连接的详细信息，包括连接关系、线缆种类和敷设路线等。用电气图的方式表达的图称为接线图。

安装接线图是检查电路和维修电路不可缺少的技术文件，根据表达对象和用途不同，接线图有单元接线图、互连接线图和端子接线图等。国家标准 GB6988.5—1986《电气制图、接线图和接线表》详细规定了安装接线图的编制规则。主要有：

（1）在接线图中，一般都应标出项目的相对位置、项目代号、端子间的电连接关系、端子号、等线号、等线类型、截面积等。

（2）同一控制盘上的电气元件可直接连接，而盘内元器件与外部元器件连接时必须绕接线端子板进行。

（3）接线图中各电气元件图形符号与文字符号均应以原理图为准，并保持一致。

（4）互连接线图中的互连关系可用连续线、中断线或线束表示，连接导线应注明导线根线、导线截面积等。一般不表示导线实际走线途径，施工时由操作者根据实际情况选择最佳走线方式。图 2.3 所示为 CWB132 型车床电气互连接线图。

图 2.2　CW6132 型车床电器位置图

图 2.3　CW6132 型车床电气互连接线图

## 2.2　并励直流电动机的基本控制电路

直流电动机虽不如三相交流电动机那样结构简单，价格便宜，制造方便，维护容易，但它具有启动性能好，调速范围大，调速平滑性好，适宜于频繁启动等一系列优点。因此，在要求大范围无级调速或要求大启动转矩的场合常采用直流电动机。

### 2.2.1 启动控制电路

直流电动机启动要求：在满足启动转矩要求的前提下，尽可能减小启动电流。

直流电动机的电枢绕组一般很小，直接启动会产生很大的冲击电流，一般可达额定电流的几倍～几十倍。这样大的启动电流，一方面使电动机换向不利，甚至会损坏电刷和换向器；另一方面，将产生较大的启动转矩和加速度，对它所带机械部件产生很大的冲击，故在直流电动机的启动时，必须限制启动电流。

限制启动电流的方法有减小电枢电压和在电枢回路串接电阻两种。随着晶闸管变电流技术的发展，采用减小电枢电压来限制启动电流的方法正日趋广泛。但在没有可调直流电源的场合，多采用电枢回路串接电阻的启动方法。

图 2.4 所示是并励电动机电枢串接电阻启动控制电路，图中 KA1 为过电流继电器，做直流电动机的短路保护和过载保护。KA2 为欠电流继电器，做励磁绕组的失磁保护。

启动时先合上电源开关 QS，励磁绕组得电励磁，欠电流继电器 KA2 线圈得电，KA2

图 2.4　并励直流电动机启动控制电路

常开触点闭合，接通控制电路电源；同时时间继电器 KT 线圈得电，KT 常闭触点瞬时断开。然后按下启动按钮 SB2，接触器 KM1 线圈得电，KM1 主触点闭合，电动机串电阻器 R 启动；KM1 的常闭触点断开，KT 线圈断电，KT 常闭触点延时闭合，接触器 KM2 线圈得电，KM2 主触点闭合将电阻器 R 短接，电动机在全压下运行。

### 2.2.2 正、反转控制电路

实际应用中，常要求电动机既能正转又能反转。直流电动机的转向取决于电磁转矩 $M$ 的方向，而 $M=C_m\Phi I_a$，其中 $C_m$ 为转矩常数，$\Phi$ 为主磁通，$I_a$ 为电枢电流，因此，改变直流电动机转动方向的方法有两种：一是电枢反接法，即保持励磁磁场方向不变，而改变电枢电流方向；二是励磁绕组反接法，即保持电枢电流方向不变，改变励磁绕组电流的方向。图 2.5 所示为保持励磁磁场方向不变，改变电枢电流方向，使电动机反转。

启动时按下启动按钮 SB2，接触器 KM1 线圈得电，KM1 常开触点闭合，电动机正转。若要反转，则需先按下 SB1，使 KM1 断电，KM1 互锁触点闭合。这时再按下反转按钮 SB3，接触器 KM2 线圈得电，KM2 常开触点闭合，使电枢电流反向，电动机反转。控制电路中采用电气互锁，防止 KM1、KM2 因误操作同时得电而造成电源短路。工作过程请读者自行分析。

关于励磁绕组反接法的直流电动机正反转控制与电枢反接法基本相同，但需要指出，在实际应用中，并励直流电动机一般采用电枢反接法，而不宜采用励磁绕组反接法。因为励磁绕组匝数多，电感量较大，当励磁绕组反接时，在励磁绕组中会产生很大的感应电动势，它将危及开关和励磁绕组的绝缘。

图 2.5　并励直流电动机正反转控制电路

### 2.2.3　能耗制动控制电路

能耗制动是指维持直流电动机的励磁电源不变的情况下,把正在作电动运行的电动机电枢从电源上断开,再串接一个外加制动电阻组成制动回路,将机械能(高速旋转的动能)转变为电能并以热能的形式消耗在电枢和制动电阻上。由于电动机因惯性而继续旋转,直流电动机此时变为发电机状态,则产生的电磁转矩与转速方向相反,为制动转矩,从而实现制动。

并励直流电动机能耗制动控制线路如图 2.6 所示。

图 2.6　并励直流电动机能耗制动控制电路

启动时合上电源开关 QS,励磁绕组得电励磁,欠电流继电器 KA1 线圈得电吸合,KA1常开触点闭合;同时时间继电器 KT1 和 KT2 线圈得电吸合,KT1 和 KT2 常闭触点瞬时断开,保证启动电阻器 R1 和 R2 串入电枢回路中启动。

按下启动按钮 SB2,接触器 KM1 线圈得电吸合,KM1 常开触点闭合,电动机 M 串电阻器 R1 和 R2 启动,KM1 两个常闭触点分别断开 KT1、KT2 和中间继电器 KA2 线圈电路;经过一定的整定时间,KT1 和 KT2 的常闭触点先后延时闭合,接触器 KM3 和 KM4 线圈先后得电吸合,电阻器 R1 和 R2 先后被短接,电动机正常运行。

进行能耗制动时，按下停止按钮 SB1，接触器 KM1 线圈失电，KM1 常开触点复位（开），使电枢回路断电，而 KM1 常闭触点复位（闭），由于惯性运转的电枢切割磁力线（励磁绕组仍接至电源上），在电枢绕组中产生感应电动势，使并联在电枢两端的中间继电器 KA2 线圈得电吸合，KA2 常开触点闭合，接触器 KM2 得电吸合，KM2 常开触点闭合，接通制动电阻器 R 回路，这时电枢的感应电流方向与原来方向相反，电枢产生的电磁转矩与原来反向而成为制动转矩，使电枢迅速停转。

当电动机转速降低到一定值时，电枢绕组的感应电动势降低，中间继电器 KA2 线圈释放，接触器 KM2 线圈和制动回路先后断开，能耗制动结束。

### 2.2.4 调速控制电路

直流电动机调速，是指在电动机机械负载不变的条件下，改变电动机的转速。根据直流电动机的转速公式 $n=(U-I_aR_a)/C_e\varPhi$ 可知：在并励直流电动机的电枢回路中，串接调速变阻器 RP 进行调速（如图 2.7 所示），也可以改变并励电动机励磁进行调速，为此，在励磁电路中串接调速变阻器 RP，如图 2.8 所示。

直流电动机另一种改变电枢电压的调速方法，不能用于并励直流电动机，因为这种方法是在励磁保持一定的条件下进行调速的。而在并励直流电动机中改变电枢电压时，它的励磁也会随着改变，不能保持一定。

图 2.7 并励直流电动机电枢串电阻调速

图 2.8 并励直流电动机改变励磁调速

## 2.3 三相笼型异步电动机的控制电路

三相笼型异步电动机具有结构简单，价格便宜，坚固耐用，运行维护方便等优点，获得广泛应用。在生产实际中，笼型异步电动机的数量占电力拖动设备总台数的 85% 左右。三相笼型异步电动机的控制电路大多由按钮、接触器、继电器等有触点的电器组成。本节介绍其基本电路。

### 2.3.1 三相异步电动机的基本控制电路

#### 1. 全压启动控制电路

电动机接通电源后，由静止状态逐渐加速到稳定运行状态的过程称为电动机的启动。全压启动，即是将额定电压直接加在电动机的定子线组上使电动机运转。在变压器容量允许的情况下，电动机应尽可能采用全压启动。这样，控制电路简单，提高了电路的可靠性，且减少了电气维修工作量。图 2.9 所示为三相笼型异步电动机单向全压启动控制电路。

（1）控制电路工作过程。启动时，合上刀开关QS，主电路引入三相电源。按下启动按钮SB2，KM线圈得电，主触点闭合，电动机接通电源开始全压启动，同时KM辅助触点闭合。当松开启动按钮SB2后，KM线圈仍能通过其辅助触点通电并保持吸合状态。这种依靠接触器本身辅助触点使其线圈保持通电的现象称为自锁。起自锁作用的触点称为自锁触点。

按下SB1按钮，KM线圈失电，主触点复位（开），切断电动机电源，电动机自动停车。同时KM自锁触点复位（开），控制电路回到启动前的状态。

（2）控制电路的保护环节。

① 短路保护。当控制电路发生短路故障时，控

图2.9　单向全压启动控制电路

制电路应能迅速断开电源，熔断器FU1是作为主电路短路保护。熔断器FU2为控制电路的短路保护，熔断器仅做短路保护而不能起过载保护，这是因为，一方面熔断器的规格必须根据电动机启动电流大小做适当选择，另一方面还要考虑熔断器保护特性的反时限保护特性。

② 过载保护。热继电器FR作电动机的过载保护之用。当电动机过载、堵转或断相等都会引起定子绕组电流过大，热继电器根据电流的热效应，而使热继电器FR动作，即FR的常闭触点断开，则使KM线圈断电，从而使KM主触点断开，切断电动机电源。由于热惯性，热继电器不会受电动机短时过载、冲击电流或短路电流的影响而瞬时动作，所以在使用热继电器做过载保护的同时还必须设有短路保护，并且选做短路保护的熔断器熔体的额定电流不应超过4倍热继电器发热元件的额定电流。

③ 欠压和失压保护。欠压和失压保护是依靠启动按钮复位功能和接触器本身的电磁机构来实现的。当电动机正在运行时，如果电源电压因某种原因过分地降低或消失时，接触器KM衔铁自行释放，电动机停止，同时KM自锁触点断开。当电源电压恢复正常时，接触器KM线圈也不可能自行通电，即电动机不会自行启动，要使电动机启动，操作者必须再次按下启动按钮。

控制电路具有欠压和失压保护功能以后，有以下三方面的好处：
● 防止电压严重下降时电动机低压运行。
● 避免电动机同时启动造成电压严重下降。
● 防止电源电压恢复正常时，电动机突然启动造成设备和人身事故。

### 2．正、反转控制电路

生产实践中，许多生产机械要求电动机能正、反转，从而实现可逆运行。如机床主轴的正向和反向运动，工作台的前后运动，起重机吊钩的上升和下降等。由电动机原理可知，三相异步电动机的三相电源进线中任意两相对调，电动机即可反向运转。实际运用中，通过两个接触器改变定子绕组相序来实现正、反转，其电路如图2.10所示。

在主电路中（见图2.10（a）），采用两个接触器，即正转用接触器KM1和反转用接触器KM2，当接触器KM1的主触点闭合，三相电源的相序按L1、L2、L3接入电动机，电动机

正转；而当 KM2 的主触点闭合时，三相电源按 L3、L2、L1 接入电动机，电动机反转。

由主电路可知，若 KM1 和 KM2 的主触点同时闭合，将造成短路故障，如图中虚线所示，图 2.10（b）中当误操作同时按下 SB2 和 SB3 时，会造成短路故障。因此，要使电路安全可靠地工作，最多只允许一个接触器工作，要实现这种控制要求，在正反向间要有一种连锁关系。通常采用图 2.10（c）所示的电路，将其中一个接触器的常闭触点串入另一个接触器线圈电路中，则任一接触器线圈先得电后，即使按下相反方向按钮，另一个接触器也无法得电，这种连锁通常称为互锁，即两者存在相互制约的关系。而把 KM1、KM2 的常闭触点称为互锁触点。由 KM1、KM2 常闭触点实现的互锁称为"电气互锁"。

(a) 主电路　　　　　(b) 无互锁　　　　(c)"正-停-反"控制　　(d)"正-反-停"控制

图 2.10　正、反向工作的控制电路

图 2.10（c）所示的控制电路中，若按正向按钮 SB2，KM1 线圈得电，电动机正转。要使电动机反转，必须按下停止按钮 SB1 后，再按反转启动按钮 SB3，电动机方可反转，这个电路称为"正-停-反"控制。显然这种电路的缺点是操作不方便。

图 2.10（d）所示的控制电路中，正反向启动按钮 SB2、SB3 采用复合按钮。直接按反向按钮就能使电动机反向工作。这个电路称为"正-反-停"控制。

图 2.11　实现两地控制电路

该电路由复合按钮 SB2、SB3 常闭触点实现的互锁称为"机械互锁"。

### 3. 多地控制电路

有些生产设备和机械，由于种种原因，常要在两地或两个以上的地点进行操作。如 X62W 型万能铣床在操作台的正面及侧面均能对铣床的工作状态进行操作控制。

要在两地进行控制，就应该有两组按钮，而且这两组按钮的连接原则必须是：常开按钮要并联，常闭按钮要串联。图 2.11 所示为实现两地控制的电路图。这一原则同样适用于三地或多地控制。

### 4．顺序控制

在多机拖动系统中，各电动机所起的作用是不同的，有时需按一定的顺序启动，才能保证操作过程的合理性和工作的安全可靠。

例如，在图2.12中，机床中要求M1先启动后M2才允许启动。将控制电动机M1的接触器KM1的常开触点串入控制电动机M2的接触器KM2的线圈电路中，可实现按顺序工作的连锁要求。

（a）主电路 　　　　　　（b）控制电路

图2.12　按顺序工作时的控制电路

图2.13所示为采用时间继电器，按时间顺序启动的控制线路。主电路与图2.12主电路相同，电路要求M1启动50秒后，M2自动启动。可利用时间继电器的延时闭合常开触点来实现。按启动按钮SB2，KM1线圈得电并自锁，电动机M1启动，同时KT线圈得电。定时50秒到，时间继电器延时闭合的常开触点KT闭合，接触器KM2线圈得电并自锁，电动机M2启动，同时KM2常闭触点断开，切断KT线圈的电源。

图2.13　采用时间继电器的顺序启动控制电路

### 5．循环控制

有些生产机械，如龙门刨床、导轨磨床等，要求工作台在一定距离内能自动往复，不断循环，以使工件能连续加工，其控制电路如图2.14所示。

电路工作过程是：合上QS。按下SB2，KM1线圈得电并自锁，电动机M正转，通过机械传动装置拖动工作台向左移动，当工作台运动到一定位置时，挡铁碰撞行程开关SQ1，使其常闭触点断开，KM1线圈失电，主触点复位（开），电动机停，自锁触点复位（开）。随后SQ1常开触点闭合，KM2线圈得电并自锁，电动机反转，拖动工作台向右移动，行程开关SQ1复位，为下次正转做准备。由于KM2已自锁，电动机继续拖动工作台向右移动，当工作台向右移动到一定位置时，另一个挡铁碰撞SQ2，SQ2常闭触点断开，使KM2线圈失电，

KM2 主触点复位（开），电动机停，KM2 自锁触点复位（开）。随后 SQ2 常开触点闭合，使 KM1 再次得电，电动机又开始正转。如此往复循环，使工作台在预定的行程内自动往复移动。

（a）主电路　　　　　　　　　　　　（b）控制电路

图 2.14　自动循环往复控制电路

图中 SQ3、SQ4 分别为左、右超极限限位保护用的行程开关。

### 2.3.2　三相异步电动机的启动控制电路

较大容量（大于 10kW）的电动机直接启动时，其启动电流大，约为 4～7 倍的额定电流。过大的启动电流，会对电网产生巨大冲击，影响同一电网中其他设备的正常工作，所以一般采用降压方式来启动。即启动时降低加在电动机定子绕组上的电压，启动后再将电压恢复到额定值，使之全压运行。

**1．三相笼型异步电动机星形-三角形（Y-Δ）启动控制电路**

正常运行时定子绕组接成三角形的笼型异步电动机，可采用星形-三角形降压启动方式来限制启动电流。启动时定子绕组先连成 Y 形，接入三相交流电源，待转速接近额定转速时，将电动机定子绕组连接成Δ形，电动机进入正常运行。功率在 4kW 以上的三相笼型异步电动机定子绕组在正常工作时都接成三角形。对这种电动机就可采用星形-三角形启动控制，如图 2.15 所示。

当启动电动机时，合开关 QS，按启动按钮 SB2，接触器 KM、KM$_Y$、KT 线圈同时得电，KM$_Y$ 的主触点闭合，将电动机接成星形并经过 KM 的主触点接至电源，电动机降压启动。当 KT 延时时间到，KM$_Y$ 线圈失电，KM$_\triangle$线圈得电，电动机主回路接成三角形，电动机进入正常运行。

**2．绕线式异步电动机转子绕组串电阻启动控制电路**

由电机原理可知，转子回路外接一定的电阻既可减小启动电流，又可以提高转子回路功率因数和启动转矩。在启动要求转矩较高的场合（如卷扬机、起重机等设备中），绕线式异步电动机得到广泛应用。

（a）主电路　　　　　　　　（b）控制电路

图 2.15　星形-三角形启动控制电路

串接于三相转子回路中的电阻，一般都连接成星形。在启动前，启动电阻全部接入电路中，在启动过程中，启动电阻被逐级地短接切除，正常运行时所有外接启动电阻全部切除。

图 2.16 所示为时间原则控制的电路，KM1～KM3 为短接转子电阻接触器，KM4 为电源接触器，KT1～KT3 为时间继电器。启动完毕正常运行时，线路仅 KM3、KM4 通电工作，

（a）主电路　　　　　　　　　　　　（b）控制电路

图 2.16　时间原则控制绕线式异步电动机转子串电阻启动控制电路

其他电器全部停止工作，这样既节省电能，又能延长电器使用寿命，提高电路工作可靠性。为防止由于机械卡阻等原因使 KM1～KM3 不能正常工作，使得启动时带部分电阻或不带电

阻，造成冲击电流过大，损坏电动机，采用 KM1～KM3 三个辅助常闭触点串接于启动回路来消除这种故障的影响。

图 2.16 所示控制电路存在两个问题，一是时间继电器损坏，线路将无法实现电动机正常启动和运行。另一方面，电阻分级切除过程中，电流及转矩突然增大，产生不必要的机械冲击。图 2.16 所示控制电路工作过程请读者自行分析。

### 2.3.3　软启动器及调速控制电路

#### 1．软启动器基本概述

传统的降压启动，电动机在切换过程中会产生很高的电流尖峰，产生破坏性的动态转矩，引起的机械震动对电动机转子、连轴器以及负载都是有害的，因此出现了电子启动器，即软启动器。

交流异步电动机软启动技术成功地解决了交流异步电动机启动时电流大，线路电压降大，电力损耗大以及对传动机械带来破坏性冲击力等问题。交流电动机软启动装置对被控电动机既能起到软启动，又能起到软制动作用。

交流电动机软启动是指电动机在启动过程中，装置输出电压按一定规律上升，被控电动机电压由起始电压平滑地升到全电压，其转速随控制电压变化而发生相应的软性变化，即由零平滑地加速至额定转速的全过程，称为交流电动机软启动。

交流电动机软制动是指电动机在制动过程中，装置输出电压按一定规律下降，被控电动机电压由全电压平滑地降到零，其转速相应地由额定值平滑地减至零的全过程。

#### 2．软启动器的工作原理

图 2.17　软启动器原理示意图

图 2.17 所示为软启动器原理示意图。它的功率部分由 3 对正、反向并联的晶闸管组成，利用晶闸管的移相控制原理，通过控制晶闸管的导通角，改变其输出电压，使加在电动机上的电压按某一规律慢慢达到全电压。由于软启动器为电子调压，并对电流进行检测，因此还具有对电动机和软启动器本身的热保护，限制转矩和电流冲击，三相电源不平衡、缺相、断相等保护功能，可实时检测并显示如电流、电压、功率因数等参数。

#### 3．交流电动机软启动装置的功能特点

交流电动机软启动装置具有如下的功能特点：

（1）启动过程和制动过程中，避免了运行电压、电流的急剧变化，有益于被控制电动机和传动机械，更有益于电网的稳定运行。

（2）启动和制动过程中，实施晶闸管无触点控制，装置使用长，故障事故率低且免检修。

（3）集相序、缺相、过热、启动过电流、运行过电流和过载的检测及保护于一身，节电、安全、功能强。

（4）实现以最小起始电压（电流）获得最佳转矩的节电效果。

#### 4．三相异步电动机用软启动器启动控制电路

图 2.18 所示为三相异步电动机用软启动器启动控制电路。图中所示为 JDRQ 系列软启动器，其中 L1、L2、L3 为软启动器主电源进线端子，U、V、W 为连接电动机的出线端子。当相对应端子短接时（相当于图 2.18 中 KM2 主触点闭合），将软启动器内部晶闸管短接，但此时软启动器内部的电流检测环节仍起作用，即此时软启动器对电动机保护功能仍起作用。

图 2.18　三相异步电动机用软启动器启动控制电路

RL1、RL2 和 RL3 为输出继电器接点。RL1 为软启动器上升到顶部输出继电器接点，当软启动器完成启动过程后，RL1 闭合，输出信号控制旁路接触器 KM2，正常启动后直接给电动机供电；RL2 为运行继电器接点，软启动器正常运行时闭合，当启动结束后，由 KM1 的辅助接点闭合提供信号；RL3 设置为过热动作继电器接点，当软启动器因过载发热时断开，停止软启动器工作。软启动器还有故障继电器接点、斜坡下降按钮、故障复位按钮等没有在图中表示出来。

图 2.18 中，当开关 QS 合上，按下启动按钮 SB0，则 K1 触点闭合，KM1 线圈得电，使其主触点闭合，主电源加入软启动器。电动机按设定的启动方式启动，当启动完成后，内部继电器 RL2 常开触点闭合，KM2 接触器线圈得电主触点闭合，电动机转由旁路接触器 KM2 触点供电，同时将软启动器内部的功率晶闸管短接，电动机通过接触器由电网直接供电。但此时过载、过流等保护仍起作用，RL3 相当于保护继电器的触点。若发生过载、过流，则切断接触器 KM1 电源，软启动器进线电源切除。因此电动机不需要额外增加过载保护电路。正常停车时，按停车按钮 SB1，停止指令使 RL2 触点断开，旁路接触器 KM2 跳闸，使电动机软停车，软停车结束后，RL1 触点断开。

由于带有旁路接触器，该电路有如下优点：在电动机运行时可以避免软启动器产生的谐波；软启动器仅在启动和停车时工作，可以避免长期运行使晶闸管发热，延长了使用寿命。

### 2.3.4　异步电动机的制动控制电路

交流异步电动机定子绕组脱离电源后，由于系统惯性作用，转子需经一段时间才能停止

转动，这往往不能满足某些机械的工艺要求，也影响生产效率的提高，并造成运动部件停位不准，工作不安全，因此应对拖动电动机采取有效的制动措施。制动控制的方法一般有两大类：机械制动和电气制动。机械制动比较简单，下面主要介绍电气制动。

### 1. 反接制动电路

反接制动是利用改变电动机电源的相序，使定子绕组产生相反方向的旋转磁场，因而产生制动转矩的一种方法。

上述制动过程中，当制动到转子转速接近零时，如不及时切断电源，则电动机将会反向旋转。为此，必须在反接制动中采取一定的措施，保证当电动机的转速被制动到接近零值时迅速切断电源，防止反向旋转。在一般的反接制动控制线路中常用速度继电器来检测电动机的速度变化。在转速为（120～3000）r/mim 范围内值时，速度继电器触点动作，当速度低于100r/min 时，其触点恢复原位。

（1）单向运行反接制动控制电路。图 2.19 为单向反接制动控制电路。启动时，按下启动按钮 SB2，接触器 KM1 线圈得电并自锁，电动机接通电源直接启动。在电动机正常运转时，速度继电器 KS 常开触点闭合，为制动做准备。因 KM1 常闭触点已经断开，这时 KM2 线圈不会得电。

（a）主电路　　　　　　　　　　（b）控制电路

图 2.19　单向反接制动控制电路

停车时，按下停止按钮 SB1 到底，其常闭触点先断开，接触器 KM1 线圈失电，电动机脱离电源。同时 KM1 常闭触点复位（合），当 SB1 常开触点闭合时，反接制动接触器 KM2 线圈得电并自锁，其主触点闭合，电动机便串入限流电阻进行反接制动。当电动机转速低于速度继电器动作值时，速度继电器常开触点复位（开），接触器 KM2 线圈失电，KM2 触点复位，制动结束。

反接制动时，旋转磁场与转子的相对速度很高，感应电动势很大，所以转子电流比直接启动时的电流还大。反接制动电流一般为电动机额定电流的 10 倍左右，故在电路中串联电阻 R 以限制反接制动电流。一般制动电阻采用对称接法，即三相分别串接相同的制动电阻。

（2）双向启动反接制动控制电路。图 2.20 为双向启动反接制动控制电路。图中 R 既是反接制动电阻，又起限流作用。KS1 和 KS2 分别为速度继电器 KS 的正转和反转常开触点。

（a）主电路　　　　　　　　　　　（b）控制电路

图 2.20　双向启动反接制动控制电路

　　按下正转启动按钮 SB2，中间继电器 KA3 得电并自锁，其常闭触点断开，KA4 线圈不能得电，KA3 常开触点闭合，KM1 线圈得电，KM1 主触点闭合，电动机串电阻降压启动。当电动机转速达到一定值时，KS1 闭合，KA1 得电自锁。这时由于 KA1、KA3 的常开触点闭合，KM3 得电，KM3 主触点闭合，电阻 R 被短接，定子绕组直接加额定电压，在电动机正常运转过程中，若按停止按钮 SB1，则 KA3、KM1、KM3 的线圈相继失电，由于惯性这时 KS1 仍处于闭合（尚未复位），KA1 线圈仍处于得电状态，所以在 KM1 常闭触点复位后，KM2 线圈便得电，其常开触点闭合，使定子绕组经电阻 R 获得反相序三相交流电源，对电动机进行反接制动，电动机转速迅速下降。当电动机转速低于速度继电器动作值时，速度继电器常开触点复位，KA1 线圈失电，KM2 释放，反接制动结束。

　　电动机反向启动和制动停车过程与正转时相同，请读者自己分析。

### 2．能耗制动控制电路

　　所谓能耗制动，就是在电动机脱离三相电源后，在定子绕组上加一个直流电压，即通入直流电流，利用转子感应电流受静止磁场的作用以达到制动的目的。当速度降至零时，再切除直流电源。图 2.21 所示是以时间原则控制的单向能耗制动电路

（a）主电路　　　　　　　　　　　（b）控制电路

图 2.21　以时间原则控制的单向能耗制动电路

设电动机正常运行，若按下停止按钮 SB1，KM1 线圈失电释放，电动机脱离三相电源，KM2 线圈得电自锁，KT 线圈同时得电，KM2 主触点闭合，直流电源加入定子绕组，电动机进入能耗制动。当电动机速度接近于零时，时间继电器延时打开的常闭触点断开，KM2 线圈失电，KM2 常开辅助触点复位（开），KT 线圈失电，电动机能耗制动结束。图中 KT 的瞬时常开触点的作用是当出现 KT 线圈断线或机械卡住故障时，即使按下 SB1 后，接触器 KM2 不能自锁长期得电，避免了出现电动机定子绕组中长期流过直流电流的现象。

### 2.3.5　异步电动机的调速控制电路

由电动机原理可知，三相异步电动机的转子的转速 $n$ 与电网电压频率 $f_1$，定子的磁极对数 $P$ 及转差率 $S$ 的关系为：

$$n = (1-S)n_1 = (1-S)60f_1/P$$

对于三相笼型异步电动机而言，调速方法有三种：改变磁极对数 $P$ 调速、改变转差率 $S$ 调速和改变电动机供电电源频率 $f$ 调速。这里主要介绍双速电动机控制电路。

变极调速仅适用于三相笼型异步电动机。因为笼型异步电动机的转子绕组本身没有固定的极数，能够随着定子绕组的极数变化而变化，所以一般可通过改变定子绕组的连接方式来改变磁极对数，从而实现对转速的调节。笼型异步电动机变极调速属于电气有级调速，常用的多速电动机有双速、三速、四速电动机，下面以双速电动机为例来分析这类电动机的变速控制。

（1）双速电动机定子绕组的连接。图 2.22 是 4/2 极双速电动机定子线组接线示意图。图 2.22（a）中将定子绕组 U1、V1、W1 接电源，U3、V3、W3 接线端悬空，则电动机定子绕组接成三角形，此时电动机磁极为 4 极（二对磁极对数），形成低速运行。每相绕组中的两个线圈串联，电流参考方向如图 2.22（a）中箭头所示。

由原来 4 极电动机改为 2 极电动机，如电源频率为 50Hz，则同步转速由 1500r/min 变为 3000r/nim。注意：电动机从低速转为高速时，为保证电动机旋转方向不变，应把电源相序改变。

图 2.22（b）中将接线端 U1、V1、W1 连在一起，U3、V3、W3 接电源，则电动机定子绕组接成双星形，此时电动机磁极为 2 极（一对磁极对数），形成高速运行。每相绕组中的两个线圈并联，电流参考方向如图 2.22（b）中箭头所示。

（a）三角形连接　　　　　　　　　（b）双星形连接

图 2.22　4/2 极双速电动机定子绕组接线示意图

（2）双速电动机控制电路。双速电动机调速控制电路如图 2.23 所示。图中接触器 KM1

工作时，电动机为低速运行；KM2、KM3 工作时，电动机为高速运行，注意变换后相序已改变。SB2、SB3 分别为低速和高速启动按钮，按低速按钮 SB2，接触器 KM1 得电自锁，电动机接成三角形，低速运转；若按高速启动按钮 SB3，KM1 线圈得电自锁，KT 线圈得电自锁，电动机先低速运转，当 KT 延时时间到，KT 常闭触点断开，KM1 线圈失电，然后接触器 KM2、KM3 线圈得电自锁，KM3 得电使时间继电器 KT 线圈断电，故自动切换使 KM2、KM3 工作，电动机高速运转，这样先低速后高速的控制，目的是限制启动电流。

（a）主电路　　　　　　　　　（b）控制电路

图 2.23　双速电动机调速控制电路

### 2.3.6　变频器及调速控制电路

交流变频器是微计算机及现代电力电子技术高度发展的结果。微计算机是变频器的核心，电力电子器件构成了变频器的主电路。现代工业控制中，由于变频调速的性价比高，工作可靠性高，因此变频器的应用越来越广泛。

#### 1．变频调速的基本概念

由上面电动机的转速公式 $n = (1-S)n_1 = (1-S)60f_1/P$ 我们知道，改变电源频率 $f_1$ 可改变电动机的转速。异步电动机采用变频进行调速控制时，为了避免电动机磁饱和，要控制电动机磁通，同时抑制启动电流，这就需要根据电动机的特性对供电电压、电流、频率进行适当的控制，使电动机产生必需的转矩。

#### 2．变频器的基本结构

从频率变换的形式来说，变频器分为交-交和交-直-交两种形式。交-交变频器可将工频交流电直接变换成频率、电压均可控制的交流电，称为直接式变频器。而交-直-交变频器则是先把工频交流电通过整流变成直流电，然后再把直流电变换成频率、电压均可控制的交流电，又称间接式变频器。市售通用变频器多是交-直-交变频器，其基本结构图如图 2.24 所示，由主回路、包括整流器、中间直流环节、逆变器和控制回路组成，现将各部分的功能分述如下。

（1）整流器。电网侧的变流器是整流器，它的作用是把三相（也可以是单相）交流电整流成直流电。

图 2.24　交-直-交变频器的基本结构

（2）直流中间电路。直流中间电路的作用是对整流电路的输出进行平滑，以保证逆变电路及控制电源得到质量较高的直流电源。由于逆变器的负载多为异步电动机，属于感性负载，无论是电动机处于电动状态或发电制动状态其功率因数总不会为 1。因此，在中间直流环节和电动机之间总会有无功功率的变换。这种无功能量要靠中间直流环节的储能元件（电容器或电抗器）来缓冲，所以又常称直流中间环节为中间直流储能环节。

（3）逆变器。负载侧的变流器为逆变器。逆变器的主要作用是在控制电路的控制下将直流平滑输出电路的直流电源转换为频率及电压都可以任意调节的交流电源。逆变电路的输出就是变频器的输出。

（4）控制电路。变频器的控制电路包括主控制电路、信号检测电路、门极驱动电路、外部接口电路及保护电路等几个部分，其主要任务是完成对逆变器的开关控制，对整流器的电压控制及完成各种保护功能。控制电路是变频器的核心部分，性能的优劣决定了变频器的性能。

### 3．变频器的分类及工作原理

变频器工作原理与变频器的工作方式有关，通用变频器按工作方式分类如下。

（1）V/F 控制。V/F 控制即电压与频率成比例变化的控制。由于变频器的主要负载是异步电动机，改变频率，电动机内部阻抗也改变。仅改变频率，将会产生由弱励磁引起的转矩不足或由过励磁引起的磁饱和现象，使电动机功率因数和效率显著下降。为了使电动机的磁通保持一定，在较广泛的范围内调速运转时，电动机的功率因数和效率不下降，这就是控制电压与频率之比，所以称为 V/F 控制。采用这种方式控制的变频器通常称为普通功能变频器。

（2）转差频率控制。转差频率控制是在 E/f 控制基础上增加转差控制的一种控制方式。从电机的转速角度看，这是一种以电机的实际运行速度加上该速度下电机的转差频率确定变频器的输出频率的控制方式。更重要的是，在 E/f=常数条件下，通过对转差频率的控制，可以实现对电机转矩的控制。采用转差频率控制的变频器通常属于多功能型变频器。

（3）矢量控制。矢量控制是受调速性能优良直流电动机磁场电流及转矩电枢电流可分别控制的启发而设计的一种控制方式。在交流异步电动机上实现该控制方法，并且达到与直流电动机具有相同的控制性能。

矢量控制方式将供给异步电动机的定子电流从理论上分成两部分：产生磁场的电流分量（磁场电流）和与磁场相垂直、产生转矩的电流分量（转矩电流）。该磁场电流、转矩电流与直流电动机的磁场电流、电枢电流相当。在直流电机中，利用整流子和电刷机械换向，使两者保持垂直，并且可分别供电。对异步电动机来说，其定子电流在电动机内部，利用电磁

· 58 ·

感应作用，可在电气上分解为磁场电流和垂直的转矩电流。

采用矢量控制的变频器通常称为高功能变频器。目前采用这种控制方式的变频器已广泛用于生产实际中。

**4．变频器的操作方式及使用**

变频器和 PLC 一样，也是一个可编程的电气设备。在变频器接入电路工作前，要根据变频器的实际应用修订变频器的功能码。功能码一般有数十条甚至上百条，涉及调速操作端口指令、频率变化范围、力矩控制、系统保护等。功能码在出厂时按默认值存储。修订是为了使变频器的性能与实际工作更加匹配。用户通过操作器对变频器进行设定及运行方式的控制。通用变频器的操作方式一般有三种，即数字操作器、远程操作器和端子操作方式。变频器的操作指令可以由此三处发出。

（1）数字操作器和数字显示器。新型变频器几乎均采用数字控制，使数字操作器可以对变频器进行设定操作。如设定电动机的运行频率、运转方式、V/F 类型、加减速时间等。数字操作器有若干个操作键，不同厂商生产的变频器的操作器有很大区别，但 4 个按键是不可少的，即运行键、停止键、上升键和下降键。运行键控制电动机的启动，停止键控制电动机的停止，上升键或下降键可以检索设定功能及改变功能的设定值。数字操作器作为人机对话接口，使得变频器参数设定与显示直观清晰，操作简单方便。

在数字操作器上通常配有 6 位或 4 位数字显示器，它可以显示变频器的功能代码及各功能代码的设定值。在变频器运行前显示变频的设定值，在运行过程中显示电动机的某一参数的运行状态，如电流、频率、转速等。

（2）远程操作器。远程操作器是一个独立的操作单元，它利用计算机的串行通信功能，不仅可以完成数字操作器所具有的操作功能，而且可以实现数字操作器不能实现的一些功能，特别是在系统调试时，利用远程操作器可以对各种参数进行监视和调整，比数字操作器功能强，而且更方便。

变频器的日益普及，使用场地相对分散，远距离集中控制是变频器应用的趋势，现在的变频器一般都具有标准的通信接口，用户可以利用通信接口在远处如中央控制室对变频器进行集中控制，如参数设定、启动/停止控制、速度设定和状态读取等。

（3）端子操作。变频器的端子包括电源接线端子和控制端子两大类。电源接线端子包括三相电源输入端子，三相电源输出端子；直流侧外接制动电阻用端子以及接地端子。控制端子包括频率指令模拟设定端子，运行控制操作输入端子、报警端子、监视端子。

**5．SIEMENS 公司的 Micro Master 交流变频器**

Micro Master 交流变频器是用于交流变速传动的电压源型变频器。包括各种选件，它能驱动交流电动机的功率在 37kW 以下。该种变频器为微处理器控制，采用特殊的脉宽调制方法和可选择的脉冲频率，使电动机静音运行。

图 2.25 所示为变频器实验线路图。此变频器共有 20 多个控制端子，分为 4 类：输入控制信号端子、频率模拟设定输入端子、监视信号端子和通信端子。

DIN1～DIN5 为数字输入端子，一般用于变频器外部控制，其具体功能由相应设置决定。例如，出厂时设置 DIN1 为顺时针方向运行，DIN2 为反转运行等，根据需要通过修改参数可改变功能。使用输入信号端子可以完成对电动机的正、反转控制、复位、多级速度设定、自由停车、点动等控制操作。

图 2.25  变频器闭环控制实验线路图

PTCA(5)、PTCB(6)端子用于电动机内置 PTC 测温保护，为 PTC 传感器输入端。

AIN+、AIN-为模拟信号输入端子，分别作为频率给定信号和闭环时反馈信号输入（如图中的虚线）。变频器提供了 3 种频率模拟设定方式：外接电位器设定、0~10V 电压设定和 4~20mA 电流设定。当用电压或电流设定时，最大的电压或电流对应变频器输出频率设定的最大值。

13、14 为通信接口端子，是一个标准的 RS-485 接口，通过此通信接口，可以实现对变频器的远程控制，包括运行/停止及频率设定控制，也可以与端子控制进行组合完成对变频器的控制。

输出信号的作用是对变频器运行状态的指示或向上位机提供这些信息，端子 16、17、18 和 19、20 为继电器输出，其功能也是可编程的，如故障报警、状态指示等。1(MM)、2(MM)、3(MM)端子为反馈信号端子，为闭环控制提供反馈信号。

### 6．应用举例

图 2.26 所示为使用变频器实现异步电动机的可逆调速控制电路。

根据功能要求，首先要对变频器编程并修改参数。在确保接线正确的情况下，合上主电源开关 QS，设置 P944 为 1，然后再按下 P 键，这样便保证了变频器的参数均恢复为确认值；将参数 P009 设置为 002，以便所有的参数都能被设置；设置参数 P081~P085，以便这些参数与所控电动机铭牌上的额定值一致；设置 P005 为所希望的频率给定值等等。更详细的参数设定方法可查看变频器使用手册。

图 2.26　使用变频器的异步电动机可逆调速控制电路

将变频器 DIN1、DIN2 端子分别设置为正转运行、反转运行功能。

在图 2.26 中，SB3、SB4 为正、反向运行控制按钮，运行频率由电位器 RP 给定。按钮 SB1 为总停止控制。

## 本 章 小 结

1. 电气控制中的原理图与接线图是今后经常应用的必不可少的工具，应熟悉掌握其画法及绘制原则，并能够熟练地阅读电气原理图和电气接线图。

2. 掌握基本控制电路的特点及各种电器触点间的逻辑关系。

3. 大容量电动机一般采用降压启动，掌握常用的降压启动方法，了解软启动的概念和简单使用。

4. 常用的电气制动控制电路有反接和能耗制动。反接制动时要避免反向再启动，要限制制动电流。

5. 电动机的各种控制原则，选择时不仅要根据其本身的特点，还应考虑电力拖动所提出的基本要求以及经济指标等。

6. 了解变频调速的概念和变频器的简单使用。

7. 掌握控制电路中常用的保护环节，分析控制电路时，对复杂的电路要"化整为零"，按照主电路控制电路和其他辅助电路等逐一分析，各个击破。

## 习　题　2

2.1　三相笼型异步电动机在什么条件下可全压启动？试设计带有短路、过载、失压保护的三相笼型异步电动机全压启动的主电路与控制电路。

2.2　试设计三相笼型异步电动机既能点动又能连续运转的控制电路。

2.3　试设计一个两地控制的电动机正反转控制电路，要有过载、短路保护环节。

2.4 有两台电动机 M1 和 M2，试按如下要求设计控制电路。

（1）M1 启动后，M2 才能启动。

（2）M2 要求能用电器实现正反转连续控制，并能单独停车。

（3）有短路、过载、欠压保护。

2.5 某机床主轴由 M1 拖动，油泵由 M2 拖动，均采用直接启动，工艺要求：

（1）主轴必须在油泵开动后，才能启动。

（2）主轴正常为正转，但为调试方便，要求能正、反向点动。

（3）主轴停止后才允许油泵停止。

（4）有短路、过载及失压保护。

试设计主电路及控制电路。

2.6 两台电动机 M1 和 M2，要求：

（1）M1 启动后，延时一段时间后 M2 再启动。

（2）M2 启动后，M1 立即停止。

试设计控制电路。

2.7 星形-三角形降压启动方法有什么特点？并说明其适用场合。

2.8 反接制动和能耗制动各有何特点？

2.9 三相笼型异步电动机调速方法有哪几种？

2.10 变频调速有哪两种控制方式？简要说明。

2.11 设计一个控制线路，要求第一台电动机启动 10 秒后，第二台电动机自行启动，运行 5 秒后，第一台电动机停止，同时使第三台电动机自行启动，再运行 10 秒，电动机全部停止。

2.12 设计一小车运行的控制电路，工艺要求：

（1）小车由原点开始前进，到终端后自动停止。

（2）在终端停留 2 分钟后自动返回原位停止。

（3）要求能在前进或后退途中任意位置都能停止或启动。

# 第 3 章　PLC 概述及工作原理

**内容提要**

本章主要讲述了 PLC 的产生、定义、特点及分类，以及 PLC 的应用范围、发展趋势、基本组成和工作原理。

**学习要求**

通过认识性实验，能够说出 PLC 的组成及工作原理。

了解 PLC 的发展趋势。

掌握 PLC 与继电接触式控制系统的异同。

熟练掌握 PLC 的编程语言。

可编程序控制器（Programmable Controller）简写为 PC，是计算机家族中的一员，但为了避免与个人计算机（Personal Computer）的简写 PC 相混淆，所以将可编程序控制器称为 PLC（Programmable Logic Controller）。

## 3.1　PLC 的产生及定义

### 3.1.1　PLC 的产生

传统的生产机械自动控制系统采用的是继电器控制。继电器控制系统具有结构简单、价格低廉、容易操作等优点，适应于工作模式固定，要求比较简单的场合，目前应用还比较广泛。

随着工业生产的迅速发展，市场竞争激烈，产品更新换代的周期日趋缩短。由于传统的继电器控制系统存在着设计制造周期长，维修和改变控制逻辑困难等缺点，因此越来越不能适应工业现代化发展的需要，迫切需要新型先进的自动控制装置。于是，1968 年美国通用汽车公司（GM）对外公开招标，要求用新的电气控制装置取代继电器控制系统，以便适应迅速改变生产程序的要求。该公司对新的控制系统提出 10 项指标：

（1）编程方便，可现场编辑和修改程序。

（2）硬件维修方便，最好采用插件式结构。

（3）可靠性要明显高于继电器控制系统。

（4）体积要明显小于继电器控制盘。

（5）具有数据通信功能。

（6）价格便宜，其性价比明显高于继电器控制系统。

（7）输入可为市电，可以是 AC115V。

（8）输出可为 AC115V，容量要求在 2A 以上，可直接驱动接触器等。

（9）扩展时原系统只需做很小的改动。

（10）用户存储器大于 4KB。

这 10 项指标实际上就是现在 PLC 的最基本的功能。其核心要求可归纳为 4 点：

（1）计算机代替继电器控制盘。

（2）用程序代替硬接线。

（3）输入/输出电平可与外部装置直接相联。

（4）结构易于扩展。

1969 年第一台 PLC 在美国的数字设备公司（DEC）制成，并成功地应用到美国通用汽车公司（GM）的生产线上。它具有继电器控制系统的外部特性，又有计算机的可编程性、通用性和灵活性，开创了 PLC 的新纪元。

20 世纪 70 年代中期，随着大规模集成电路和微型计算机技术的发展，美国、日本、德国等国把微处理器引入 PLC，使 PLC 在继电器控制和计算机控制的基础上，逐渐发展为以微处理器为核心，把自动化技术、计算机技术、通信技术融为一体的新型自动控制装置。而且在编程方面采用了面向生产、面向用户的语言，打破了以往必须具有计算机专业知识的人员使用计算机编程的限制，使广大工程技术人员和具有电工知识的人员乐于接受和应用，所以得到了迅速而广泛的推广。

PLC 未来的发展不仅依赖于对新产品的开发，还在于 PLC 与其他工业控制设备和工厂管理技术的综合。无疑，PLC 在今后的工业自动化中将扮演重要角色。

### 3.1.2　PLC 的定义

国际电工委员会（IEC）于 1987 年对可编程序控制器下的定义是：

可编程序控制器是一种数字运算操作的电子系统，专为在工业环境下应用而设计；它采用一类可编程的存储器，用于在其内部存储程序，执行逻辑运算、顺序控制、定时、计数和算术操作等面向用户的指令；并通过数字式或模拟式输入/输出控制各种类型的机械或生产过程。PLC 及其有关外部设备，都按易于与工业控制系统连成一个整体、易于扩充其功能的原则设计。

## 3.2　PLC 的特点及分类

### 3.2.1　PLC 的特点

PLC 是面向用户专为在工业环境下应用而设计的专用计算机。它具有以下几个显著特点。

#### 1. 可靠性高，抗干扰能力强

PLC 是专为工业控制而设计的，要能适应这样一个具有很强的电噪声、电磁干扰、机械振动、极端温度和湿度很大的工业环境中，那么，在 PLC 硬件设计方面，首先应对器件严格筛选和优化，而且在电路结构及工艺上采取了一些独特的方式。例如，在输入/输出（I/O）电路中都采用了光电隔离措施，做到电浮空，既方便接地，又提高了抗干扰性能；各个 I/O 端口除采用了常规模拟滤波以外，还加上数字滤波；内部采用了电磁屏蔽措施，防止辐射干扰；采用了较先进的电源电路，以防止由电源回路串入的干扰信号；采用了合理的电路程序，对模块可进行在线插拔，调试时不会影响各机的正常运行，其平均无故障运行时间达（3~5）$\times 10^4$ h 以上。

## 2．编程简单、直观

PLC 是面向用户、面向现场，考虑到大多数电气技术人员熟悉继电器控制线路的特点，在 PLC 的设计上，没有采用微机控制中常用的汇编语言，而是采用一种面向控制过程的梯形图语言。梯形图语言与继电器原理图类似，形象直观，易学易懂。电气工程师和具有一定知识的电工工艺人员都可以在很短的时间内学会。PLC 继承了计算机控制技术和传统的继电器控制技术的优点，使用起来灵活方便。近年来又发展了面向对象的顺控流程图语言（Sequential Function Chart），使编程更简单方便。

## 3．控制功能强

PLC 除具有基本的逻辑控制、定时、计数、算术运算等功能外，配上特殊的功能模块还可实现位控制、PID 运算、过程控制、数字控制等功能。

PLC 可连接成为功能很强的网络系统，低速网络的传输距离达 500~2500m，高速网络的传输距离为 500~1000m，网上结点可达 1024 个，并且高速网络和低速网络可以级联，兼容性好。

## 4．易于安装，便于维护

PLC 安装简单，其相对小的体积使之能安装在通常继电器控制箱所需空间的一半。在从继电器控制系统改造到 PLC 系统的情况下，PLC 小的模块结构使之能安装在继电器箱附近并将连线接向已有接线端，而且改换很方便，只要将 PLC 的输入/输出端子连向已有的接线端子排即可。

在大型 PLC 系统的安装中，远程输入/输出站安置在最优地点。远程 I/O 站通过同轴电缆和双扭线连向 CPU，这种配置大大减少了物料和劳力。远程子系统也意味着系统不同部分可在到达安装场地前由 PLC 工程商预先连好线，这一方法大大减少了电气技术人员的现场安装时间。

从一开始，PLC 便以易维护作为设计目标。由于几乎所有的器件都是模块化的，维护时只需更换模块及插入式部件。故障检测电路将诊断指示器嵌在每一部件中，能指示器件是否正常工作，借助于编程设备可见输入/输出是 ON 还是 OFF，还可写编程指令来报告故障。

总之，在工业应用中使用 PLC 的优点是显而易见的。通过 PLC 的使用，使用户获得高性能、高可靠性带来的高质量和低成本。

## 3.2.2　PLC 的分类

PLC 发展至今已经有多种形式，其功能也不尽相同。分类时，一般按以下原则进行考虑。

### 1．从 I/O 点数容量分类

按 PLC 的输入输出点数可将 PLC 分为以下三类。

（1）小型机。小型 PLC 输入输出总点数一般在 256 点以下，其功能以开关量控制为主，用户程序存储器容量在 4K 字节以下。小型 PLC 的特点是体积小，价格低，适合于控制单台设备、开发机电一体化产品。

典型的小型机有 SIEMENS 公司的 S7-200 系列，OMRON 公司的 CQM1 系列，三菱 FX 系列、MODICONPC-085 等整体式 PLC 产品。

（2）中型机。中型 PLC 的输入输出总点数一般在 256~2048 点之间，用户程序存储容量达到 2~8K 字节。中型 PLC 不仅具有开关量和模拟量的控制功能，还具有更强的数字计算能力，它的通信功能和模拟量处理能力更强大，适用于复杂的逻辑控制系统以及连续生产过程控制场合。

典型的中型机有 SIEMENS 公司的 S7-300 系列，OMRON 公司的 C200H 系列，AB 公司的 SLC500 系列模块式 PLC 等产品。

（3）大型机。大型 PLC 的输入输出总点数在 2048 点以上，用户程序存储容量达 8~16K 字节，它具有计算、控制和调节的功能，还具有强大的网络结构和通信联网能力。它的监视系统采用 CRT 显示，能够表示过程的动态流程。大型机适用于设备自动化控制、过程自动化控制和过程监控系统。

典型的大型 PLC 有 SIEMENS 公司的 S7-400，OMRON 公司的 C2000H 系列，AB 公司的 SLC5/05 系列等产品。

### 2．从结构形式分类

根据 PLC 结构形式的不同，将 PLC 分为下列三类。

（1）整体式结构。整体式又称箱体式。整体式结构是将 PLC 各主要组成部分集装在一个机壳内，即 CPU 板、输入板、输出板、电源板等很紧凑地安装在一个标准机壳内，构成一个整体，组成 PLC 的一个基本单元（主机）或扩展单元。基本单元上设有扩展端口，通过扩展电缆与扩展单元相连，以构成 PLC 不同的配置。整体式 PLC 还配备有许多专用的特殊功能模块，使 PLC 的功能得到扩展。

整体式结构的 PLC 结构紧凑，价格低，安装方便，小型 PLC 一般采用整体式结构。如三菱 F1、F2 系列，OMRON 公司的 C 系列等。

（2）模块式结构。模块式 PLC 采用积木搭接的方式组成系统，其特点是 CPU、输入、输出、电源等都是独立的模块。它由框架和各模块组成，模块插在相应插座上，而插座焊在框架中的总线连接板上。PLC 的电源既可以是单独的模块，也可以包含在 CPU 模块中。PLC 厂家备用不同槽数的框架供用户选择，用户选择不同档次的 CPU 模块、品种繁多的 I/O 模块和其他特殊模块，组成不同的控制系统。

模块式 PLC 组合灵活，硬件配置的余地很大，维修时更换模块方便，输入/输出点数较多的大、中型和部分小型 PLC 一般采用模块式结构。如 SIEMENS 公司的 S5 系列，OMRON 公司的 C500、C1000H 等。

（3）叠装式结构。叠装式吸收了整体式和模块式 PLC 的优点，其基本单元、扩展单元等高等宽，但是长度不同。它不用基板，仅用扁平电缆连接，紧密拼装后组成一个整齐的、体积小巧的长方体，而且输入、输出点数的配置也相当灵活。如三菱公司的 FX2 系列。

## 3.3 PLC 的应用范围

PLC 在国内外已广泛应用于钢铁、石化、机械制造、汽车装配、电力等各行各业，特别在发达的工业国家，PLC 已广泛地应用在所有的工业部门。随着其性能价格比的提高，应用领域也不断扩大。目前典型 PLC 应用大致可分为以下几个方面。

### 1. 顺序逻辑控制

顺序逻辑控制是 PLC 最广泛应用的领域，取代了传统的继电器顺序控制，如：印刷机械、切纸机、组合机床、磨床及电梯控制等。

### 2. 闭环过程控制

过程控制是指对温度、压力、流量等连续变化的模拟量的闭环控制。PLC 通过模拟量 I/O 模块，实现模拟量（Analog）和数字量（Digital）之间的 A/D 转换和 D/A 转换，并对模拟量实行闭环 PID（比例-积分-微分）控制。现代的大中型 PLC 一般都有 PID 闭环控制功能，这一功能可以用 PID 程序或专用的 PID 模块来实现。当过程控制中某个变量出现偏差时，PID 控制算法会计算出正确的输出，把变量保持在设定值上，其 PID 闭环控制功能已经得到广泛的应用。

### 3. 数据处理

现代的 PLC 具有数学运算、数据传送、转换、排序和查表等功能，可以采集、分析和处理数据。在机械加工中，出现了把支持顺序控制的 PLC 和计算机数字控制（CNC）设备紧密结合的趋势。著名的日本 FANUC 公司推出的 System 10,11,12 系列，已将 CNC 控制功能作为 PLC 的一部分。该公司采用窗口软件，实现了 PLC 和 CNC 设备之间内部数据自由传递。美国 GE 公司的 NC 设备新机种也使用了具有数据处理的 PLC。

### 4. 通信和联网

PLC 的通信包括主机与远程 I/O 间的通信、多台 PLC 之间的通信、PLC 与其他智能设备之间的通信。随着工业自动化程度的不断提高，多机间的数据连通，远程的数据传送越来越重要。为了适应近几年兴起的工厂自动化（FA）系统发展的需要，许多厂家开发了 PLC 之间、PLC 与上级计算机之间的通信功能，从而实现了"集中管理，分散控制"的分布式控制。

## 3.4 PLC 的发展趋势

PLC 总的发展趋势是向高集成度、小体积、大容量、高速度、易使用、高性能方向发展。

### 1. 产品规模向大、小两个方向发展

大型 PLC 采用微处理器系统，可同时进行多任务操作，处理速度提高，特别是增强了过程控制和数据处理功能。存储容量也大大增加。

小型 PLC 的整个结构向小型模块化结构发展，增加了配置的灵活性，操作使用十分简便。PLC 功能不断增加，将原来大、中型 PLC 才有的功能移植到小型 PLC 上，但价格却不断下降，真正成为继电器控制系统的替代产品。

**2．编程工具丰富多样，功能不断提高，编程语言趋向标准化**

1985 年，世界上展出了第一台光笔编程器，近几年来，不少厂家先后开发了各种特色的智能编程器，可进行在线或离线编程。

从语言上看，PLC 已不再是单纯用梯形图语言，还可采用功能块、语句表等常用的编程语言编程，且简单易懂。

**3．发展多样化**

PLC 发展的多样化主要体现在三个方面：产品类型、编程语言和应用领域。

**4．模块化**

PLC 的扩展模块发展迅速，明确化、专用化的复杂功能由专门模块来完成，主机仅仅通过通信设备向各模块发布命令和测试状态，这使得 PLC 的系统功能进一步增强，控制系统设计进一步简化。

**5．网络与通信能力增强**

计算机与 PLC 之间以及各个 PLC 之间的联网和通信的能力不断增强，使工业网络可以有效地节省资源，降低成本，提高系统的可靠性和灵活性，致使网络的应用有普遍化的趋势。目前，工业中普遍采用金字塔结构的多级工业网络。

**6．工业软件发展迅速**

与 PLC 硬件技术的发展相适应，工业软件的发展非常迅速，它使系统应用更加简单易行，大大方便了 PLC 系统的开发人员和操作使用人员。

# 3.5  PLC 的基本组成

PLC 主要由硬件和软件两个部分组成。

### 3.5.1  PLC 的硬件组成

PLC 的硬件主要由中央处理器（CPU）、存储器（RAM、ROM）、输入输出单元（I/O）、电源和编程器等几部分组成。

**1．中央处理器（CPU）**

中央处理器是具有运算和控制功能的大规模集成电路，又称 CPU，是控制其他部件操作的 PC 核心。其作用是：

（1）按照系统程序赋予的功能接收并存储由编程器键入的用户程序和数据，诊断电源及 PLC 内部电路的工作状态和编程中出现的语法错误。

（2）用扫描方式工作。监视并接收现场输入信号，从存储器中逐渐读取并执行用户程序，完成用户程序所规定的逻辑或算术等操作，根据运算结果控制输出。

PLC 中常用 CPU 主要采用通用微处理器、单片机和位片式微处理器三种类型。小型 PC 多采用 8 位微处理器，中型机多采用 16 位的微处理器，大型机多采用高速位片机。PC 档次越高，CPU 的位数也越多，运算速度也越快，功能指令越强。OMPON 的小型机一般采用增强型的 8 位微处理机。

### 2．存储器

存储器是具有记忆功能的半导体集成电路，用于存放系统程序、用户程序、逻辑变量和其他信息。系统程序是控制和完成 PLC 多种功能的程序，由厂家编写。用户程序是根据生产过程和工艺要求设计的控制程序，由用户编写。

PLC 中常用的存储器有 ROM、RAM 和 EPROM。

（1）只读存储器 ROM。只读存储器中一般存放系统程序。系统程序具有开机自检、工作方式选择、键盘输入处理、信息传递和对用户程序的翻译解释等功能。系统程序关系到 PLC 的性能，由制造厂家用微机的机器语言编写并在出厂时已固化在 ROM 或 EPROM（紫外线可擦除 ROM）芯片中，用户不能直接存取。

（2）随机存储器 RAM。随机存储器又称可读可写存储器。读出时 RAM 中的内容保持不变。写入时，新写入的信息覆盖了原来的内容。因此 RAM 用来存放既可读出又需经常修改的内容。PLC 中的 RAM 一般存放用户程序、逻辑变量和其他一些信息。用户程序是在编程方式下，用户从键盘上输入并经过系统程序编译处理后放在 RAM 中的。RAM 中的内容在掉电后要消失，所以 PLC 为 RAM 提供了备用锂电池，若经常带负载可维持 3～5 年。如果调试通过的用户程序要长期使用，可用专用 EPROM 写入器把程序固化在 EPROM 芯片中，再把该芯片插在 PLC 上的 EPROM 专用插座中。

### 3．输入输出单元（I/O 单元）

实际生产过程中的信号电平是多种多样的，外部执行机构所需的电平也是千差万别的，而 PLC 的 CPU 所处理的信号只能是标准电平，正是通过输入、输出单元实现了这些信号电平的转换。I/O 单元实际上是 PC 与被控对象间传递输入、输出信号的接口部件。

（1）输入接口单元。输入接口是 PLC 与控制现场的接口界面的输入通道。输入接口由光电耦合、输入电路和微处理器输入接口电路组成。光电耦合输入电路隔离输入信号，防止现场的强电干扰进入微机，对交流输入信号还可采用变压器或继电器隔离。有许多种 PLC 还加有滤波环节来增强抗干扰性能。

多种 PC 的输入接口单元大都相同，通常有两种类型。一种是直流输入接口电路，另一种是交流输入接口电路，如图 3.1 所示。

（a）直流输入接口电路

（b）交流输入接口电路

图 3.1　输入接口电路

（2）输出接口单元。输出接口接收主机的输出信息，并进行功率放大和隔离，经过输出接线端子向现场输出部分输出相应的控制信号。输出接口电路一般由微电脑输出接口和隔离电路、功率放大电路组成。PC 的输出接口单元有三种形式即继电器输出接口电路、晶体管输出接口电路和双向晶闸管输出接口电路，如图 3.2 所示。

（a）继电器输出接口电路　　　　（b）晶体管输出接口电路　　　　（c）晶闸管输出接口电路

图 3.2　输出接口电路

### 4．电源单元

电源单元是将交流电压信号转换成微处理器、存储器及输入、输出部件正常工作所需要的直流电源。由于 PLC 主要用于工业现场的自动控制，直接处于工业干扰的影响之中，所以为了保证 PLC 内主机可靠工作，电源单元对供电电源采用了较多的滤波环节，还用集成电压调整器进行调整以适应交流电网的电压波动，对过电压和欠电压都有一定的保护作用。另外采用了较多的屏蔽措施来防止工业环境中的空间电磁干扰。常用的电源电路有串联稳压电路、开关式稳压电路和设有变压器的逆变式电路。

供电电源的电压等级常见的有：交流：100V、200V；直流：100V、48V、24V 等。

### 5．编程器

编程器是 PC 的最重要的外围设备。利用编程器将用户程序送入 PC 的存储器，还可以用编程器检查程序，修改程序；利用编程器还可以监视 PC 的工作状态。编程器一般分简易型编程器和智能型编程器。小型 PC 常用简易型编程器，大中型 PC 多用智能型 CRT 编程器。除此以外，在个人计算机上添加适当的硬件接口和软件包，即可用个人计算机对 PC 编程。利用微机作为编程器，可以直接编制并显示梯形图。

PLC 还有一些外围设备，如 EPROM 写入器、打印机、图形编程器、工业计算机等，这些设备必须通过相应的接口电路与 PC 连接。

以上几部分组成的整体称为 PLC，是一种可根据生产需要人为灵活变更控制规律的控制装置，它与多种生产机械配套可组成多种工业控制设备，实现对生产过程或某些工艺参数的自动控制。由于 PC 主机实质上是一台工业专用微机，并具有普通微机所不具备的特点，使它成为开路、闭路控制器的首选方案之一。

综上所述，PC 主机在构成实际系统时，至少需要建立两种双向的信息交流通道，即完成主机与生产机械之间、主机与人之间的信息交换。在与生产现场进行连接后，含有工况信息的电信号通过输入通道送入主机，经过处理，计算产生输出控制信号，通过输出通道控制执行元件工作。

### 3.5.2 PLC 的软件组成

PLC 的软件指的是 PLC 所用的各种程序的集合,它由系统程序(系统软件)和用户程序(应用软件)组成。

#### 1. 系统程序

系统程序完成系统诊断、命令解释、功能子程序调用、管理、逻辑运算、通信及各种参数设定等功能。系统程序包括监控程序、输入译码程序及诊断程序等。

监控程序用于管理、控制整个系统的运行。输入译码程序则把应用程序(梯形图)输入、翻译成统一的数据格式,并根据输入接口送来的输入量,进行各种算术、逻辑运算处理,通过输出接口实现控制。诊断程序用来检查、显示本机的运行状态,方便用户使用和维修。

系统程序由 PLC 的制造厂家编写,在 PLC 使用过程中不会变动,它和 PLC 的硬件组成有关,关系到 PLC 的性能。系统程序由制造厂家直接固化在只读存储器 ROM、PROM、EPROM 或 EEPROM 中,用户不能直接访问和修改。

#### 2. 用户程序

用户程序是用户根据控制对象生产工艺及控制的要求而编制的应用程序。它是根据 PLC 控制对象的要求而定的,是用户自己编制的应用程序,通过编程设备将其输入到 PLC 的内存中,用来实现各种控制要求。为了便于读出、检查和修改,用户程序一般存于 CMOS 静态 RAM 中,用锂电池作为后备电源,以保证掉电时不会丢失信息。为了防止干扰对 RAM 中程序的破坏,当用户程序经过运行正常后,确定其不需要改变,则可将它固化在 EPROM 中。现在有许多 PLC 直接采用 EEPROM 作为用户存储器。

### 3.5.3 PLC 系统的等效电路

PLC 控制器系统的等效工作电路可分为 3 部分,即输入部分、内部控制电路和输出部分。输入部分就是采集输入信号,输出部分就是系统的执行部件,这两部分与继电器控制电路相同。内部控制电路是通过编程方法实现的控制逻辑,用软件编程代替继电器电路的功能。其等效工作电路如图 3.3 所示。

图 3.3 PLC 的等效工作电路

### 1. 输入部分

输入部分由外部输入电路、PLC 输入接线端子和输入继电器组成。外部输入信号经 PLC 输入端子去驱动输入继电器的线圈，每个输入端子与其相同编号的输入继电器有着惟一确定的对应关系。当外部的输入元件处于接通状态时，对应的输入继电器线圈"得电"。为使继电器的线圈"得电"，即让外部输入元件的接通状态写入与其对应的基本单元中去，输入回路要有电源。输入回路所使用的电源，可以用 PLC 内部提供的 24V 直流电源，也可由 PLC 外部的独立的交流和直流电源供电。

需要强调的是，输入继电器的线圈只能来自现场的输入元件（如控制按钮、行程开关的触点、晶体管的基极-发射极电压、各种检测及保护器的触点或动作信号等）的驱动，而不能用编程的方式去控制，因此在梯形图程序中，只能使用输入继电器的触点，不能使用输入继电器的线圈。

### 2. 内部控制电路

所谓内部控制电路是由用户程序形成的用"软继电器"来代替继电器的控制逻辑。它的作用是按照用户程序规定的逻辑关系，对输入信号和输出信号的状态进行检测、判断、运算和处理，然后得到相应的输出。

一般用户程序是用梯形图语言编制的，它看起来很像继电器控制线路图。在继电器控制线路中，继电器的触点可瞬时动作，也可延时动作，而 PLC 梯形图中的触点是瞬时动作的。如果需要延时，可由 PLC 提供的定时器来完成。延时时间可根据需要在编程时设定，其定时精度及范围远远高于时间继电器。在 PLC 中还提供了计数器、辅助继电器（中间继电器）及某些特殊功能的继电器。PLC 的这些器件所提供的逻辑控制功能，可在编程时根据需要选用，且只能在 PLC 的内部控制电路中使用。

### 3. 输出部分

输出部分是由在 PLC 内部且与内部控制电路隔离的输出继电器的外部动合触点、输出接线端子和外部驱动电路组成，用来驱动外部负载。

PLC 的内部控制电路中有许多输出继电器，每个输出继电器除了有为内部控制电路提供编程用的任意多个动合、动断触点外，还为外部输出电路提供了一个实际的动合触点与输出接线端子相连。

驱动外部负载电路的电源必须由外部电源提供，电源种类及规格可根据负载要求去配置，只要在 PLC 允许的电压范围内工作即可。

综上所述，我们可对 PLC 的等效电路做进一步简化，即将输入等效为一个继电器的线圈，将输出等效为继电器的一个动合触点。

## 3.5.4 PLC 与继电器控制系统的比较

PLC 的梯形图是在继电器-接触器控制线路的基础上发展起来的，它沿用了继电器控制系统的电路元件符号和继电器等名称概念。PLC 与继电器控制系统均可用于开关量的逻辑控制。PLC 的梯形图与继电器控制电路对逻辑关系的表达方式相同，所用的很多电路元件符号也很相似，如输入继电器、输出继电器等。PLC 的控制与继电器的控制又有不同之处，主要表现在以下几方面。

## 1．功能

PLC 采用了计算机技术，具有逻辑控制、顺序控制、运动控制、数据处理、定时、计数和通信联网能力等功能。继电器控制采用硬接线逻辑，利用继电器触点的串联或并联、延时继电器等组合成控制逻辑，控制功能有限。

## 2．工作原理

PLC 是控制功能主要是通过软件（用户程序）实现的，继电器控制系统的控制功能是用硬件继电器（物理继电器）实现的。

## 3．工作方式

PLC 的控制逻辑中，各内部器件都处于周期性循环扫描中，属于串行工作方式。继电器控制系统在工作过程中，所有的控制电器均处于受控状态，电器的瞬时吸合和断开理论上是同时的，它属于并行工作方式。

## 4．可靠性和可维护性

PLC 采用微电子技术，梯形图中的继电器是一种"软继电器"（触发器），它们的功能是用软件实现的，因此寿命长，可靠性高。PLC 还配有自检和监督功能，能检查出自身的故障，并随时显示给操作人员，还能动态地监视控制程序的执行情况，为现场调试和维护提供了方便。继电器控制系统结构一般比较复杂，所用的控制电器较多，并有机械磨损，因此可靠性差，其故障的诊断和排除非常困难。

## 5．灵活性

PLC 的控制方式灵活，有很强的柔性，仅需修改控制程序就可以改变控制功能。继电器的控制功能被固定在硬件线路中，功能固定，很难修改，灵活性差。

## 6．响应速度

继电器控制系统是依靠触点的机械动作来实现的，触点开闭动作的执行时间一般需要几十 ms，使用的继电器越多，反应速度越慢，而且还会出现机械抖动问题。而 PLC 是由控制程序实现的，一般一条用户指令的执行时间在μs 数量级，因此速度极快。

## 7．定时与计数

PLC 为用户提供了多至几百的用软件实现的定时器，它们的精度高，定时范围宽，定时调整方便，而且不受环境影响。

继电器控制系统利用时间继电器来定时。一般来说，时间继电器存在可靠性差，定时精确度不高，定时范围窄，且易受环境湿度和温度变化的影响，调整时间不方便等问题。

PLC 用软件为用户提供了大量的计数器，而继电器控制系统要实现计数功能是非常困难的。

## 8．设计与调试

PLC 控制系统的设计包括硬件设计和软件设计，硬件设计主要是执行部分的设计，这部分功能明确，设计相对简单；软件设计有大量用软件实现的继电器和定时器、计数器等编程元件供设计者使用，设计的方法很多，我们将在第 9 章具体介绍。继电器控制系统至今还没有一套通用的容易掌握的电路设计方法，为了保证控制的安全可靠，设置了许多复杂的连锁电路。为了降低成本，又力求减少使用的继电器及其触点的数量，因此设计复杂的继电器电路既困难又费时，设计出的电路也很难阅读和理解。PLC控制系统的开关柜制作、现场施工和梯形图设计可以同时进行，梯形图可以在实验室模拟调试，发现问题后修改起来非常方便。继电器系统要在硬件安装、接线全部完成后才能进行调试，发现问题后修改电路花费的时间也很多。

## 3.6 PLC 的工作原理

PLC有两种基本的工作状态，即运行（RUN）状态与停止（STOP）状态。在运行状态，PLC通过反映控制要求的用户程序来实现控制功能。为了使PLC的输出能及时地响应随时可能变化的输入信号，用户程序不是只执行一次，而是反复不断地重复执行，直至PLC停机或切换到STOP工作状态。

### 3.6.1 PLC 的工作过程

PLC的工作过程有两个显著特点：一个是周期性顺序扫描，一个是集中批处理。

周期性顺序扫描是可编程控制器特有的工作方式，PLC在运行过程中，总是处在不断循环的顺序扫描过程中。由于PLC的I/O点数较多，采用集中批处理的方法，可以简化操作过程，便于控制，提高系统的可靠性，因此可编程控制器的另一个主要特点就是对输入采样、执行用户程序、输出刷新实施集中批处理。这同样是为了提高系统的可靠性。

当PLC启动后，先进行初始化操作，包括对工作内存的初始化、复位所有的定时器、将输入/输出继电器清零，检查I/O单元连接是否完好，如有异常则发出报警信号。初始化后，PLC就进入周期扫描过程。小型PLC的工作流程如图3.4所示。

图 3.4　小型 PLC 的工作流程

根据图 3.4，可将 PLC 的工作过程（周期性扫描过程）分为 4 个阶段。

### 1．公共处理

公共处理包括 PLC 自检、执行来自外设命令、对警戒时钟[又称监视定时器或看门狗定时器 WDT（Watch Dog Timer）]清零等。

PLC 自检就是 CPU 检测 PLC 各器件的状态，如出现异常再进行诊断，并给出故障信号，或自行进行相应处理，这将有助于及时发现或提前预报系统的故障，提高系统的可靠性。

在 CPU 对 PLC 自检结束后，就检查是否有外设请求，如是否需要进入编程状态，是否需要通信服务，是否需要启动磁带机或打印机等。

采用 WDT 技术也是提高系统可靠性的一个有效措施，它是在 PLC 内部设置一个监视定时器。这是一个硬件时钟，是为了监视 PLC 的每次扫描时间而设置的，对它预先设定好规定时间，每个扫描周期都要监视扫描时间是否超过规定值。如果程序运行正常，则在每次扫描周期的公共处理阶段对 WDT 进行清零（复位），避免由于 PLC 在执行程序的过程中进入死循环，或者由于 PLC 执行非预定的程序而造成系统故障，从而导致系统瘫痪。如果程序运行失常进入死循环，则 WDT 得不到按时清零而造成超时溢出，将给出报警信号或停止 PLC 工作。

### 2．输入采样

这是第一个集中批处理过程。在这个阶段中，PLC 按顺序逐个采集所有输入端子上的信号，不论输入端子上是否接线，CPU 顺序读取全部输入端，将所有采集到的一批输入信号写入到输入映像寄存器中。在当前的扫描周期内，用户程序依据的输入信号的状态（ON 或 OFF），均从输入映像寄存器中去读取，而不管此时外部输入信号的状态是否变化。即使此时外部输入信号的状态发生了变化，也只能在下一个扫描周期的输入采样扫描阶段去读取，对于这种采集输入信号的批处理，虽然严格上说每个信号被采集的时间有先有后，但由于 PLC 的扫描周期很短，这个差异对一般工程应用可忽略，所以可认为这些采集到的输入信息是同时的。

### 3．用户程序执行

这是第二个集中批处理过程。在执行用户程序阶段，CPU 对用户程序按顺序进行扫描。如果程序用梯形图表示，则总是按先上后下，从左至右的顺序进行扫描。每扫描到一条指令，所需要的输入信息的状态均从输入映像寄存器中去读取，而不是直接使用现场的立即输入信号。对其他信息，则是从 PLC 的元件映像寄存器中读取。在执行用户程序过程中，每一次运算的中间结果都立即写入元件映像寄存器，这样该元件的状态立即就可以被后面将要扫描到的指令所利用。对输出继电器的扫描结果，也不是立即去驱动外部负载，而是将其结果写入元件映像寄存器中的输出映像寄存器中，待输出刷新阶段集中进行批处理，所以执行用户程序阶段也是集中批处理过程。

在这个阶段，除了输入映像寄存器外，各个元件映像寄存器的内容是随着程序的执行而不断变化的。

### 4．输出刷新

这是第三个集中批处理过程。当 CPU 对全部用户程序扫描结束后，将元件映像寄存器中各输出继电器的状态同时送到输出锁存器中，再由输出锁存器经输出端子去驱动各输出继电器所带的负载。

在输出刷新阶段结束后，CPU 进入下一个扫描周期。

上述的三个批处理过程如图 3.5 所示。

图 3.5  小型 PLC 的三个批处理过程

### 3.6.2  PLC 对输入/输出的处理规则

通过对 PLC 的用户程序执行过程的分析，可以总结出 PLC 对输入/输出的处理规则，如图 3.6 所示。

图 3.6  PLC 对输入/输出的处理规则

（1）输入映像寄存器中的数据，是在输入采样阶段扫描到的输入信号的状态集中写进去的，在本扫描周期中，它不随外部输入信号的变化而变化。

（2）输出映像寄存器（它包括在元件映像寄存器中）的状态，是由用户程序中输出指令的执行结果来决定。

（3）锁存器中的数据是在输出刷新阶段，从输出映像寄存器中集中写进去的。

（4）输出端子的输出状态，是由输出锁存器中的数据确定的。

（5）执行用户程序时所需的输入、输出状态，是从输入映像寄存器和输出映像寄存器中读出的。

## 3.7 PLC 的编程语言

IEC（国际电工委员会）于 1994 年 5 月公布了 PLC 标准（IEC1131），它由以下 5 个部分组成：通用信息，设备与测试要求，编程语言，用户指南和通信。其中的第三部分（IEC1131-3）是 PLC 的编程语言标准。

目前已有越来越多的 PLC 生产厂家提供符合 IEC1131-3 标准的产品，有的厂家推出的在个人计算机上运行的"软件 PLC"软件包也是按 IEC1131-3 标准设计的。

### 3.7.1 PLC 的编程语言

IEC1131-3 详细地说明了句法、语法和下述 5 种编程语言的表达方式：

（1）顺序功能图（Sequential Function Chart）。

（2）梯形图（Ladder Diagram）。

（3）功能块图（Function Block Diagram）。

（4）指令表（Instruction List）。

（5）结构文本（Structured Text）。

#### 1．顺序功能图（SFC）

顺序功能图是一种位于其他编程语言之上的图形语言，用来编制顺序控制程序。

顺序功能图提供了一种组织程序的图形方法，在顺序功能图中可以用别的语言嵌套编程。步、转换和动作是顺序功能图中的三种主要元件（如图 3.7 所示）。可以用顺序功能图来描述系统的功能，根据它可以很容易地画出梯形图程序。

#### 2．梯形图（LAD）

梯形图是在继电器控制系统的基础上发展来的一种图形编程语言，因此梯形图与继电器控制系统的电路图很相似，具有直观易懂的优点，很容易被工厂熟悉继电器控制的电气人员掌握，它特别适用于开关量逻辑控制。有时把梯形图称为电路或程序。

梯形图由触点、线圈和用方框表示的功能块组成。触点代表逻辑输入条件，如外部的开关、按钮和内部条件等。线圈通常代表逻辑输出结果，用来控制外部的指示灯、交流接触器和内部的输出条件等。功能块用来表示定时器、计数器或者数学运算等附加指令。

在分析梯形图中的逻辑关系时，为了借用继电器电路图的分析方法，可以想像左右两侧垂直母线之间有一个左正右负的直流电源电压，当图 3.8 中的 I0.1 与 I0.2 的触点接通，或 M0.3 与 I0.2 的触点接通时，有一个假想的"能流"（Power Flow）流过 Q1.1 的线圈。利用能流这一概念，可以帮助我们更好地理解和分析梯形图，能流只能从左向右流动。

触点和线圈等组成的独立电路称为网络（Network），用编程软件生成的梯形图和语句表程序中有网络编号，允许以网络为单位，给梯形图加注释。在网络中，程序的逻辑运算按从左到右的方向执行，与能流的方向一致。各网络按从上到下的顺序执行，执行完成所有的网络后，返回最上面的网络重新执行。

图 3.7　顺序功能图　　　　　　　　　　　图 3.8　梯形图

使用编程软件可以直接生成和编辑梯形图，并将它下载到 PLC。

### 3．功能块图（FBD）

这是一种类似于数字逻辑门电路的编程语言，有数字电路基础的人很容易掌握。该编程语言用类似与门、或门的方框来表示逻辑运算关系，方框的左侧为逻辑运算的输入变量，右侧为输出变量，输入、输出端的小圆圈表示"非"运算，方框被"导线"连接在一起，信号自左向右流动。图 3.9 中的控制逻辑与图 3.8 中的相同。国内很少有人使用功能块图语言。

图 3.9　功能块图与语句表

### 4．语句表（STL）

S7 系列 PLC 将指令表称为语句表（Statement List）。PLC 的指令是一种与微机的汇编语言中的指令相似的助记符表达式，由指令组成的程序叫做指令表程序或语句表程序。

语句表比较适合熟悉 PLC 和逻辑程序设计的经验丰富的程序员，语句表可以实现某些不能用梯形图或功能块图实现的功能。

S7-200 CPU 在执行程序时要用到逻辑堆栈，梯形图和功能块图编辑器自动地插入处理栈操作所需要的指令。在语句表中，必须由编程人员加入这些堆栈处理指令。

### 5．结构文本（ST）

结构文本是为 IEC1131-3 标准创建的一种专用的高级编程语言。与梯形图相比，它能实现复杂的数学运算，编写的程序非常简捷和紧凑。

### 6．编程语言的相互转换和选用

在 S7-200 的编程软件中，用户可以选用梯形图、功能块图和语句表这三种编程语言。语句表不使用网络，但是可以用 Network 网络这个关键词对程序分段，这样的程序可以转换为梯形图。

语句表程序较难阅读，其中的逻辑关系很难一眼看出，所以在设计复杂的开关量控制程序时一般使用梯形图语言。语句表可以处理某些不能用梯形图处理的问题，梯形图编写的程序一定能转换为语句表。

梯形图程序中输入信号与输出信号之间的逻辑关系一目了然，易于理解，与继电器电路图的表达方式极为相似，设计开关量控制程序时建议选用梯形图语言。语句表输入方便快捷，梯形图中功能块对应的语句只占一行的位置，还可以为每一条语句加上注释，便于复杂程序的阅读。在设计通信、数学运算等高级应用程序时建议使用语句表语言。

### 3.7.2 PLC 的控制程序结构

S7-200 的控制程序结构属于线性化编程，一般由主程序、子程序和中断程序 3 部分构成。程序结构示意如图 3.10 所示。

#### 1．主程序

主程序（OB1）是程序的主体，每一个项目必须并且只能有一个主程序。在主程序中可以调用子程序和中断程序。

主程序通过指令控制整个应用程序的执行，每次 CPU 扫描都要执行一次主程序。STEP7-Micro/WIN V4.0 的程序编辑窗口下部的标签用来选择不同的程序。编译时编程软件自动对各程序段进行连接。对 S7-200 PLC 的主程序、子程序和中断程序来说，各程序结束时不需要加入无条件结束指令，如END、RET 或 RETI 等。

#### 2．子程序

子程序是完成某一特定功能的程序，是一个可选集合，仅在被其他程序调用时执行。同一子程序可在不同的地方被多次调用，使用子程序可以简化程序代码和减少扫描时间。设计得好的子程序容易移植到别的项目中去。

图 3.10　S7-200 的程序结构

#### 3．中断程序

中断程序是指令的一个可选集合，中断程序不是被主程序调用，它们在中断事件发生时由 PLC 的操作系统调用。中断程序用来处理预先规定的中断事件，因为不能预知何时会出现中断事件，所以不允许中断程序改写可能在其他程序中使用的存储器。

## 本 章 小 结

PLC 作为一种工业标准设备，虽然生产厂家众多，产品种类层出不穷，但它们都具有相同的工作原理，使用方法也大同小异。

1．PLC 是计算机技术与继电器控制技术相结合的产物。它专为在工业环境下的应用而设计，可靠性高，应用广泛。

PLC 功能的不断增强，使 PLC 的应用领域不断扩展和延伸，应用方式也更加丰富。

PLC 从结构上可分为整体式和模块式；从容量上可分为小型、中型和大型 PLC。

2．PLC 的组成部件有中央处理器（CPU）、存储器、输入/输出（I/O）接口和电源等。

3．PLC 采用集中采样、集中输出、按顺序循环扫描用户程序的方式工作。

当 PLC 处于正常运行时，它将不断重复扫描过程，其工作过程的中心内容分为输入采样、程序执行和输出刷新三个阶段。

4. PLC 是为取代继电接触器控制系统而产生的，因而两者存在着一定的联系。PLC 与继电接触器控制系统具有相同的逻辑关系，但 PLC 使用的是计算机技术，其逻辑关系用程序实现，而不是实际电路。

5. 可用多种形式的编程语言来编写 PLC 的用户程序，梯形图和语句表是两种最常用的 PLC 编程语言。

# 习 题 3

3.1 PLC 有什么特点？

3.2 PLC 是如何定义的？

3.3 PLC 是如何分类的？

3.4 PLC 与继电接触器控制系统相比有哪些异同？

3.5 PLC 主要由哪些部分组成？

3.6 与一般的计算机控制系统相比 PLC 有哪些优点？

3.7 简述 PLC 的工作方式和工作过程。

3.8 PLC 常用的编程语言有哪些？

3.9 如何理解 PLC 的工作原理？

# 第4章 S7-200 系列 PLC 的构成

## 内容提要

本章主要以西门子公司生产的 S7-200 系列小型 PLC 为例，对 PLC 系统的硬件及内部资源做一介绍。

## 学习要求

了解 S7-200 系列 PLC 发展概况。

掌握 S7-200 PLC 的硬件系统。

熟悉 S7-200 PLC 编程元件及编程知识。

重点掌握编程软元器件、编址方法和数据格式。

学会分析 PLC 的技术指标。

SIMATIC S7-200 系列 PLC 是德国西门子（Siemens）公司生产的具有高性能价格比的小型紧凑型可编程序控制器，它结构小巧，运行速度高，可以单机运行，也可以输入/输出扩展，还可以连接功能扩展模块和人机界面，很容易地组成 PLC 网络。同时它还具有功能齐全的编程和工业控制组态软件，使得在采用 S7-22X 系列 PLC 来完成控制系统的设计时更加简单，系统的集成非常方便，几乎可以完成任何功能的控制任务。因此它在各行各业中的应用得到迅速推广，在规模不太大的控制领域是较为理想的控制设备。

SIMATIC 系列 PLC 有 S7-400 系列、S7-300 系列、S7-200 系列三种，分别为 S7 系列的大、中、小型 PLC 系统。S7-200 小型 PLC 应用广泛，结构简单，使用方便，尤其适合初学者学习和掌握。本章详细介绍 S7-200 系列 PLC 的软硬件系统、扩展功能模块、I/O 编程方式、PLC 内部元器件和寻址方式等。

## 4.1 S7-200 系列 PLC 系统结构

S7-200 系列的 PLC 是德国西门子公司生产的一种小型可编程控制器。

S7-200 系列 PLC 系统的配置方式采用整体加积木式结构，根据控制规模、控制要求选择主机和扩展各种功能模块以及通信模块、网络设备、人机界面等。S7-200 系列 PLC 系统基本构成如图 4.1 所示。

### 4.1.1 S7-200 系列 PLC 的主机

PLC 的主机即主机基本单元（CPU 模块），也简称为本机。它包括 CPU、存储器、基本输入输出点和电源等，是 PLC 的主要部分。目前 S7-200CPU 有 CPU21X 和 CPU22X 两个系列。CPU21X 包括 CPU 212、CPU 214、CPU 215 和 CPU 216，是第一代的产品，主机都可进行扩展，本书对第一代 PLC 产品不予介绍。

图 4.1　系统的组成

## 1．S7-200 CPU 外形

S7-200 系统 CPU 22X 系列 PLC 主机的外形如图 4.2 所示。

图 4.2　CPU 22X 系列 PLC 主机的外形

## 2．CPU 22X 的规格

CPU 22X 包括 CPU 221、CPU 222、CPU 224、CPU 226 和 CPU 226XM。CPU 22X 是第二代产品，具有速度快，通信能力强等特点。它有四种不同结构配置的 CPU 单元。

（1）CPU 221。CPU 221 集成 6 输入/4 输出，共计 10 个点的 I/O，无 I/O 扩展能力，有 6KB 程序和数据存储空间，4 个独立的 30kHz 高速计数器，2 路独立的 20kHz 高速脉冲输出端，1 个 RS-485 通信/编程口，具有 PPI 通信协议、MPI 通信协议和自由通信方式，它非常适合于点数小的控制系统。

（2）CPU 222。CPU 222 集成有 8 输入/6 输出，共计 14 点 I/O，可以连接 2 个扩展模块，最大扩展至 78 路数字量 I/O 或 10 路模拟量 I/O 点，因此是更广泛的全功能控制器。

（3）CPU 224。它集成 14 输入/10 输出点，共计 24 点的 I/O。与前两者相比，存储容量扩大了一倍，它可以有 7 个扩展模块，最大可扩展为 168 点数字量或者 35 路模拟量的输入和输出点，有内置时钟，它有更强的模拟量和高速计数的处理能力，存储容量也进一步增加，是使用得更多的 S7-200 产品。CPU 224 还有一种新型产品，型号为 CPU 224XP。它的 I/O 点数、扩展能力与 CPU 224 相同，所不同的是 CPU 224XP 集成有两路模拟量输入，一路模拟量输出，有 2 个 RS-485 通信/编程口，高速脉冲输出频率提高到 100kHz，两相高速计数器频率提高到 100kHz，有 PID 整定功能。

（4）CPU 226。CPU 226 集成 24 输入/16 输出，共计 40 点的 I/O。可连接 7 个扩展模块，最大可扩展为 248 点数字量或者 35 路模拟量的输入和输出点。与 CPU 224 相比，增加了通信口的数量，通信能力大大增加。它可用于点数较多、要求更高的小型或中型控制系统。

（5）CPU 226XM。西门子公司新推出的一种增强型的 CPU 主机，它在用户程序存储容量上扩大到 8KB 字节，其他指标和 CPU 226 相同。

### 3. CPU 22X 的 I/O 点和特点

一般 PLC 的输出有晶体管、继电器和晶闸管三种方式，CPU 22X 主机的输入点为 24V 直流双向光电耦合输入电路，而输出只有继电器和直流（MOS 型）两种类型，且具有不同的电源电压和控制电压。比如 CPU 224，主机共有 I0.0～I0.7、I1.0～I1.5 14 个输入点和 Q0.0～Q0.7、Q1.0～Q1.1 10 个输出点。CPU 224 输入/输出端子图如图 4.3 所示，输入电路采用了双向光电耦合器，24V 直流极性可任意选择，成组输入公共端为 1M、2M。在晶体管输出电路中采用了 MOSFET 功率驱动器件，并将输出分为两组，成组输出公共端为 1L、2L，负载可根据不同的需要接入不同的电源。

图 4.3　CPU224 输入/输出端子图

CPU 22X 还具有 30kHz 的高速计数器，可对增量式编码器的两个互差 90°的脉冲列计数，计数值设定值或计数方向改变时产生中断，在中断程序中可及时对输出进行操作。两个 20kHz 等于脉冲输出可用以驱动步进电机以实现准确定位任务。超级电容和电池模块用于长时间保存数据，用户数据可通过主机的超级电容存储 190 小时，使用电池模块数据存储时间可达 200 天。RS-485 串行通信口的外部信号与逻辑电路之间不隔离，支持 PPI、DP/T 自由通信口协议和 PROFIBUS 点对点协议。通信接口可用于与运行编程软件的计算机通信，与人机接口 TD200 和 OP 通信，以及与 S7-200 CPU 之间的通信。它还可以用普通输入端子捕捉比 CPU 扫描周期更快的脉冲信号，利用中断输入，允许以极快的速度对信号的上升沿做出响应。实时时钟可用以信息加注时间标记，记录机器运行时间或对过程进行时间控制。CPU 222 及以上 CPU 还具有 PID 控制和扩展的功能，内部资源及指令系统更加丰富，功能更加强大。

### 4. 存储系统

S7-200 CPU 存储系统由 RAM 和 EEPROM 两种类型存储器构成。在 CPU 模块内，配备了一定容量的 RAM 和 EEPROM。当 CPU 主机单元模块的存储器容量不够时，可通过增加 EEPROM 卡的方法扩展系统的存储容量。存储系统如图 4.4 所示。

S7-200 PLC 的程序一般由三部分组成：用户程序、数据块和参数块。用户程序是必不可少的，是程序的主体。数据块是用户程序在执行过程中所用到的和生成的数据。参数块是指CPU 的组态数据。数据块和参数块是程序的可选部分。

存储器用以存储用户程序、CPU 组态、程序数据等。当执行下装用户程序时，用户程序、数据和组态配置参数由上位机（个人计算机）送入主机的存储器 RAM 中，主机自动地把这些内容装入 EEPROM 以永久保存；当执行上装用户程序时，RAM 中的用户程序、CPU 组态和数据通过通信设备上装到上位机中，并可进行程序检查和修改；系统掉电时，自动将 RAM 中 V 和 M 存储器的内容保存到 EEPROM；上电恢复时，用户程序、CPU 组态、程序数据自动从 EEPROM 永久保存区送回到 RAM 中，如果 V 和 M 存储区内容丢失时，EEPROM 永久保存区的数据会复制到 RAM 中。

S7-200 CPU 模块还支持可选的 EEPROM 存储器卡，它是扩展卡，还有电池和时钟卡等模块。EEPROM 存储模块用于用户程序的拷贝复制。

图 4.4 存储系统

### 5. 主机主要性能指标

PLC 主机及其他模块的技术性能指标是设计和选用 PLC 应用系统的主要参考依据。S7-200 的 CPU 22X 系列的主要技术性能指标见表 4.1 所示。

表 4.1 S7-200 CPU 22X 系列的主要技术性能指标

| 特　性 | | CPU 221 | CPU 222 | CPU 224 | CPU 224XP | CPU 226 |
|---|---|---|---|---|---|---|
| 尺寸（mm） | | 90×80×62 | | 120.5×80×62 | 190×80×62 | 190×80×62 |
| 功耗（W） | | DC/3<br>继电器（6 个） | DC/5<br>继电器（7 个） | DC/7<br>继电器（10 个） | DC/8<br>继电器（11 个） | DC11<br>继电器（17 个） |
| 用户程序（字） | | 2048 | | 4096 | 4096 | 4096 |
| 数据存储区（字） | | 1024 | | 2560 | 2560 | |
| 掉电数据保存<br>时间 | 内置超级<br>电容 | 50 小时 | | 100 小时 | | |
| | 外插电池卡 | 连续使用 200 天 | | | | |

| 特　性 | | CPU 221 | CPU 222 | CPU 224 | CPU 224XP | CPU 226 |
|---|---|---|---|---|---|---|
| 本机 I/O | 数字量 | 6/4 | 8/6 | 14/10 | | 24/16 |
| | 模拟量 | 无 | | | 2/1 | 无 |
| I/O 映像区 | 数字量 | 256（128/128） | | | | |
| | 模拟量 | 无 | 32（16/16） | 64（32/32） | | |
| 扩展模块数量 | | 0 | 2 个 | 7 个 | | |
| 高速计数器 | | 4H/W（20kHz） | | 6 H/W（20kHz） | | |
| 脉冲输出 | | 2（20kHz, DC） | | | | |
| 定时器 | | 256（1ms×4, 10ms×16, 100ms×236） | | | | |
| 计数器 | | 256 | | | | |
| 中间存储器（位） | | 256（118 可存入 EEPROM） | | | | |
| 时间中断 | | 特殊存储器中断×2（精度 1ms）+定时器中断×2 | | | | |
| 硬件输入中断 | | 4 上升沿和/或 4 下降沿 | | | | |
| 模拟电位器 | | 1（8 位精度） | | 2（8 位精度） | | |
| 实时时钟 | | 另配外插时钟/电池卡 | | 内置 | | |
| 可配外插卡 | | 存储卡、电池卡、时钟/电池卡 | | 存储卡、电池卡 | | |
| 布尔运算速度 | | 0.22/μs | | | | |
| 本体通信口 | | RS-485×1 | | RS-485×2 | | |
| PPI、DP/T 速率 | | 9.6、19.2、187.5Kb/s | | | | |
| 自由口通信速率 | | 1.2～115.2Kb/s | | | | |
| 供电能力 | 5V（DC） | 0 mA | 340 mA | 660 mA | | 1000 mA |
| | 24V（DC） | 180 mA | 180 mA | 280 mA | | 400 mA |

## 6. 主机电源

S7-200 系列的 CPU 单元有一个内部电源，它为 CPU 模块、扩展模块和 24V DC 用户供电。CPU 模块中 24V DC 传感器电源，它为本机的输入点或扩展模块的继电器线圈提供电源，如果要求的负载电流大于该电源的额度值，应增加一个 24V DC 电源为扩展模块供电，CPU 模块中 24V DC 传感器电源不能与外部电源并联。CPU 模块为扩展模块提供 5V DC 电源，如果扩展模块对 5V DC 电源的需求超过其额定值，必须减少扩展模块。主机电源的技术指标如表 4.2 所示。

**表 4.2　主机电源的技术指标**

| 特　性 | 24V DC 电源 | AC 电源 |
|---|---|---|
| 电源电压允许范围 | 20.4～28.8V | 85～264V，47～63Hz |
| 冲击电流 | 10A，28.8V | 20A，254V |
| 隔离（输入电源到逻辑电路） | 不隔离 | 耐压，1500V |
| 断开电源后的保持时间 | 10ms，24V | 80ms，240V |
| 24V　DC 传感器电源输出 | 不隔离 | 不隔离 |

| 特　　　性 | 24V DC 电源 | AC 电源 |
| --- | --- | --- |
| 电压范围 | 15.4～28.8V | 20.4～28.8 |
| 纹波噪声 | 同电源电压 | 峰-峰值＜1V |
| 电源的内部熔断器（用户不能更换） | 3A，250V，慢速熔断 | 2A，250V，慢速熔断 |

### 4.1.2　S7-200 系列 PLC 的扩展模块

S7-200 系列的 PLC 的主机所只能提供一定数量的本机 I/O，如果本机的点数不够或需要进行特殊功能的控制时，就要进行 I/O 的扩展。I/O 扩展包括 I/O 点数的扩展和功能块的扩展。

#### 1. 数字量输入/输出扩展模块

用户选用具有不同 I/O 点的数的数字量扩展模块，可以满足不同的控制需要，以节约投资费用。

典型的数字量输入/输出扩展模块有：

（1）输入扩展模块 EM221，具有 8 点 24V DC 输入。

（2）输出扩展模块 EM222 有两种，分别为 8 点 DC 晶体管（固态 MOSFET）输出，8 点继电器输出。

（3）输入/输出混合扩展模块 EM223 有六种，分别为 4 点数字量 24V DC 输入、4 点数字量 24V DC 输出（固态），4 点数字量 24V DC 输入、4 点数字量继电器输出，8 点数字量 24V DC 输入、8 点数字量 24V DC 输出（固态），8 点数字量 24V DC 输入、8 点数字量继电器输出，16 点数字量 24V DC 输入、16 点数字量 24V DC 输出（固态），16 点数字量 24V DC 输入、16 点数字量继电器输出。

#### 2. 功能扩展模块

当需要完成某些特殊功能的控制任务时，CPU 主机可以扩展特殊功能模块。如在工业控制中，某些输入量（压力、温度、转速、流量等）是模拟量，执行机构也需要模拟量，而 PLC 只能处理数字量，这就需要把由传感器和变送器送来的模拟量经功能扩展模块处理成数字量给主机，再由主机通过特殊功能模块处理，输出模拟量去控制现场设备。

典型的特殊功能模块有：

（1）模拟量输入扩展块 EM231 有三种：4 路模拟量输入（12 位的 A/D 转换）、2 路热电阻输入和 4 路热电偶输入。

（2）模拟量输出扩展模块 EM232 具有两路模拟量输出。

（3）模拟量输入/输出扩展模块 EM235 具有 4 路模拟量输入，1 路模拟量输出（占用 2 路输入地址），12 位的 A/D 转换。

（4）特殊功能模板。特殊功能模块有 EM253 位置控制模板、EM277Profibus-DP 通信模块、EM241 调制解调器模块、CP243-1 以太网模块、SIMATIC NET CP243-2 AS-I 通信处理器模块等。

### 3．I/O 点数扩展和编址

S7-200 系列的 PLC 的主机只能提供有固定的地址和数量的 I/O，需要扩展时，可以在 CPU 右边连接多个扩展模块，每个扩展模块的组态地址编号取决于各模块的类型和该模块在 I/O 链中所处的位置，同类型输入或输出点的模块进行顺序编址，编址方法是同样类型输入或输出点的模块在链中按与主机的位置而递增，其他类型模块的有无以及所处的位置不影响本类型模块的编号。CPU 分配给数字量 I/O 模块的地址以字节为单位（长度为 8 位），本模块未用位不能分配给 I/O 链的后续模块。对于输入模块，每次更新输入时都将输入字节中未用的位清零，因此不能把它们用作内部存储器标志位。对于模拟量的模块，输入/输出以 2 个字递增方式来分配空间。不同的 CPU 有不同的扩展规范，它主要受 CPU 的功能限制。在使用时可参考 SIEMENS 的系统手册。

例如，某一控制系统选用 CPU 224，系统所需的输入/输出点数为：数字量输入 24 点、数字量输出 20 点、模拟量输入 6 点和模拟量输出 2 点。本系统可有多种不同模块的选取组合，并且各模块在 I/O 链中的位置排列方式也可能有多种，图 4.5 所示为其中的一种模块连接方式。表 4.3 列出了其对应的各模块的编址情况。

图 4.5　模块连接方式

表 4.3　各模块的编址

| 主机 I/O | 模块 0 I/O | 模块 1 I/O | 模块 2 I/O | 模块 3 I/O | 模块 4 I/O |
|---|---|---|---|---|---|
| I0.0　Q0.0 | I2.0 | Q2.0 | AIW0　AQW0 | I3.0　Q3.0 | AIW08　AQW4 |
| I0.1　Q0.1 | I2.1 | Q2.1 | AIW2 | I3.1　Q3.1 | AIW10 |
| I0.2　Q0.2 | I2.2 | Q2.2 | AIW4 | I3.2　Q3.2 | AIW12 |
| I0.3　Q0.3 | I2.3 | Q2.3 | AIW6 | I3.3　Q3.3 | AIW14 |
| I0.4　Q0.4 | I2.4 | Q2.4 | | | |
| I0.5　Q0.5 | I2.5 | Q2.5 | | | |
| I0.6　Q0.6 | I2.6 | Q2.6 | | | |
| I0.7　Q0.7 | I2.7 | Q2.7 | | | |
| I1.0　Q1.0 | | | | | |
| I1.1　Q1.1 | | | | | |
| I1.2 | | | | | |
| I1.3 | | | | | |
| I1.4 | | | | | |
| I1.5 | | | | | |

## 4.1.3　S7-200 系列 PLC 的通信及常用网络

S7-200 PLC 的通信包括 PLC 与上位机之间、PLC 之间以及 PLC 与其他智能设备之间的通信。PLC 和计算机可以直接或通过通信处理单元、通信转换器连接构成网络，以实现信息的交换，并可构成"集中管理，分散控制"的分布式控制系统，满足工厂自动化系统发展的需要。

SIMATIC NET 是西门子公司的网络产品的总称，它包括工业以太网（SIMATIC NET 的顶层）、现场总线 PROFIBUS、AS-i 接口和 EIS（ SIMATIC NET 的底层）三个主要层次。西门子通信网络的中间层为工业现场总线 PROFIBUS，它是用于车间级和现场级的国际标准，传输速率最大为 12Mbps，响应时间的典型值为 1ms，使用屏蔽双绞线电缆（最长 9.6km）或光缆（最长 90km），最多可接 127 个从站。

### 1. S7-200 PLC 的通信协议和方式

S7-200 系列 PLC 安装有串行通信口。CPU 221、CPU 222、CPU 224 为 1 个 RS-485 口，定义为 PORT0，CPU 226 和 CPU 226XM 为 2 个 RS-485 口，定义为 PORT0 及 PORT1。

S7-200 系列 PLC 通信协议有 PPI 协议、MPI 协议、自由口通信、PROFIBUS DP 协议、AS-I 接口协议等。

PPI 通信协议是西门子公司专为 S7-200 系列 PLC 开发的通信协议，内置于 CPU 中。PPI 协议物理上基于 RS-485 口，通过屏蔽双绞线就可以实现 PPI 通信。PPI 协议是一种主从协议。主站设备发送要求到从站设备，从站设备响应，从站不主动发出信息。主站靠 PPI 协议管理的共享连接来与从站通信。PPI 协议并不限制与任意一个从站通信的主站数量，但是一个网络中，主站不能超过 32 个。PPI 协议最基本的用途是为使 PC 机在运行 Windows 或 Windows NT 操作系统的个人计算机（PC）上安装了 STEP 7-Micro/WIN V4.0 编程软件后，PC 可作为通信中的主站，可以上传和下载应用程序，此时使用西门子公司的 PC/PPI 电缆连接 PC 机的 RS-232 口及 PLC 机的 RS-485 口。

### 2. 仅使用 S7-200 PLC 的典型网络

S7-200 是一种小型的 PLC，所以在网络中一般作为从站使用，一般有以下几种比较常见的网络。

（1）单主站 PPI 网络。当网络中只有一个主站时，即构成了单主站网络，单主站通信方式如图 4.6 所示。此主站可以是计算机，也可以是人机界面设备，而 S7-200 是网络的从站。单主站与一个或多个从站（一台或多台 PLC 机）相连，STEP7-Micro/WIN V4.0 每次和一个 S7-200CPU 通信，但是它可以访问网络上的所有 CPU。

图 4.6　单主站通信方式

（2）多主站 PPI 网络。通信网络中有多个主站设备，一个或多个从站，就构成了多主站网络。图 4.7 所示由带 CP 通信卡的计算机和文本显示器 TD200、操作面板 OP15 构成主站，S7-200 CPU 可以是从站或主站，这也是 PPI 通信协议的实际应用。

图 4.7 多主站方式示意图

### 3．S7-200 PLC 组网的部分硬件

（1）RS-485 接口及电缆。S7-200 网络使用 RS-485 标准，双绞线电缆。在一个网段上最多可以连接 32 个设备，通信距离可达 1200m。增加设备及增大传送距离可在网络中加接中继器。S7-200 系列 PLC 安装的为标准的 9 针 D 型连接器。图 4.8 所示为通信接口的物理连接口，表 4.4 是通信口引脚分配。

图 4.8 通信接口的物理连接口

表 4.4 通信接口的引脚分配

| 针 | PROFIBUS 名称 | 端口 0/端口 1 |
| --- | --- | --- |
| 1 | 屏蔽 | 逻辑地 |
| 2 | 24V 返回 | 逻辑地 |
| 3 | RS-485 信号 B | RS-485 信号 B |
| 4 | 发送申请 | RTS[TTL] |
| 5 | 5V 返回 | 逻辑地 |
| 6 | +5V | +5V，100Ω 串联电阻 |
| 7 | +24V | +24V |
| 8 | RS-485 信号 A | RS-485 信号 A |
| 9 | 不用 | 10 位协议选择[输入] |
| 连接器外壳 | 屏蔽 | 机壳接地 |

（2）CP 卡及 EM277。表 4.5 所示为 s7-200 系列 PLC 组网时的硬件配置。

表 4.5　STEP-Micro/WIN 支持的硬件组态

| 支持的硬件 | 型　　号 | 支持的波特率 | 说　　明 |
|---|---|---|---|
| PC/PPI 电缆 | 到 PC 通信接口的电缆连接器 | 9.6Kb/s<br>19.2Kb/s | 支持 PPI 协议 |
| CP 5511 | II 型，PCMCIA 卡 | 9.6Kb/s<br>19.2Kb/s<br>187.5Kb/s | 支持用于笔记本 PC 的 PPI、MPI 和 PROFIBUS 协议 |
| CP 5611 | PCI 卡（版本 3 或以上版本） | | 支持用于 PC 的 PPI、MPI 和 PROFIBUS 协议 |
| MPI | PG 中集成的 PCISA 卡 | | |

**4．其他设备**

（1）编程设备（PG）。编程器是任何一台 PLC 不可缺少的设备，一般是由制造厂专门提供的。S7-200 PLC 的编程器可以是简易的手持编程器 PG702，也可以是昂贵的图形编程器，如 PG740II，PG760II 等。为降低编程设备的成本，目前广泛采用个人计算机作为编程设备，但需配置制造厂提供的专用编程软件。S7-200 PLC 的编程软件为 STEP-Micro/WIN V4.0，通过一条 PC/PPI 电缆将用户程序送入 PLC 中。

（2）人机操作界面（Human Machine Interface, HMI）。

① 文本显示器 TD 200。TD 200 是 S7-200 PLC 的操作员界面，其功能如下：

a. 显示文本信息。通过选择项确认的方法可显示最多 80 条信息，每条信息最多可包含 4 个变量。可显示中文。

b. 设定实时时钟。

c. 可显示过程参数，并可通过输入键进行设定或修改。

d. 有可编程的 8 个功能键，可以替代普通的控制按钮，从而可以节省 8 个输入点。

e. 具有密码保护功能。

f. 提供强制 I/O 点诊断功能。

TD 200 不需要单独的电源，只需要将它的连接电缆接到 CPU 22X 的 PPI 接口上，用 STEP7-Micro/WIN 软件进行编程。

② 触摸屏 TP 070，TP 170A，TP 170B 及 TP 7，TP 27。TP 070，TP 170A，TP 170B 为具有较强功能且价格适中的触摸屏，其特点是：

a. 在 Windows 环境下工作。

b. 可通过 MPI 及 PROFIBUS-DP 与 S7-200 PLC 连接。

c. 背光管寿命达 50000h，可连续工作 6 年。

d. 利用 STEP7-Micro/WIN(Pro)SIMATIC ProTool/Lite V5.2 进行组态。

TP 7，TP 27 触摸屏主要用于进行机床操作和监控。

（3）工业软件。工业软件是为更好地管理和使用这些设备而开发的与之相配套的程序，它主要由标准工具、工程工具、运行软件和人机接口等几大类构成。

# 4.2　S7-200 系列 PLC 的内部元器件

PLC 是以微处理器为核心的专用计算机，用户的程序和 PLC 的指令是相对元器件而言的，PLC 元器件是 PLC 内部的具有一定功能的器件，这些器件实际上由电子电路和寄存器及存储器单元等组成，习惯上我们也把它称为继电器，为了把这种继电器与传统电气控制电路中的继电器区别开来，有时也称之为软继电器或软元件。本节从数据存储类型、元器件的编址方式，存储空间、功能等角度叙述各种元器件的使用方法。

### 4.2.1 数据存储类型

S7-200 CPU 内部元器件的功能相互独立，在数据存储器中都有一地址，可依据存储器地址来存储数据。

#### 1．数据长度

计算机中使用的都是二进制数，在 PLC 中，通常使用位、字节、字、双字来表示数据，它们占用的连续位数称为数据长度。

二进制的 1 位（bit）只有"0"和"1"两种不同的取值，在 PLC 中一个位可对应一个继电器或开关，继电器的线圈得电或开关闭合，相应的状态位为"1"；若继电器的线圈失电或开关断开，其对应位为"0"。

8 位二进制数组成一个字节(Byte)，其中的第 0 位为最低位(LSB)，第 7 位为最高位(MSB)。两个字节组成一个字（Word），在 PLC 中又称为通道，即一个通道由 16 位继电器组成。两个字组成一个双字（Double Word）。一般用二进制补码表示有符号数，其最高位为符号位，最高位为 0 时为正数，最高位为 1 时为负数。

#### 2．数据类型及范围

S7-200 系列 PLC 数据类型主要有布尔型（BOOL）、整数型(INT)和实数型(REAL)。布尔逻辑型数据是由"0"和"1"构成的字节型无符号的整数；整数型数据包括 16 位单字和 32 位有符号整数；实数型数据又称浮点型数据，它采用 32 位单精度数来表示。数据类型、长度及范围见表 4.6。

表 4.6　数据类型、长度及范围

| 基本数据类型 | 无符号整数表示范围 | | 基本数据类型 | 有符号整数表示范围 | |
|---|---|---|---|---|---|
| | 十进制表示 | 十六进制表示 | | 十进制表示 | 十六进制表示 |
| 字节 B（8 位） | 0～255 | 0～FF | 字节 B（8 位）只用于 SHRB 指令 | −128～127 | 80～7F |
| 字 W（16 位） | 0～65535 | 0～FFFF | INT（16 位） | −32767～32767 | 8000～7FFF |
| 双字 D（32 位） | 0～4294967295 | 0～FFFFFFFF | DINT（32 位） | −2147483648 ～2417483647 | 80000000 ～7FFFFFFF |
| BOOL（1 位） | 0～1 | | | | |
| 实数（32 位） | $-10^{38}$～$10^{38}$（IEEE32 浮点数） | | | | |

#### 3．常数

在编程中经常会使用常数。常数根据长度可分为字节、字和双字。在机器内部的数据都以二进制存储，但常数的书写可以用二进制、十进制、十六进制、ASCII 码或实数等多种形式。几种常数形式分别见表 4.7。

表 4.7 常数表示方法

| 进 制 | 书 写 格 式 | 举 例 |
|---|---|---|
| 十进制 | 十进制数值 | 12345 |
| 十六进制 | 16#十六进制值 | 16#8AC |
| 二进制 | 2#二进制值 | 2#1010 0011 1101 0001 |
| ASCII 码 | 'ASCII 码文本' | 'good' |
| 浮点数 | ANSI/IEEE 754-1985 标准 | +1.175495E-38 到+3.402823E+38 |
| | | −1.175495E-38 到−3.402823E+38 |

### 4.2.2 数据的编址方式

数据存储器的编址方式主要是对位、字节、字、双字进行编址。

#### 1．位编址

位编址的方式为：（区域标志符）字节地址.位地址，如 I3.4、Q1.0、V3.3。I3.4，其中的区域标识符 "I" 表示输入，字节地址是 3，位地址为 4。

#### 2．字节编址

字节编址的方式为：（区域标志符）B 字节编址，如 IB1 表示输入映像寄存器由 I1.0～I1.7 这 8 位组成。

#### 3．字编址

字编址的方式为：（区域标志符）W 起始字节地址，最高有效字节为起始字节，如 VW100 包括 VB100 和 VB101，即表示由 VB100 和 VB101 这两个字节组成的字。

#### 4．双字编址

双字编址的方式为：（区域标志符）D 起始字节地址，最高有效字节为起始字节，如 VD100 表示由 VB100～VB103 这 4 个字节组成的双字。

### 4.2.3 PLC 内部元器件及编址

在 S7-200 PLC 的内部元器件包括输入映像寄存器（I）、输出映像寄存器（Q）、变量存储器（V）、位存储器（M）、顺序控制继电器（S）、特殊存储器（SM）、局部存储器（L）、定时器（T）、计数器（C）、模拟量输入映像寄存器（AI）、模拟量输出映像寄存器（AQ）、累加器（AC）、高速计数器（HC）。

#### 1．输入映像寄存器（I）

S7-200 的 PLC 输入映像寄存器又称输入继电器。在每个扫描周期的开始，PLC 对各输入点进行采样，并把采样值送到输入映像寄存器。PLC 在接下来的本周期各阶段不再改变输入映像寄存器中的值，直到下一个扫描周期的输入采样阶段。

每个输入继电器都有一个 PLC 的输入端子对应，它用于接收外部的开关信号。当外部的开关信号闭合，则输入继电器的线圈得电，在程序中其常开触点闭合，常闭触点断开。这些触点可以在编程时任意使用，使用次数不受限制。

输入映像寄存器可按位、字节、字、双字等方式进行编址，如 I0.2、IB3、IW4、ID0。

S7-200 的 PLC 输入映像寄存器的区域有 IB0～IB15 共 16 个字节单元，输入映像寄存器按位操作，每一位代表一个数字量的输入点。如CPU224的基本单元有 14 个数字量的输入点：I0.0～I0.7、I1.0～I1.5 占用了两个字节 IB0、IB1。

### 2．输出映像寄存器（Q）

S7-200 的 PLC 输出映像寄存器又称输出继电器，每个输出继电器都有一个 PLC 上的输出端子对应。当通过程序使得输出继电器线圈得电时，PLC 上的输出端开关闭合，它可以作为控制外部负载的开关信号。同时在程序中其常开触点闭合，常闭触点断开。这些触点可以在编程时任意使用，使用次数不受限制。

在每个扫描周期的输入采样、程序执行等阶段，并不把输出结果信号直接送到输出继电器，而只是送到输出映像寄存器，只有在每个扫描周期的末尾才将输出映像寄存器中的结果信号几乎同时送到锁存器，对输出点进行刷新。实际未用的输出映像区可做他用，用法与输入继电器相同。

输出映像寄存器可按位、字节、字、双字等方式进行编址，如 Q0.2、QB3、QW4、QD0。

S7-200 的 PLC 输出映像寄存器的区域有 QB0～QB15 共 16 个字节单元，输出映像寄存器按位操作，每一位代表一个数字量的输出点。如 CPU224 的基本单元有 16 个数字量的输出点：Q0.0～Q0.7、Q1.0～Q1.7 占用了两个字节 QB0、QB1。

### 3．位存储器（M）

位存储器也称辅助继电器或通用继电器。它如同继电控制接触系统中的中间继电器，用来存储中间操作数或其他控制信息。在 PLC 中没有输入输出端与之对应，因此辅助继电器的线圈不直接受输入信号的控制，其触点不能驱动外部负载。

位存储器可按位、字节、字、双字来存取数据。如 M25.4、MB1、MW12、MD30。

S7-200 的 PLC 位存储器的寻址区域为 M0.0～M31.7。

### 4．特殊存储器（SM）

特殊存储器为 CPU 与用户程序之间传递信息提供了一种交换。用户可以用这些选择和控制 S7-200 CPU 的一些特殊功能，可以按位、字节、字或双字的形式来存取。

用户可以通过特殊标志来沟通 PLC 与被控对象之间的信息，如可以读取程序运行过程中的设备状态和运算结果信息，利用这些信息用程序实现一定的控制动作，用户也可通过直接设置某些特殊标志继电器位来使设备实现某种功能。例如，

SM0.1：仅在第一个扫描周期为"1"状态，常用来对程序进行初始化，属只读型。

SM0.5：提供 1S 的时钟脉冲，属只读型。

SM36.5：HC0 当前计数方向控制，置位时，递增计数，属可写型。

其他常用特殊标志继电器的功能可以参见附录表 C.1。

### 5．变量存储器（V）

变量存储器用来存储全局变量、存放程序执行过程中控制逻辑操作的中间结果、保存与

工序或任务相关的其他数据。变量存储器全局有效，即同一个存储器可以在任一程序分区中被访问。

变量存储器可按位、字节、字、双字使用。

变量存储器有较大的存储空间，CPU 221/CPU 222 有 V0.0～V2047.7 的 2KB 存储容量；CPU 224/CPU 226 有 V0.0～V5119.7 的 5KB 存储容量。

### 6. 局部变量存储器（L）

局部变量存储器用来存放局部变量，类似变量存储器 V，但全局变量是对全局有效，而局部变量只和特定的程序相关联，是局部有效。

S7-200 PLC 提供 64 个字节的局部存储器，编址范围为 L0.0～L63.7，其中 60 个可以作为暂时存储器或给子程序传递参数，最后 4 个是系统为 STEP7-Micro/WIN V4.0 等软件所保留。

局部变量存储器可按位、字节、字、双字使用。PLC 运行时，根据需要动态地分配局部存储器：在执行主程序时，分配给子程序或中断程序的局部变量存储区是不存在的，当子程序调用或出现中断时，需要为之分配局部存储器，新的局部存储器可以是曾经分配给其他程序块的同一个局部存储器。不同程序的局部存储器不能互相访问。

### 7. 顺序控制继电器（S）

顺序控制继电器（SCR）用于机器的顺序控制或步进控制。它可按位、字节、字、双字使用，有效编址范围为 S0.0～S31.7。

### 8. 定时器（T）

定时器相当于继电-接触器控制系统中的时间继电器，是 PLC 中累计时间增量的重要编程元件。自动控制的大部分领域都需要定时器进行延时控制，灵活地使用定时器可以编制出动作要求复杂的控制程序。

PLC 中的每个定时器都有 1 个 16 位有符号的当前值寄存器，使用时要提前输入时间预设值。当定时器的输入条件满足且开始计时时，当前值从 0 开始按一定的时间单位增加；当定时器的当前值达到预设值时，定时器动作，此时它的常开触点闭合，常闭触点断开，利用定时器的触点就可以得到控制所需的延时时间。

S7-200 PLC 定时器的精度有 3 种：1ms、10ms 和 100ms，有效范围为 T0～T255。

### 9. 计数器（C）

计数器用来累计输入脉冲的次数，其结构与定时器类似，使用时要提前输入它的设定值（计数的个数），通常设定值在程序中赋予，有时也可根据需求在外部进行设定。S7-200 PLC 提供 3 种类型的计数器：加计数器、减计数器、加减计数器，有效范围为 C0～C255。

当输入触发条件满足时，计数器开始累计它的输入端脉冲电位上升沿（正跳变）的次数。当计数器计数达到预定的设定值时，其常开触点闭合，常闭触点断开。

### 10. 高速计数器（HSC）

高速计数器的工作原理与普通计数器基本相同，它用来累计比主机扫描速度更快的高速脉冲。高速计数器的当前值为双字长（32 位）的有符号整数，且为只读值。单脉冲输入时，计数器最高频率达 30kHz，CPU 221/CPU 222 提供了 4 路高速计数器 HC0，HSC3～HSC5，CPU 224/CPU 226/CPU 226XM 提供了 6 路高速计数器 HC0～HC5；双脉冲输入时，计数器最高频率达 20kHz，CPU 221/CPU 222 提供了 2 路高速计数器 HSC0、HSC1，CPU 224/CPU 226/CPU 226XM 提供了 4 路高速计数器 HSC0～HSC3。

### 11. 模拟量输入映像寄存器（AI）

S7-200 PLC 模拟量输入模块能将现场连续变化的模拟量用 A/D 转换器转换为 1 个字长的数字量，并存入模拟量输入映像寄存器中，供 CPU 处理。

在模拟量输入寄存器中，1 个模拟量等于 16 个数字量，即 2 个字节，因此从偶数号字节进行编址来存取转换过的模拟量值，如：AIW0、AIW2、AIW4、AIW8 等。

模拟量输入寄存器只读取数据，模拟量转换的实际精度为 12 位。CPU 221 没有模拟量输入寄存器，CPU 222 的有效地址范围为 AIW0～AIW30；CPU 224/CPU 226/CPU 226XM 的有效地址范围为 AIW0～AIW62。

### 12. 模拟量输出映像寄存器（AQ）

S7-200 PLC 模拟量输出模块能将 CPU 已运算好的 1 个字长的数字量转换为模拟量，并存入模拟量输出映像寄存器中，供驱动外部设备使用。

在模拟量输出寄存器中，1 个模拟量等于 16 位数字量，即 2 个字节，因此从偶数号字节进行编址来存取转换过的模拟量值，如：AQW0、AQW2、AQW4、AQW8 等。

模拟量输出寄存器只写数据，模拟量转换的实际精度为 12 位。CPU221 没有模拟量输出寄存器，CPU 222 的有效地址范围为 AQW0～AQW30；CPU 224/CPU 226/CPU 226XM 的有效地址范围为 AQW0～AQW62。

### 13. 累加器（AC）

累加器是用来暂存数据、计算的中间数据和结果数据、子程序传递参数、从子程序返回参数等的寄存器，它可以像存储器一样使用读/写存储区。S7-200 PLC 提供 4 个 32 位累加器，分别为 AC0、AC1、AC2、AC3，使用时可按字节、字、双字的形式存取累加器中的数据。按字节或字为单位存取时，累加器只使用了低 8 位或低 16 位，被操作数据的长度取决于访问累加器时所使用的指令。

## 4.3　S7-200 CPU 存储器区域的寻址方式

S7-200 将信息存储在不同的存储单元中，每个存储单元都有唯一的地址，S7-200 CPU 使用数据地址访问所有的数据，称为寻址。指令参与的操作数据或操作数据地址的方法，称为寻址方式。S7-200 系列的 PLC 有立即数寻址、直接寻址和间接寻址 3 种方式。

### 1. CPU 存储区域的立即数寻址

数据在指令中以常数形式出现，取出指令的同时也就取出了操作数，这种寻址方式称为立即数寻址方式。CPU 以二进制方式存储常数，常数可分为字节、字、双字数据，指令中还可用十进制、十六进制、ASCII 码或浮点数来表示。

## 2．CPU 存储区域的直接寻址

在指令中直接使用存储器或寄存器的元件名称、地址编号来查找数据，这种寻址方式称为直接寻址。直接寻址可以按位、字、字节、双字直接寻址，S7-200 PLC 直接寻址的内部元器件符号见表 4.8。

表 4.8　PLC 寻址的内部元器件符号

| 元件符号（名称） | 所在数据区域 | 位寻址格式 | 其他寻址格式 |
|---|---|---|---|
| I（输入继电器） | 数字量输入映像位区 | $A_{x.y}$ | $AT_x$ |
| Q（输出继电器） | 数字量输出映像位区 | $A_{x.y}$ | $AT_x$ |
| M（位存储器） | 位存储器标志位区 | $A_{x.y}$ | $AT_x$ |
| SM（特殊存储器） | 特殊存储器标志位区 | $A_{x.y}$ | $AT_x$ |
| S（顺序控制继电器） | 顺序控制继电器存储区 | $A_{x.y}$ | $AT_x$ |
| V（变量存储器） | 变量存储器区 | $A_{x.y}$ | $AT_x$ |
| L（局部变量存储器） | 局部存储器区 | $A_{x.y}$ | $AT_x$ |
| T（定时器） | 定时器存储器区 | $A_y$ | $AT_x$ |
| C（计数器） | 计数器存储器区 | $A_y$ | 无 |
| AI（模拟量输入映像寄存器） | 模拟量输入存储器区 | 无 | $ATx$ |
| AQ（模拟量输出映像寄存器） | 模拟量输出存储器区 | 无 | $ATx$ |
| AC（累加器） | 累加器区 | 无 | $A_{y)}$ |
| HC（高速计数器） | 高速计数器区 | 无 | $A_y$ |

表 4.8 中，A 为元件名称，即该数据在数据存储器中的区域地址。T 为数据类型，若为位寻址，则无该项，若为字节、字或双字寻址，则 T 的取值应分别为 B、W 和 D。

x 为字节地址；y 为字节内的位地址，只有位寻址才有该项。

（1）位寻址方式。位寻址是指明存储器或寄存器的元件名称、字节地址和位号的一种直接寻址方式。按位寻址时的格式为：$A_{x.y}$，图 4.9 所示是输入继电器的位寻址方式举例。

图 4.9　CPU 存储器中位数据表示方法和位寻址方式

可以进行位寻址的编程元件有：输入继电器（I）、输出继电器（Q）、位存储器（M）、特殊存储器（SM）、局部变量存储器（L）、变量存储器（V）和顺序控制继电器（S）。

（2）字节、字和双字的寻址方式。CPU 直接访问字节、字、双字数据时，必须指明数据存储区域、数据长度和存储区域的起始地址。当数据长度为双字时，最高有效字节为起始字节。对变量存储器 V 的数据操作见图 4.10 所示。

图 4.10　字节、字、双字的寻址方式

按字节寻址的元器件有：I、Q、M、SM、S、V、L、AC、常数。

按字寻址的元器件有：I、Q、M、SM、S、T、C、V、L、AC、常数。

按双字寻址的元器件有：I、Q、M、SM、S、V、L、AC、HC、常数。

（3）特殊元器件的寻址方式。存储区内另有一些元件是有一定功能的器件，由于元件数量很少，所以不用指出它们的字节，而是直接写出其编号。这类元件包括：定时器（T）、计数器（C）、高速计数器（HC）和累加器（AC）。其中 T、C 和 HC 的地址编号中各包含两个相关变量信息，如 T1，既表示 T1 定时器位状态，又表示此定时器的当前值。

累加器（AC）用来暂存数据，如运算数据、中间数据和结果数据，数据长度可以是字节、字和双字。使用时只表示出累加器的地址编号，如 AC2，数据长度取决于进出 AC2 的数据的类型。

### 3．CPU 存储器区域的间接寻址

数据存放在存储器或寄存器中，在指令中只出现所需数据所在单元的内存地址，需通过地址指针（存储单元地址的地址又称为地址指针）来存取数据，这种寻址方式称为间接寻址。在 S7-200 CPU 中允许使用指针进行间接寻址的元器件有：I、Q、V、M、S、T、C。其中 T 和 C 仅仅是当前值可以进行间接寻址，而对独立的位值和模拟量不能进行间接寻址。

使用间接寻址方式存取数据过程如下。

（1）建立指针。使用间接寻址对某个存储器单元读、写时，首先建立地址指针。指针为双字长，是所要访问的存储器单元的 32 位的物理地址。可作为指针的存储区有：变量存储器（V）、局部变量存储器（L）和累加器（AC1、AC2、AC3）。必须用双字传送指令（MOVD），将存储器所要访问单元的地址装入用来作为指针的存储器单元或寄存器，装入的是地址而不

是数据本身，格式如下：例如，

    MOVD  &VB100, VD204

    MOVD  &VB10, AC2

    MOVD  &C2, LD16

其中，"&"为地址符号，它与单元编号结合表示所对应单元的 32 位物理地址；VB100 只是一个直接地址编号，并不是它的物理地址。指令中的第二个地址数据长度必须是双字长，如：VD、LD 和 AC 等。

（2）用指针来存取数据。在操作数的前面加"*"表示该操作数为一个指针。如图 4.11 所示，AC1 为指针，用来存放要访问的操作数的地址。在这个例子中，存于 VB200、VB201 中的数据被传送到 AC0 中去。

（3）修改指针。处理连续存储数据时，可以通过修改指针很容易存取紧挨的数据。简单的数学运算指令，如加法、减法、自增和自减等指令可以用来修改指针。在修改指针时，要记住访问数据的长度：在存取字节时，指针加 1；在存取字时，指针加 2；在存取双字时，指针加 4。图 4.11 说明如何建立指针，如何存取数据及修改指针。

图 4.11   建立指针、存取数据及修改指针

# 本 章 小 结

不同 PLC 厂家的产品各具特色，通过深入学习，熟练掌握一种型号的 PLC 的使用，可对其他产品的学习变得轻松容易。

本章以 S7-200 系列 PLC 为对象，详细介绍了其结构、软元件及寻址方式。

1. S7-200 系列 PLC 有四种 CPU 型号，它们都是整体机，有的可以加载扩展模块和特殊模块。

本系列 PLC 在许多方面，如输入/输出、存储系统、高速输出、实时时钟、网络通信等方面具有自己的独特功能。

2. 通过输入和输出扩展可增加实际应用的 I/O 点数，但输入/输出扩展或加载其他特殊功能模块时必须遵循一定的原则。

通过 CPU 组态可以配置主机及相连的模块，使其在一定的方式下工作。

3．应学会分析和参考 PLC 的技术性能指标表。这是衡量各种不同型号 PLC 产品性能的依据，也是根据实际需求选择和使用 PLC 的依据。

4．PLC 编程时用到的数据及数据类型可以是布尔型、整型和实型；指令中常数的表示可用二进制、十进制、十六进制、ASCII 码或浮点数据来表示。

5．S7-200 系列 PLC 有直接寻址和间接寻址两种寻址方式。PLC 内部的编程元件有多种，每种元件都可进行直接寻址。对于部分元件，当处理多个连续单元中的多个数据时，间接寻址非常方便。

# 习　题　4

4.1　一个控制系统如果需要 12 点数字量输入，30 点数字量输出，10 点模拟量输入和 2 点模拟量输出。问：

（1）可以选用哪种主机型号？

（2）如何选择扩展模块？

（3）各模块如何连接到主机？画出连接图。

（4）按上问所画出的图形，其主机和各模块的地址如何分配？

4.2　S7-200 系列 PLC 主机中有哪些主要编程元件？各编程元件的编址方式是什么？

4.3　S7-200 系列 PLC 的主机 CPU22X 主要有哪些型号？各型号的 I/O 点数、扩展方式、通信/编程口是如何配置的？

4.4　S7-200 系列 PLC 的扩展模块有哪些？

4.5　S7-200 系列 PLC 的寻址方式有哪些？

4.6　采用间接寻址方式设计一段程序，将 10 个字节的数据存储在从 VB100 开始的存储单元，这些数据为 12，35，65，78，56，76，88，60，90 和 47。

# 第 5 章　S7-200 系列 PLC 的基本指令

## 内容提要

本章主要以 S7-200 CPU 22X 系列 PLC 的 SIMATIC 指令系统为例，主要讲述基本指令的定义、梯形图和语句表的编程方法，另外还将介绍定时器/计数器最常用的电路。

## 学习要求

掌握基本逻辑指令、程序控制类等指令。

熟练应用所学的基本指令进行简单的程序设计。

熟练掌握梯形图和指令表两种编程语言之间的转换。

通过定时器/计数器简单电路编程的学习，建立独立的编程思想，培养分析与解决实际问题的能力。

S7-200 系列 PLC 的指令丰富，一般分基本指令和功能指令。SIMATIC 指令有梯形图 LAD（Ladder Diagram）、语句表 STL（Statement List）、功能块图（Function Block Diagram）3 种编程语言。而梯形图 LAD 和语句表 STL 是 PLC 最基本的编程语言。梯形图是在继电器控制系统的基础上发展起来的，其符号和规则充分体现了电气技术人员的思维和习惯，简洁直观。语句表是最基础的编程语言。本章以 S7-200 的系列 PLC 的指令系统为例，主要讲述基本逻辑指令的梯形图和语句表的基本编程方法。

## 5.1　基本逻辑指令

S7-200 系列 PLC 共有 27 条逻辑指令。逻辑指令是指构成逻辑运算功能指令的集合，包括位操作指令，置位/复位指令、立即指令、边沿脉冲指令、逻辑堆栈指令、定时器、计数器、比较指令、取非和空操作指令。

### 5.1.1　位操作指令

PLC 位操作指令主要用来实现逻辑控制和顺序控制，是 PLC 常用的基本指令。触点和线圈指令是 PLC 应用最多的指令。触点分为动合和动断触点两种形式，又以其在梯形图中的位置分为和母线相连的动合触点和动断触点、与前面触点串联的动合触点和动断触点、与前面触点并联的动合触点和动断触点。常用的位操作指令有以下几种。

#### 1. 逻辑取及线圈驱动指令 LD（Load）、LDN （Load Not）、=（Out）

LD（Load）：取指令，常开触点逻辑运算开始。

LDN（Load Not）：取反指令，常闭触点逻辑运算开始。

=（Out）：线圈驱动指令。

指令格式：逻辑取指令 LD、LDN 及线圈驱动指令=的 LAD 及 STL 格式如图 5.1 所示。

图 5.1　输入/输出指令

指令说明：

（1）LD、LDN 指令用于与梯形图左侧母线相连的触点，也可以与 OLD、ALD 指令配合使用于分支回路的开头。

（2）并联的=指令可以连续使用任意次。

（3）LD、LDN 指令的操作数：I，Q，M，SM，T，C，V，S；=指令的操作数：Q，M，SM，T，C，S。

（4）在同一程序中不能使用双线圈输出，即同一元器件在同一程序中只能使用一次=指令。

注意：=指令不能用于驱动输入继电器 I 的线圈。

图 5.2 所示梯形图及指令表表示上述三条基本指令的用法。

图 5.2　LD、LDN、=指令梯形图及语句表

### 2. 触点串联指令 A（And）、AN（And Not）

A（And）：与指令，串联一个常开触点。

指令格式：A　　bit

AN（And Not）：与非指令，串联一个常闭触点。

指令格式：AN　　bit

图 5.3 所示梯形图及指令表表示了上述两条基本指令的用法。

A、AN 指令使用说明如下：

（1）A、AN 是单个触点串联连接指令，可连续使用。

（2）若要串联多个触点组合回路时，须采用后面说明的 ALD 指令。

（3）若按正确次序编程，可以反复使用=指令。如图 5.3 中，=Q0.1。

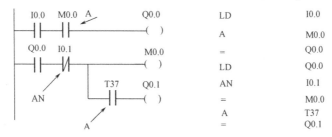

图 5.3　A、AN 指令梯形图及语句表

但如果按图 5.4 次序编程就不能连续使用 = 指令。

（4）A、AN 的操作数：I，Q，M，SM，T，C，V，S。

### 3．触点并联指令 O（Or）、ON（Or Not）

O（Or）：或指令，并联一个常开触点。

指令格式：O　　bit

ON（Or Not）：或非指令，并联一个常闭触点。

指令格式：ON　　bit

图 5.5 所示梯形图及语句表表示了 O 及 ON 指令的用法。

图 5.4　错误次序编程图　　　　　图 5.5　O、ON 指令梯形图及语句表

O、ON 指令使用说明如下：

（1）O、ON 指令可作为一个触点的并联连接指令，紧接在 LD、LDN 指令之后用，即对其前面 LD、LDN 指令所规定的触点再并联一个触点，可以连续使用。

（2）若要将两个以上触点的串联回路和其他回路并联时，须采用后面说明的 OLD 指令。

（3）O、ON 的操作数：I，Q，M，SM，T，C，V，S。

在较复杂梯形图的逻辑电路图中，梯形图无特殊指令，绘制非常简单，但触点的串、并联关系不能全部用简单的与、或、非逻辑关系描述。语句表指令系统中设计了电路块的"与"操作和电路块的"或"操作指令（电路块指以 LD/LDN 为起始的触点串、并联网络）。下面对这类指令加以说明。

### 4．块"与"指令 ALD（And Load）

块"与"指令 ALD 用于两个或两个以上触点并联连接的电路之间的串联，称之为并联电路块的串联连接，是将梯形图中以 LD/LDN 起始的电路块与另一以 LD/LDN 起始的电路块串联起来。

指令格式：ALD

块"与"指令 ALD 的操作示例如图 5.6 所示。

图 5.6　ALD 指令梯形图及语句表

ALD 指令使用说明如下：

（1）分支电路（并联电路块）与前面电路串联连接时，使用 ALD 指令。分支的起始点用 LD、LDN 指令，并联电路块结束后，使用 ALD 指令与前面电路串联。

（2）如果有多个并联电路块串联，顺次以 ALD 指令与前面支路连接，支路数量没有限制。

（3）ALD 指令无操作数。

### 5. 块"或"指令 OLD（Or Load）

块"或"指令 OLD 用于两个或两个以上触点串联连接的电路之间的并联，称之为串联电路块的并联连接，是将梯形图中以 LD/LDN 起始的电路块和另一以 LD/LDN 起始的电路块并联起来。

指令格式：OLD

块"或"指令 OLD 操作示例如图 5.7 所示。

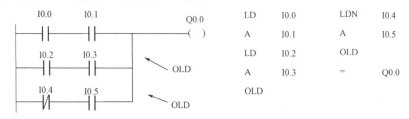

图 5.7　OLD 指令梯形图及语句表

OLD 指令使用说明如下：

（1）几个串联支路并联连接时，其支路的起点以 LD、LDN 开始，支路终点用 OLD 指令。

（2）如需将多个支路并联，从第二条支路开始，在每一支路后面加 OLD 指令。用这种方法编程，对并联支路的个数没有限制。

（3）OLD 指令无操作数。

### 6. 栈操作指令

栈操作指令即逻辑堆栈操作指令，堆栈是一组能够存储和取出数据的暂存单元，其特点是"先进后出"。每一次进行入栈操作，新值放入栈顶，栈底值丢失；每一次进行出栈操作，栈顶值弹出，栈底值补进随机数。逻辑堆栈指令主要用来完成对触点进行的复杂连接，主要作用是用于一个触点（或触点组）同时控制两个或两个以上线圈的编程。逻辑堆栈指令无操作数（LDS 例外）。

LPS（Logic Push）：逻辑入栈指令（分支电路开始指令）。在梯形图的分支结构中，可以形象地看出，它用于生成一条新的母线，其左侧为原来的主逻辑块，右侧为新的从逻辑块，因此可以直接编程。从堆栈使用上来讲，LPS 指令的作用是把栈顶值复制后压入堆栈。

LRD（Logic Read）：逻辑读栈指令。在梯形图分支结构中，当新母线左侧为主逻辑块时 LPS 开始右侧的第一个从逻辑块编程，LRD 开始第二个以后的从逻辑块编程。从堆栈使用上来讲，LRD 读取最近的 LPS 压入堆栈的内容，而堆栈本身不进行 Push 和 Pop 工作。

LPP（Logic Pop）：逻辑出栈指令（分支电路结束指令）。在梯形图分支结构中，LPP 用于 LPS 产生的新母线右侧的最后一个从逻辑块编程，它在读取完离它最近的 LPS 压入堆栈内容的同时复位该条新母线。从堆栈使用上来讲，LPP 把堆栈弹出一级，堆栈内容依次上移。

上述这三条指令也称为多重输出指令，主要用于一些复杂逻辑的输出处理。逻辑堆栈指令用法如图 5.8 所示。

图 5.8　逻辑堆栈指令梯形图及语句表

LDS（Load　Stack）：装入堆栈指令。它的功能是复制堆栈中的第 $n$ 个值到栈顶，而栈底丢失。

指令格式：LDS　n（n 为 0～8 的整数）

该指令在编程中使用较少，不多说明。

### 5.1.2　置位 S（Set）、复位 R（Reset）指令

置位/复位指令的 LAD 和 STL 格式以及功能如表 5.1 所列。图 5.9 所示为 S/R 指令的用法。

表 5.1　置位/复位指令格式及功能表

| 指令名称 | LAD | STL | 功　　能 |
|---|---|---|---|
| 置位指令 | bit<br>——（S）<br>N | S　bit N | 从 bit 开始 $N$ 个元件置 1 并保持 |
| 复位指令 | bit<br>——（R）<br>N | R　bit N | 从 bit 开始的 $N$ 个元件清 0 并保持 |

S/R 指令使用说明：

（1）对位元件来说一旦被置位，就保持在通电状态，除非对它复位；而一旦被复位就保持在断电状态，除非再对它置位。

（2）S/R 指令可以互换次序使用，但由于 PLC 采用扫描工作方式，所以写在后面的指令具有优先权。如在图 5.9 中，若 I0.0 和 I0.1 同时为 1，则 Q0.0 肯定处于复位状态而为 0。

（3）如果对计数器和定时器复位，则计数器和定时器的当前值被清零。

（4）N 的范围为 1～255，N 可为：VB、IB、QB、MB、SMB、SB、LB、AC、常数、*VD、*AC 和*LD。一般情况下使用常数。

（5）S/R 指令的操作数为：Q、M、SM、T、C、V、S 和 L。

图 5.9  S/R 指令应用程序及时序图

### 5.1.3  边沿脉冲指令

边沿脉冲指令为 EU（Edge Up）、ED（Edge Down）。边沿脉冲指令的使用及说明如表 5.2 所列。边沿脉冲指令 EU/ED 用法如图 5.10 所示。

表 5.2  边沿脉冲指令 EU/ED 的格式及功能表

| STL | LAD | 功　能 | 操作元件 |
| --- | --- | --- | --- |
| EU（Edge Up） | ——\|P\|——（　） | 上升沿微分输出 | 无 |
| ED（Edge Down） | ——\|N\|——（　） | 下降沿微分输出 | 无 |

图 5.10  边沿脉冲指令 EU/ED 应用程序及时序图

EU 指令对其之前的逻辑运算结果的上升沿产生一个宽度为一个扫描周期的脉冲；ED 指令对逻辑运算结果的下降沿产生一个宽度为一个扫描周期的脉冲。这两个脉冲可以用来启动一个运算过程、启动一个控制程序、记忆一个瞬时过程、结束一个控制过程等。

**例 5-1** 如图 5.11 是一个库门自动控制示意图。当有汽车接近库门时，超声波开关动作（超声波开关为 ON），库门打开，直到上限位开关动作，汽车通过库门，红外线光电开关动作（汽车遮断了光束，光电开关为 ON），汽车完全进入库门后，库门开始关门，直到下限位开关动作，完成一个自动控制过程。

图 5.11　自动库门示意图

根据上述过程，地址分配和控制程序如图 5.12 所示。值得一提的是，当汽车完全进入库门后，光电开关 OFF，由边沿脉冲指令 ED 给出一个只有一个扫描周期的脉冲 M0.0 使 Q0.1 动作并自锁。其余程序请读者自己分析。

图 5.12　自动库门地址分配与控制梯形图

### 5.1.4　立即指令 I（Immediate）

立即指令是为了提高 PLC 对输入/输出的响应速度而设置的，它不受 PLC 循环扫描工作方式的影响，允许对输入和输出点进行快速直接存取。当用立即指令读取输入点的状态时，对 I 进行操作，相应的输入映像寄存器中的值并未更新；当用立即指令访问输出点时，对 Q 进行操作，新值同时写到 PLC 的物理输出点和相应的输出映像寄存器。立即指令的名称和使用说明见表 5.3 所示。

表 5.3　立即指令的格式及功能表

| 指令名称 | LAD | STL | 功能说明 |
|---|---|---|---|
| 立即触点 | bit —┤ I ├— <br> bit —┤ /I ├— | LDI/LDNI bit <br> AI/ANI bit <br> OI/ONI bit | 立即动合触点和动断触点 |
| 立即输出 | bit —( I ) | =I bit | 立即将运算结果输出到某个继电器 |
| 立即置位 | bit —( SI ) N | SI bit N | 立即将从指定地址开始的 N 个位置置位 |
| 立即复位 | bit —( RI ) N | RI bit N | 立即将从指定地址开始的 N 个位置复位 |

使用说明：

（1）立即触点指令根据触点所处的位置决定使用 LD、A、O，如 LDI bit,ONI bit 等。

（2）立即输出、立即置位、立即复位指令的操作数只能是 Q。立即置位、立即复位 N 的范围为 1～128。

### 5.1.5　触发器指令

触发器指令分为 SR 触发器和 RS 触发器，它是根据输入端的优先权决定输出是置位或复位，SR 触发器是置位优先，RS 触发器是复位优先。操作数为：Q、V、M、S。SR 触发器和 RS 触发器的指令格式见表 5.4 所示。

表 5.4　触发器指令的格式及功能表

| 指令名称 | LAD | STL | 功能 |
|---|---|---|---|
| SR 触发点 | bit ┌──────┐ —SI OUT├ SR └─R────┘ | SR | 置位与复位同时为 1 时置位优先 |
| RS 触发点 | bit ┌──────┐ —S OUT├ RS └─RI───┘ | RS | 置位与复位同时为 1 时复位优先 |

如设计一个单按钮控制启停的电路，也是一个二分频电路，它的控制梯形图如图 5.13 所示。它是由 RS 触发器构成的，复位优先，I0.0 第一个脉冲来时，Q0.0 置位；第二个脉冲来时，Q0.0 复位。

图 5.13　二分频电路控制梯形图

### 5.1.6 取反和空操作指令

#### 1. 取反指令 NOT

取反指令，指将它左边电路的运算结果取反，运算结果若为 1 则变为 0，为 0 则变为 1，该指令没有操作数。能流到达该触点时停止，若能流未到达该触点，该触点给右侧供给能流。NOT 指令将堆栈顶部的值从 0 改为 1，或从 1 改为 0。

#### 2. 空操作指令 NOP（No Operation）

空操作指令起增加程序容量的作用。使能输入有效时，执行空操作指令，将稍微延长扫描周期长度，不影响用户程序的执行，不会使能量流输出断开。

操作数 $N$ 为执行空操作指令的次数，$N=0\sim255$。

取反和空操作指令格式见表 5.5。取反和空操作指令的用法如图 5.14 所示。

表 5.5　取反和空操作指令格式及功能表

| LAD | STL | 功　能 |
|---|---|---|
| —|NOT|— | NOT | 取反 |
| N<br>—|NOP|— | NOP N | 空操作指令 |

（a）梯形图　　　（b）语句表

图 5.14　取反指令和空操作指令应用程序

### 5.1.7 比较指令

比较指令是将两个操作数（IN1、IN2）按指定的比较关系作比较。比较关系成立则比较触点闭合。比较指令为上下限控制以及数值条件判断提供了极大的方便。

比较指令的操作数可以是整数，也可以是实数（浮点数）。在梯形图中用带参数和运算符的触点表示比较指令，比较条件满足时，触点闭合，否则断开。梯形图程序中，比较触点可以装入，也可以串联、并联。

比较指令的运算符号有：=（等于）、<=（小于等于）、>=（大于等于）、<（小于）、>（大于）、<>（不等于）。

比较指令的操作数类型有：

字节比较 B（Byte）：无符号整数

整数比较 I（Int）/W（Word）：有符号整数

双字比较 DW（Double Int/Word）：有符号整数

实数比较 R（Real）：有符号双字浮点数

比较指令的指令格式（LAD 及 STL 格式）和应用举例分别如表 5.6 和图 5.15 所示。

表 5.6　比较指令的 LAD 及 STL 格式及功能表

| STL | LD□×× n1, n2 | LD      n<br>A□×× n1, n2 | LD      n<br>O□×× n1, n2 |
|---|---|---|---|
| LAD | | | |
| 功能 | 比较触点接起始总线 | 比较触点的"与" | 比较触点的"或" |

表中"××"表示操作数 n1，n2 所需满足的条件：

＝＝　等于比较，如 LD□＝＝n1，n2，即 n1＝＝n2 时触点闭合；

＞＝　大于等于比较，如　$\boxed{\text{n1} \geq \square \text{n2}}$，即 n1＞＝n2 时触点闭合。

＜＝　大于等于比较，如　$\boxed{\text{n1} \leq \square \text{n2}}$，即 n1＜＝n2 时触点闭合。

"□"表示操作数 n1，n2 的数据类型及范围有：字节、字、双字和实数。如 LDB＝＝IB2，MB2、AW＞＝MW2，VW12、OD＜＝VD24，MD0 。

**例 5-2**　有一个恒温水池，要求温度在 30℃～50℃之间，当温度低于 30℃时，启动加热器加热，红灯亮；当温度高于 50℃时，停止加热，指示绿灯亮。假设温度存放在 SMB10 中。

控制程序如图 5.15 所示。

图 5.15　比较指令的应用程序

### 5.1.8　定时器

定时器是 PLC 中最常用的元器件之一，掌握它的工作原理对 PLC 的程序设计非常重要。S7-200 PLC 的定时器为增量型定时器，用于实现时间控制，可以按照工作方式和时间基准（时基）分类，时间基准又称为定时精度和分辨率。

#### 1．工作方式

按照工作方式，定时器可分为通电延时型（TON）、有记忆的通电延时型又叫保持型（TONR）、断电延时型（TOF）3 种。

#### 2．时基标准

按照时基标准，定时器可分为 1ms、10ms、100ms 3 种类型，不同的时基标准，其定时精度、定时范围和定时器的刷新方式不同。

（1）定时精度。定时器的工作原理是定时器使能输入有效后，当前值寄存器对 PLC 内部的时基脉冲增 1 计数，最小计时单位为时基脉冲的宽度。故时间基准代表着定时器的定时精度，又称分辨率。

（2）定时范围。定时器能使输入有效后，当前值寄存器对时基脉冲递增计数，当计数值大于或等于定时器的预置值后，状态位置 1。从定时器输入有效到状态位输出有效经过的时间为定时时间。定时时间 T 等于时基乘预置值，时基越大，定时时间越长，但精度越差。

（3）定时器的刷新方式。1ms 定时器每隔 1ms 刷新一次，定时器刷新与扫描周期和程序处理无关，它采用的是中断刷新方式。扫描周期较长时，定时器一个周期内可能多次被刷新（多次改变当前值）。

10ms 定时器在每个扫描周期开始时刷新。每个扫描周期之内当前值不变（如果定时器的输出与复位操作时间间隔很短，调节定时器指令盒与输出触点在网络段中位置是必要的）。

100ms 定时器是定时器指令执行时被刷新，下一条执行的指令即可使用刷新后的结果，非常符合正常思维，使用方便可靠。但应当注意，如果该定时器的指令不是每个周期都执行（比如条件跳转时），定时器就不能及时刷新，可能会导致出错。

CPU 22X 系列 PLC 的 256 个定时器分属 TON（TOF）和 TONR 工作方式，以及 3 种时基标准，TOF 和 TON 共享一组定时器，不能重复使用。详细分类方法及定时范围见表 5.7。

表 5.7　定时器工作方式及定时范围

| 工 作 方 式 | 分辨率（ms） | 最大定时时间（s） | 定 时 器 号 |
|---|---|---|---|
| TONR | 1 | 32.767 | T0，T64 |
| | 10 | 327.67 | T1～T4，T65～T68 |
| | 100 | 3276.7 | T5～T31，T69～T95 |
| TON/TOF | 1 | 32.767 | T32，T96 |
| | 10 | 327.67 | T33～T36，T97～T100 |
| | 100 | 3276.7 | T37～T63，T101～T255 |

使用定时器时应参照表 5.7 的时基标准和工作方式合理选择定时器编号，同时要考虑刷新方式对程序执行的影响。

### 3．定时器指令格式

定时器指令格式见表 5.8 所列。表中，IN 是使能输入端，编程范围 T0～T255；PT 是预置值输入端，最大预置值 32767；PT 数据类型：INT。

表 5.8　定时器指令格式及功能表

| LAD | STL | 功能、注释 |
|---|---|---|
| ???? IN TON PT ???? | TON | 通电延时型 |
| ???? IN TONR PT ???? | TONR | 有记忆通电延时型 |
| ???? IN TOF PT ???? | TOF | 断电延时型 |

#### 4．定时器工作原理分析

下面从原理、应用等方面，分别叙述通电延时型（TOF）等3种类型定进器的使用方法。

（1）通电延时定时器 TON（On‑Delay Timer）。使能端（IN）输入有效时，定时器开始计时，当前值从 0 开始递增，大于或等于预置值（PT）时，定时器输出状态位置 1（输出触点有效），当前值的最大值为 32767。使能端无效（断开）时，定时器复位（当前值清零，输出状态位置 0）。通电延时型定时器应用程序及运行结果时序分析如图 5.16 所示。

（2）有记忆通电延时型 TONR（Retentive On‑Delay Timer）。使能端（IN）输入有效时（接通），定时器开始计时，当前值递增，当前值大于或等于预置值（PT）时，输出状态位置 1。使能端输入无效（断开）时，当前值保持（记忆）；使能端（IN）再次接通有效时，在原记忆值的基础上递增计时。有记忆通电延时型（TONR）定时器采用线圈的复位指令（R）进行复位操作，当复位线圈有效时，定时器当前值清零，输出状态位置 0。有记忆通电延时型定时器的应用程序及运行结果时序分析如图 5.17 所示。

图 5.16　通电延时型定时器应用程序及运行时序图

图 5.17　有记忆通电延时型定时器应用程序及运行时序图

（3）断电延时型 TOF（Off‑Delay Timer）。使能端（IN）输入有效时，定时器输出状态位立即置 1，当前值复位（为 0）。使能端（IN）断开时，开始计时，当前值从 0 递增，当前值达到预置值时，定时器状态位复位置 0，并停止计时，当前值保持。断电延时型定时器应用程序及程序运行结果时序分析如图 5.18 所示。

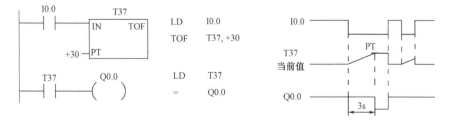

图 5.18　断电延时型定时器应用程序及运行时序图

### 5. S7-200 系列 PLC 的定时器的正确使用

图 5.19 所示为使用定时器本身的动断触点作为激励输入，希望经过延时产生一个机器扫描周期的时钟脉冲输出。定时器状态位置位时，依靠本身的动断触点（激励输入）的断开使定时器复位，重新开始设定时间，进行循环工作。采用不同时基标准的定时器时会有不同的运行结果，具体分析如下：

（1）T32 为 1ms 时基定时器，每隔 1ms 定时器刷新一次当前值，CPU 当前值若恰好在处理动断触点和动合触点之间被刷新，Q0.0 可以接通一个扫描周期，但这种情况出现的几率很小，一般情况下，不会正好在这时刷新。若在执行其他指令时，定时时间到，1ms 的定时刷新，使定时器输出状态位置位，动断触点打开，当前值复位，定时器输出状态位立即复位，所以输出线圈 Q0.0 一般不会通电。

（2）若将图 5.19 中定时器 T32 换成 T33，时基变为 10ms，当前值在每个扫描周期开始刷新，定时器输出状态位置位，动断触点断开，立即将定时器当前值清零，定时器输出状态位复位（为 0），这样，输出线圈 Q0.0 永远不可能通电（ON）。

（3）若将图 5.19 中定时器 T32 换成 T37，时基变为 100ms，当前指令执行时刷新，Q0.0 在 T37 计时时间到时准确地接通一个扫描周期。可以输出一个 OFF 时间为定时时间，ON 时间为一个扫描周期的时钟脉冲。

结论：综上所述，用本身触点激励输入的定时器，时基为 1ms 和 10ms 时不能可靠工作，一般不宜使用本身触点作为激励输入。若将图 5.19 改成图 5.20，无论何种时基都能正常工作。

图 5.19　自身激励输入程序

图 5.20　非自身激励输入程序

### 5.1.9　计数器

计数器利用输入脉冲上升沿累计脉冲个数，，在实际应用中用来对产品进行计数或完成复杂的逻辑控制任务。S7-200 系列 PLC 有递增计数（CTU）、增/减计数（CTUD）、递减计数（CTD）、等 3 类计数指令。计数器的使用方法和基本结构与定时器基本相同，主要由预置值寄存器、当前值寄存器、状态位等组成。

### 1. 指令格式

计数器的梯形图指令格式见表 5.9。

梯形图指令符号中 CU 为增 1 计数脉冲输入端；CD 为减 1 计数脉冲输入端；R 为复位脉冲输入端；LD 为减计数器的复位脉冲输入端。编程范围 C0～C255；PV 预置值最大范围 32767；PV 数据类型：INT。

表 5.9　计数器指令格式功能表

| LAD | STL | 功　　能 |
|---|---|---|
| ???? CU CTU R ???? PV　　???? CD CTD LD ???? PV　　???? CU CTUD CD R ??? PV | CTU | （Counter Up）增计数器 |
| | CTD | （Counter Down）减计数器 |
| | CTUD | （Counter Up/Down）增/减计数器 |

### 2．工作原理分析

下面从原理、应用等方面，分别叙述增计数指令（CTU）、增/减计数指令（CTUD）、减计数指令（CTD）等 3 种类型计数指令的应用方法。

（1）增计数指令 CTU（Count Up）。计数指令在 CU 端输入脉冲上升沿，计数器的当前值增 1 计数。当前值大于或等于预置值（PV）时，计数器状态位置 1。当前值累加的最大值为 32767。复位输入（R）有效时，计数器状态位复位（置 0），当前计数值清零。增计数指令的应用可以参考图 5.21 理解。

（2）增/减计数指令 CTUD（Count Up/Down）。增/减计数器有两个脉冲输入端，其中 CU 端用于递增计数，CD 端用于递减计数，执行增/减计数指令时，CU/CD 端的计数脉冲上升沿增 1/减 1 计数。当前值大于或等于计数器预置值（PV）时，计数器状态位置位。复位输入（R）有效或执行复位指令时，计数器状态位复位，当前值清零。达到计数器最大值 32767 后，下一个 CU 输入上升沿将使计数值变为最小值（-32768）。同样，达到最小值（-32768）后，下一个 CD 输入上升沿将使计数值变为最大值（32767）。增/减计数器指令应用程序及时序分析如图 5.21 所示。

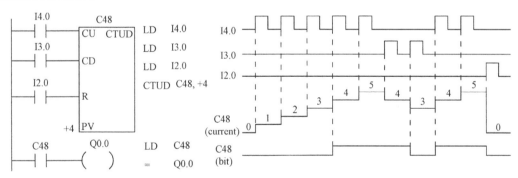

图 5.21　增/减计数器应用程序及运行时序

（3）减计数指令 CTD（Count Down）。复位输入（LD）有效时，计数器把预置值（PV）装入当前值存储器，计数器状态位复位（置 0）。CD 端每一个输入脉冲上升沿，减计数器的当前值从预置值开始递减计数，当前值等于 0 时，计数器状态位置位（置 1），停止计数。减计数指令应用程序及时序如图 5.22 所示，减计数器在计数脉冲 I3.0 的上升沿减 1 计数，当前值从预置值开始减至 0 时，定时器输出状态位置 1，Q0.0 通电（置 1）。在复位脉冲 I1.0 的上升沿，定时器状态位置 0（复位），当前值等于预置值，为下次计数工作做好准备。

图 5.22 减计数指令应用程序及运行时序

## 5.2 程序控制指令

程序控制类指令大部分属于无条件执行指令，用于控制程序的走向。合理使用该类指令可以使程序结构得到优化，增强程序的功能及灵活性。程序控制类指令主要包括：结束指令、暂停指令、看门狗指令、跳转指令、循环指令、子程序调用指令、顺序控制指令等。

### 5.2.1 结束指令 END/MEND

结束指令的 LAD 和 STL 格式以及功能介绍如表 5.10 所示。使用说明如下：

表 5.10　结束指令的 LAD 和 STL 格式以及功能

| LAD | ——（END） |
| --- | --- |
| STL | END |
| 功能 | 根据前一个逻辑条件终止用户主程序 |

（1）结束指令的功能是结束主程序，它只能在主程序中使用，不能在子程序和中断服务程序中使用。

（2）梯形图结束指令直接连在左侧电源母线时，为无条件结束指令（MEND），不直接连在左侧母线时，为条件结束指令（END）。

（3）无条件结束指令执行时（指令直接连在左侧母线，无使能输入），立即终止用户程序的执行，返回主程序的第一条指令执行。STEP7-Micro/WIN V4.0 编程软件在主程序的结尾自动生成无条件结束（MEND）指令，用户不得输入无条件结束指令，否则编译将出错。

（4）条件结束指令在使能输入有效时，终止用户程序的执行返回主程序的第一条指令执行（循环扫描工作方式）。

### 5.2.2 暂停指令 STOP

暂停指令的 LAD 和 STL 格式以及功能介绍如表 5.11 所示。使用说明如下：

表 5.11　暂停指令的 LAD 和 STL 格式以及功能

| LAD | ——（STOP） |
|------|------------|
| STL | STOP |
| 功能 | 通过将 S7-200 CPU 从 RUN（运行）状态转换为 STOP（停止）状态，终止程序执行 |

（1）暂停指令的功能是使能输入有效时，立即终止程序的执行，CPU 工作方式由 RUN 切换到 STOP 方式。

（2）暂停指令可以用在主程序、子程序和中断程序中。在中断程序中执行 STOP 指令，该中断立即终止，并且忽略全部执行的中断，继续扫描程序的剩余部分，在本次扫描结束时，将 CPU 由 RUN（运行）状态切换到 STOP（停止）状态。

### 5.2.3　看门狗复位指令 WDR（Watch Dog Reset）

在 PLC 中，为了避免出现程序死循环的情况，有一个专门监视扫描周期的警戒时钟，常称看门狗定时器。它有一设定的重启动时间，若程序扫描周期超过 300ms，看门狗复位指令重新触发看门狗定时器，可以增加一次扫描时间。

看门狗指令的 LAD 和 STL 格式以及功能介绍如表 5.12 所示。使用说明如下：

表 5.12　看门狗指令的 LAD 和 STL 格式以及功能

| LAD | ——（WDR） |
|------|------------|
| STL | WDR |
| 功能 | 重新触发 S7-200 CPU 的系统监控程序定时器，可以延长扫描周期，避免出现看门狗超时错误 |

（1）看门狗复位指令的功能是使能输入有效时，将看门狗定时器复位。在没有看门狗错误的情况下，可以增加一次扫描允许的时间。

（2）若使能输入无效，看门狗定时器定时时间到，程序将中止当前指令的执行，重新启动，返回到第一条指令重新执行。

注意：使用 WDR 指令时，要防止过渡延迟扫描完成时间，否则，在终止本扫描之前，下列操作过程将被禁止（不予执行）：通信（自由端口方式除外）、I/O 更新（立即 I/O 除外）、强制更新、SM 更新（SM0，SM5～SM29 的位不能被更新）、运行时间诊断、中断程序中的 STOP 指令。扫描时间超过 25s，将使 10ms 和 100ms 定时器不能正确计时。

图 5.23 所示是结束指令、暂停指令和看门狗复位指令的用法。

（a）梯形图　　（b）语句表

图 5.23　结束指令、暂停指令和看门狗复位指令的用法

### 5.2.4　跳转指令 JMP 与标号指令 LBL

跳转指令可以使 PLC 编程的灵活性大大提高，使主机可根据对不同条件的判断，选择不同的程序段执行程序。

跳转指令和标号指令的 LAD 和 STL 格式如表 5.13。跳转指令和标号指令的应用如图 5.24 所示。使用说明如下：

表 5.13　跳转指令和标号指令的 LAD 和 STL 格式

图 5.24　跳转指令和标号指令的应用

（1）跳转指令和标号指令必须配合使用，而且只能使用在同一程序块中，如主程序、同一个子程序或同一个中断程序。不能在不同的程序块中互相跳转。

（2）执行跳转后，被跳过程序段中的各元器件的状态：

① Q、M、S、C 等元器件的位保持跳转前的状态。

② 计数器 C 停止计数，当前值存储器保持跳转前的计数值

③ 对定时器来说，因刷新方式不同而工作状态不同。在跳转期间，分辨率为 1ms 和 10ms 的定时器会一直保持跳转前的工作状态，原来工作的继续工作，到设定值后其位的状态也会改变，输出触点动作，其当前值存储器一直累计到最大值 32767 才停止。对分辨率为 100ms 的定时器来说，跳转期间停止工作，但不会复位，存储器里的值为跳转时的值，跳转结束后，若输入条件允许，可继续计时，但已失去了准确计时的意义。所以在跳转段里的定时器要慎用。

（3）"跳转"及其对应的"标号"指令必须始终位于相同的代码段中（主程序、子程序或中断程序）。

### 5.2.5　循环指令 FOR 和 NEXT

在 PLC 的编程设计中有时会碰到相同功能的程序段需要重复执行，S7-200 CPU 指令系统提供了循环指令，它为处理程序中重复执行相同功能的程序段提供了方便，合理地利用该指令可以大大简化程序的结构。

循环指令有两条：循环开始指令 FOR 和循环结束指令 NEXT。这两条指令的 LAD 和 STL 格式以及功能介绍如表 5.14 和表 5.15 所示。使用说明如下：

（1）循环开始指令 FOR：用来标记循环体的开始。

（2）循环结束指令 NEXT：用来标记循环体的结束。无操作数。

（3）FOR 和 NEXT 之间的程序段称为循环体，每执行一次循环体，当前计数值增 1，并且将其结果同终值进行比较，如果大于终值，则终止循环。

表 5.14　循环开始指令的 LAD 和 STL 格式以及功能

| LAD | FOR EN ENO ????—INDX ????—INIT ????—FINAL |
|---|---|
| STL | FOR　INDX,INIT,FINAL |
| 功能 | 执行 FOR 和 NEXT 之间的指令。INDX 为当前循环计数；INIT 为循环初始值；FINAL 为循环终止值 |

表 5.15　循环结束指令的 LAD 和 STL 格式以及功能

| LAD | ——(NEXT) |
|---|---|
| STL | NEXT |
| 功能 | 循环结束 |

（4）循环开始指令在使用时必须指定当前循环计数、初始值和终止值。FOR 和 NEXT 可以循环嵌套，嵌套最多为 8 层，但各个嵌套之间不可有交叉现象。初始值大于终止值时，循环体不被执行。

（5）循环开始指令 FOR 和循环结束指令 NEXT 必须成对使用。

（6）每次使能输入（EN）重新有效时，指令将自动复位各参数。

表 5.16 为循环开始指令在输入时对应的操作数及数据类型。

表 5.16　循环开始指令的操作数说明

| 输　入 | 操　作　数 | 数据类型 |
|---|---|---|
| INDX | VW、IW、QW、MW、SW、SMW、LW、T、C、AC、*VD、*LD、*AC | 整数 |
| INIT | VW、IW、QW、MW、SW、SMW、T、C、AC、LW、AIW、常量、*VD、*LD、*AC | 整数 |
| FINAL | VW、IW、QW、MW、SW、SMW、T、C、AC、LW、AIW、常量、*VD、*LD、*AC | 整数 |

循环指令的应用举例如图 5.25 所示。该段程序的功能是：当 I1.0 接通时，外层循环 1 执行 50 次；当 I1.1 接通时，内层循环 2 执行 5 次。

（a）梯形图　　　　　　　　　（b）语句表

图 5.25　循环指令的应用举例

### 5.2.6　子程序

S7-200 PLC 的程序主要包括三大类：主程序（OB1）、子程序（SBR_N）和中断程序（INT_N）。子程序在结构化程序设计中是一种方便有效的工具。S7-200 PLC 的指令系统具有简单、方便、灵活的子程序调用功能。与子程序有关的操作有：建立子程序、子程序的调用和返回。

#### 1. 建立子程序

建立子程序是通过编程软件来完成的。可用编程软件"编辑"菜单中的"插入"选项，选择"子程序"，以建立或插入一个新的子程序，同时在指令树窗口可以看到新建的子程序图标，默认的程序名是 SBR_N，编号 N 从 0 开始按递增顺序生成，也可以在图标上直接更改子程序的程序名，把它变为更能描述该子程序功能的名字。在指令树窗口双击子程序的图标就可进入子程序，并对它进行编辑。

#### 2. 子程序调用

（1）子程序调用指令 CALL。在使能输入有效时，主程序把程序控制权交给子程序。子程序的调用可以带参数，也可以不带参数。它在梯形图中以指令盒的形式编程。指令格式见表 5.17 所列。

（2）子程序条件返回指令 CRET。在使能输入有效时，结束子程序的执行，返回主程序中（此子程序调用的下一条指令）。梯形图中以线圈的形式编程，指令不带参数。指令格式见表 5.17 所列。

表 5.17　子程序调用指令格式

|  | 子程序调用指令 | 子程序条件返回指令 |
|---|---|---|
| LAD | SBR-0<br>—EN | —（RET） |
| STL | CALL SBR_0 | CRET |

（3）应用举例。图 5.26 所示的程序实现用外部控制条件分别调用两个子程序。

图 5.26　子程序调用程序

使用说明如下：

（1）CRET 多用于子程序的内部，由判断条件决定是否结束子程序调用，CRET 用于子程序的结束。用 Micro/Win V4.0 编程时，编程人员不需要手工输入 RET 指令，而是由软件自动加在每个子程序结尾。

（2）子程序嵌套：如果在子程序的内部又对另一子程序执行调用指令，则这种调用称为子程序的嵌套。子程序的嵌套深度最多为 8 级。

（3）当一个子程序被调用时，系统自动保存当前的堆栈数据，并把栈顶置 1，堆栈中的其他置为 0，子程序占有控制权。子程序执行结束，通过返回指令自动恢复原来的逻辑堆栈值，调用程序又重新取得控制权。

（4）累加器可在调用程序和被调用子程序之间自由传递，所以累加器的值在子程序调用时既不保存也不恢复。

### 3. 带参数的子程序调用

子程序中可以有参变量，带参数的子程序调用扩大了子程序的使用范围，增加了调用的灵活性。子程序的调用过程如果存在数据的传递，则在调用指令中应包含相应的参数。

（1）子程序参数。子程序最多可以传递 16 个参数。参数在子程序的局部变量表中加以定义。参数包含下列信息：变量名、变量类型和数据类型。

① 变量名：变量名最多用 8 个字符表示，第一个字符不能是数字。

② 变量类型：变量类型是按变量对应数据的传递方向来划分的，可以是传入子程序（IN）、传入和传出子程序（IN/OUT）、传出子程序（OUT）和暂时（TEMP）4 种类型。4 种变量类型的参数在变量表中的位置必须按以下先后顺序。

IN 类型：传入子程序参数。所接的参数可以是直接寻址数据（如 VBl00）、间接寻址数据（如 AC1）、立即数（如 16#2344）和数据的地址值（如&VBl06）。

IN/OUT 类型：传入传出子程序参数。调用时将指定参数位置的值传到子程序，返回时从子程序得到的结果值被返回到同一地址。参数可以采用直接和间接寻址，但立即数（如 16#1234）和地址值（如&VB100）不能作为参数。

OUT 类型：传出子程序参数。它将从子程序返回的结果值送到指定的参数位置。输出参数可以采用直接和间接寻址，但不能是立即数或地址编号。

TEMP 类型：暂时变量类型。在子程序内部暂时存储数据，不能用来与主程序传递参数数据。

③ 数据类型：局部变量表中还要对数据类型进行声明。数据类型可以是：能流、布尔型、字节型、字型、双字型、整数型、双整型和实型。

能流：仅允许对位输入操作，是位逻辑运算的结果。在局部变量表中布尔能流输入处于所有类型的最前面。

布尔型：布尔型用于单独的位输入和输出。

字节、字和双字型：这 3 种类型分别声明一个 1 字节、2 字节和 4 字节的无符号输入或输出参数。

整数、双整数型：这 2 种类型分别声明一个 2 字节或 4 字节的有符号输入或输出参数。

实型：该类型声明一个 IEEE 标准的 32 位浮点参数。

（2）参数子程序调用的规则。常数参数必须声明数据类型。例如，把值为 223344 的无符号双字作为参数传递时，必须用 DW#223344 来指明。如果缺少常数参数的这一描述，常数可能会被当做不同类型使用。

输入或输出参数没有自动数据类型转换功能。例如，局部变量表中声明一个参数为实型，而在调用时使用一个双字，则子程序中的值就是双字。

参数在调用时必须按照一定的顺序排列，先是输入参数，然后是输入输出参数，最后是输出参数。

（3）变量表使用。按照子程序指令的调用顺序，参数值分配给局部变量存储器，起始地址是L0.0。使用编程软件时，地址分配是自动的。在局部变量表中要加入一个参数，右击要加入的变量类型区可以得到一个选择菜单，选择"插入"，然后选择"下一行"即可。局部变量表使用局部变量存储器。当在局部变量表中加入一个参数时，系统自动给各参数分配局部变量存储空间。

参数子程序调用指令格式：CALL  子程序，参数 1，参数 2，…参数 n。

（4）程序实例。图 5.27 所示为一个带参数调用的子程序实例，其局部变量分配见表 5.18 所列。

表 5.18　局部变量表

| L 地址 | 参　数 | 参数类型 | 数据类型 | 说　明 |
|---|---|---|---|---|
| 无 | EN | IN | BOOL | 指令使能输入参数 |
| LB0.0 | IN1 | IN | BOOL | 第 1 个输入参数，布尔型 |
| LB1 | IN2 | IN | BYTE | 第 2 个输入参数，字节型 |
| LB2.0 | IN3 | IN | BOOL | 第 3 个输入参数，布尔型 |
| LD3 | IN4 | IN | DWORD | 第 4 个输入参数，双字型 |
| LW7 | IN/OUT1 | IN/OUT | WORD | 第 1 个输入/输出参数，字型 |
| LD9 | OUT1 | OUT | DWORD | 第 1 个输出参数，双字型 |

图 5.27　带参数子程序调用程序

### 5.2.7　与 ENO 指令

ENO 是 LAD 中指令盒的布尔能流输出端。如果指令盒的能流输入有效，则执行没有错误，ENO 就置位，并将能流向下传递。ENO 可以作为允许位表示指令成功执行。

STL 指令没有 EN 输入，但对要执行的指令，其栈顶值必须为 1。可用"与"ENO（AENO）指令来产生和指令盒中的 ENO 位相同的功能。

指令格式：AENO

AENO 指令无操作数，且只在 STL 中使用，它将栈顶值和 ENO 位进行逻辑与运算，运算结果保存到栈顶。AENO 指令的用法如图 5.28 所示，如果+I 指令执行正确，则调用中断程序 INT-0，中断事件号为 I0。

图 5.28 AENO 指令应用程序

### 5.2.8 顺序控制指令

顺序控制指令是 PLC 生产厂家为用户提供的可使功能图编程简单化和规范化的指令。顺序控制指令可以将顺序功能流程图转换成梯形图程序,顺序功能流程图是设计梯形图程序的基础。

#### 1. 顺序功能图简介

顺序功能图 SFC(Sequential Function Chart)又称功能流程图或功能图,它是描述控制系统的控制过程、功能和特性的一种图形,也是设计 PLC 的顺序控制程序的有力工具。

(1)功能图的产生。20 世纪 80 年代初,法国科技人员根据 PETRI NET 理论,提出了可编程序控制器设计的 Grafacet 法。Grafacet 法是专用于工业顺序控制程序设计的一种功能说明语言,现在已成为法国国家标准(NFC03190)。IEC(国际电工委员会)于 1988 年公布了类似的"控制系统功能图准备"标准(IEC848)。我国也在 1986 年颁布了顺序功能图的国家标准(GB 6988.6—86),1994 年 5 月公布的 IEC PLC 标准(IEC1131)中,顺序功能图被确定为 PLC 位居首位的编程语言。

(2)顺序功能图的基本概念。顺序功能图主要由步、转移及有向线段等元素组成。如果适当运用组成元素,就可得到控制系统的静态表示方法,再根据转移触发规则模拟系统的运行,就可以得到控制系统的动态过程。

步。将控制系统的一个周期划分为若干个顺序相连的阶段,这些阶段称为步,并用编程元件来代表各步。步的符号如图 5.29 所示。矩形框中可写上该步的编号或代码。

初始步。与系统初始状态相对应的步称为初始步,初始状态一般是系统等待启动命令的相对静止的状态,一个控制系统至少要有一个初始步。初始步的图形符号为双线的矩形框,如图 5.30 所示。在实际使用时,有时也画成单线矩形框,有时画一条横线表示功能图的开始。

活动步。当控制系统正处于某一步所在的阶段时,该步处于活动状态,称该步为"活动步"。步处于活动状态时,相应的动作被执行;处于不活动状态时,相应的非存储型的动作被停止执行。

与步对应的动作或命令。在每个稳定的步下,可能会有相应的动作。动作的表示方法如图 5.31 所示。

图 5.29 步的图形符号　　　图 5.30 初始步的图形符号　　　图 5.31 动作的表示

转移。为了说明从一个步到另一个步的变化,要用转移概念,即用一个有向线段来表示转移的方向。两个步之间的有向线段上再用一段横线表示这一转移。转移的符号如图 5.32 所示。

转移是一种条件，当此条件成立，称为转移使能。该转移如果能够使步发生转移，则称为触发。一个转移能够触发必须满足：步为活动步及转移使能。转移条件是指使系统从一个步向另一个步转移的必要条件，通常用文字、逻辑方程及符号来表示。

（3）功能图的构成规则。控制系统功能图的绘制必须满足以下规则：

① 步与步不能相连，必须用转移分开。

② 转移与转移不能相连，必须用步分开。

③ 步与转移、转移与步之间的连接采用有向线段，从上向下画时，可以省略箭头；当有向线段从下向上画时，必须画上箭头，以表示方向。

④ 一个功能图至少要有一个初始步。

图 5.32　转移符号

图 5.33　冲压机运行过程图

下面用一个例子来说明功能图的绘制。某一冲压机的初始位置是冲头抬起，处于高位；当操作者按动启动按钮时，冲头向工件冲击；到最低位置时，触动低位行程开关；然后冲头抬起，回到高位，触动高位行程开关，停止运行。图 5.33 所示为功能图表示的冲压机运行过程。冲压机的工作顺序可分为三个步：初始步、下冲和返回。从初始步到下冲步的转移必须满足启动信号和高位行程开关信号同时为 ON 才能发生；从下冲步到返回步，必须满足低位行程开关为 ON 才能发生。

**2．顺序控制指令**

S7-200 PLC 提供了三条顺序控制指令，它们的 STL 形式、LAD 形式和功能见表 5.19。从表中可以看出，顺序控制指令的操作对象为状态继电器 S，每一个 S 的位都表示功能图中的一步。S 的范围为：S0.0～S31.7。

表 5.19　顺序控制指令的形成及功能

| STL | LAD | 功　能 | 操作对象 |
|---|---|---|---|
| LSCR bit<br>(Load Sequential Control Relay) | bit<br>─┤ SCR ├ | 顺序状态开始 | S |
| SCRT bit<br>(Sequential Control Relay Transition) | bit<br>──(SCRT) | 顺序状态转移 | S |
| SCRE<br>(Sequential Control Relay End) | ──(SCRE) | 顺序状态结束 | 无 |

从 LSCR 指令开始到 SCRE 指令结束的所有指令组成一个顺序控制（SCR）段，对应功能图中的一步。LSCR 指令标记一个 SCR 步的开始，当该步的状态继电器置位时，允许该 SCR 步工作。SCR 步必须用 SCRE 指令结束。当 SCRT 指令的输入端有效时，一方面置位下一个 SCR 步的状态继电器 S，以便使下一个 SCR 步工作；另一方面又同时使该步的状态继电器复位，使该步停止工作。由此可以总结出每一个 SCR 程序步一般有三种功能：

（1）驱动处理：即在该步状态继电器有效时，要做什么工作；有时也可能不做任何工作。

（2）指定转移条件和目标：即满足什么条件后活动步移到何处。

（3）转移源自动复位功能：步发生转移后，使下一个步变为活动步的同时，自动复位原步。

### 3．举例说明

在使用功能图编程时，应先画出功能图，然后对应于功能图画出梯形图。图 5.34 所示中的两条传送带用来传送钢板之类的长物体，要求尽可能地减少传送带的运行时间。在传送带端部设置了两个光电开关 I0.1 和 I0.2，传送带 A、B 的电机分别由 Q0.1 和 Q0.2 驱动。SM0.1 使系统进入初始步，按下启动按钮，I0.0 变为"1"状态时，系统进入步 S0.1，传送带 Q0.1 开始运行，被传送的物体的前沿使 I0.1 变为"1"状态时，系统进入步 S0.2，两条传送带同时运行。被传送物体的后沿离开 I0.1 时，传送带 A 停止运行，物体的后沿离开 I0.2 时，传送带 B 也停止运行，系统返回初始步。

图 5.34　顺序功能图和控制梯形图

在该例中，初始化脉冲 SM0.1 用来置位 S0.0，即把 S0.0（步 1）激活；在步 1 的 SCR 段要做的工作是复位 Q0.2。按启动按钮 I0.0 后，步发生转移，I0.0 即为步转移条件，I0.0 的常开触点将 S0.1（步 2）置位（激活）的同时，自动使原步 S0.0 复位。在步 2 的 SCR 段，要做的工作是置位 Q0.1，当 I0.1 变为"1"状态时，步从步 2（S0.1）转移到步 3（S0.2），同时步 2 复位。在步 3 的 SCR 段，要做的工作是置位 Q0.2，当 I0.1 断开时，步从步 3（S0.2）转移到步 4（S0.3）。在步 4 的 SCR 段，要做的工作是复位 Q0.1，当 I0.2 断开时，步从步 4（S0.3）转移到步 1（S0.0）。

在 SCR 段输出时，常用特殊中间继电器 SM0.0（常 ON 继电器）执行 SCR 段的输出操作。因为线圈不能直接和母线相连，所以必须借助于一个常闭的 SM0.0 来完成任务。有时也用发生转移条件的常闭接点来执行输出。

#### 4．使用说明

（1）顺控指令仅对元件 S 有效，状态继电器 S 也具有一般继电器的功能，所以对它能够使用其他指令。

（2）SCR 段程序能否执行取决于该步（S）是否被置位，SCRE 与下一个 LSCR 之间的指令逻辑不影响下一个 SCR 段程序的执行。

（3）不能把同一个 S 位用于不同程序中，例如，如果在主程序中用了 S1.1，则在子程序中就不能再使用它。

（4）在 SCR 段中不能使用 JMP 和 LBL 指令，就是说不允许跳入、跳出或在内部跳转，但可以在 SCR 段附近使用跳转和标号指令。

（5）在 SCR 段中不能使用 FOR、NEXT 和 END 指令。

（6）在步发生转移后，所有的 SCR 段的元器件一般也要复位，如果希望继续输出，可使用置位/复位指令，如图 5.34 中的 Q0.1。

（7）在使用功能图时，状态继电器的编号可以不按顺序安排。

## 5.3  基本指令的应用实例

### 5.3.1  自锁控制电路

自锁控制是控制电路中最基本的环节之一，常用于对输入开关和输出继电器的控制电路。如图 5.35 所示的自锁程序中，I0.0 是启动按钮，I0.1 是停止按钮，图（a）是失电优先电路，图（b）是得电优先电路。自锁控制电路常用于以无锁定开关作启动开关的情况，或者用只接通一个扫描周期的触点去启动一个持续动作的控制电路。

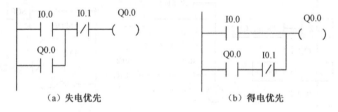

（a）失电优先        （b）得电优先

图 5.35  自锁控制梯形图

### 5.3.2  互锁控制电路

互锁控制也是控制电路中最基本的环节之一，同样常用于对输入开关和输出继电器的控制电路。如图 5.36 所示的互锁电路中 I0.1、I0.2 是启动按钮，I0.0 是停止按钮。在图（a）中，Q0.1 和 Q0.2 是通过输出进行互锁，一个得电，另一个必须在停止前一个的基础上，才能启动，即只能是先停后启。在图（b）中，启动和输出双重互锁，在停一个的基础上可以启动另一个，也就是即停即启，但是这种电路对启动设备冲击很大。这两种电路都保证在任何时候两者都不能同时启动。互锁控制电路常用于被控的是一组不允许同时动作的对象，如电动机的正、反转控制，三位四通电磁阀等。

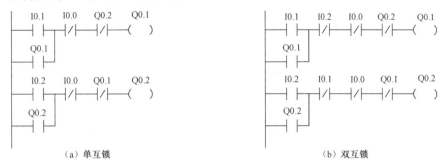

（a）单互锁　　　　　　　　　　　　　　　　　（b）双互锁

图 5.36　互锁控制梯形图

### 5.3.3　多点控制电路

多点控制电路适宜控制面积大，范围广，不方便上下等场所。图 5.37 是一个两地控制电路。I0.1、I0.0 是两地启动按钮，I0.2、I0.3 是两地停止按钮。

### 5.3.4　关联控制电路

在很多的生产机械控制中，存在着先后关联关系，即前者的启动是后者启动的条件，后者停止是前者停止的条件。比如机床的冷却泵电机和主轴电机，先开冷却泵，才能启动主轴电机，只有停了主轴电机，才能停冷却泵；再比如磨床的电磁吸盘和沙轮电机，工作时，电磁吸盘先得电，吸牢工件，再开沙轮电机，工件加工结束，先停沙轮电机，再停电磁吸盘，否则将造成严重事故。图 5.38 是实现这种关系的控制梯形图，I0.0、I0.2 分别是 Q0.1、Q0.2 的启动按钮，I0.1、I0.3 分别是 Q0.1、Q0.2 的停止按钮。启动时，按 I0.0，Q0.1 得电，按 I0.2，Q0.2 才能启动；停止时，按 I0.3，Q0.2 失电，再按 I0.1，Q0.1 才停。

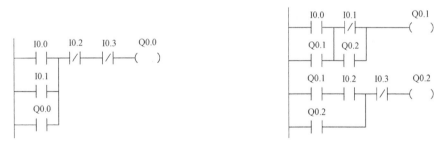

图 5.37　两地控制梯形图　　　　　　　　　　　图 5.38　关联控制梯形图

### 5.3.5　顺序控制电路

顺序控制电路分手动和自动顺序控制电路，手动顺序控制电路和上面 5.3.4 节所述原理相同，这里介绍一种自动顺序启动，方向顺序停止的电路。比如有 3 台电机，按启动按钮 I0.0，3 台电机 Q0.0、Q0.1、Q0.2 依次顺序启动，按停止按钮 I0.1，3 台电机 Q0.0、Q0.1、Q0.2 依次反向顺序停止。这个程序在诸如皮带机控制等顺序控制机械中应用广泛。顺序控制的设计比较简单，如果用 4 个时间继电器，很容易编制控制程序，这里我们只用两个时间继电器来设计程序。顺序控制电路控制梯形图如图 5.39 所示。

在图 5.39（a）中，启动时，I0.0 ON，用通电延时时间继电器 T37 通过比较指令来依次启动电机，当 T37 的当前值等于 100 时，即定时 10 秒时启动 Q0.1，T37 定时 20 秒时间到，启动 Q0.2，这里也可以通过用比较指令实现。停止时，I0.1 ON，用断电延时时间继电器 T38 通过比较指令来依次反向停止电机。

在图 5.39（b）中，启动时，I0.0 ON，顺序标志方向存储器 M0.0 ON，通电延时时间继电器 T37、T38 通过延时按顺序方向启动 Q0.1 和 Q0.2。停止时，I0.1 ON，反向标志存储器 M0.1 ON，T38 延时，由于 M0.0 断开，T38 只能去停止 Q0.1，同样由 T37 去停止 Q0.0。

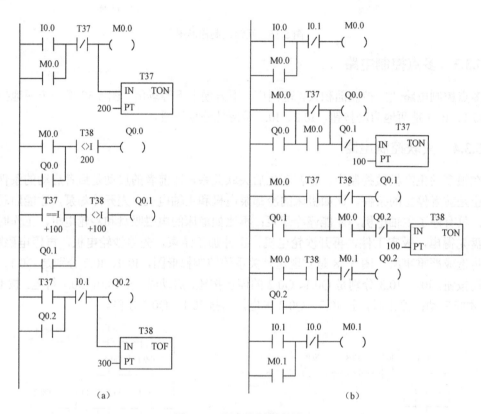

图 5.39　顺序控制梯形图

### 5.3.6　二分频电路

二分频电路，也叫单按钮电路。在许多控制场合，需要对控制信号进行分频，有时为了节省一个输入点，也需要采用此种电路。图 5.40 是二分频电路时序图。

图 5.40　二分频电路时序图

图 5.41 所示是实现二分频时序控制的四种梯形图程序。在图 5.41（a）中，I0.0 第一个脉冲到来时，PC 第一次扫描，M0.0 ON 一个扫描周期，Q0.0 ON，第二次扫描，Q0.0 自锁；I0.0 第二个脉冲到来时，PC 第一次扫描，M0.0 ON，M0.1 ON，Q0.0 断开，第二次扫描，M0.0 断开，Q0.0 保持断开；依次类推。梯形图程序（b）和（a）的原理差不多，不作说明。

图 5.41　二分频控制梯形图的四种程序

梯形图程序（c）是用计数器设计的梯形图，计数器的复位采用输出断开信号。在第一个输入脉冲到来后的第一次扫描，Q0.0 ON，计数器计一次数，第二次扫描，Q0.0 自锁；第二个输入脉冲到来后的第一次扫描，计数器计数，达到 2 次，第二次扫描，Q0.0 断开，同时计数器复位。

梯形图程序（d）是利用跳转指令编制的程序，在第 1 个输入脉冲到来后的第一次扫描，M0.0 ON，第二行的 M0.0 断开，不跳转，Q0.0 ON，第二次扫描，M0.0 断开，第二行的 M0.0 常闭接点闭合，执行跳转，跳转到标号 4 处，以后多次扫描都跳转，Q0.0 保持 ON；第 2 个输入脉冲到来时，PC 第一次扫描，M0.0 ON，第二行的 M0.0 断开，不跳转，Q0.0 的常闭接点断开，Q0.0 断开，第二次扫描，M0.0 断开，第二行的 M0.0 常闭接点闭合，执行跳转，跳转到标号 4 处，以后多次扫描都跳转，Q0.0 保持 OFF；第 3 个输入脉冲到来时，又执行以上循环，周而复始。

### 5.3.7　闪烁电路

闪烁电路也称为振荡电路。闪烁电路实际上就是一个时钟电路，它可以是等间隔的通断，也可以是不等间隔的通断。

图 5.42 所示是 3 个典型闪烁电路的时序图及程序。实际的程序设计中，如果电路中用到闪烁功能，往往直接用两个定时器或一个定时器组成闪烁电路，如图 5.42（b）所示是一个简易的

闪烁电路,它适应于控制精度不高的场合。图(d)和图(f)所示是两个常用的闪烁电路,这个电路不管其他信号如何,I0.0一通电,它就开始工作,通断的时间值可以根据需要任意设定。(d)图所示为一个通2 s、断1 s的闪烁电路。图(f)所示为一个断2 s、通1 s的闪烁电路。

图 5.42 闪烁电路的时序图及梯形图程序

### 5.3.8 特殊时间控制电路

图 5.43 特殊定时电路时序图

特殊时间控制电路是通过时间继电器等指令编制的完成某一特殊功能的电路,如图 5.43 所示。根据输入 I0.0 的时序图,编制 Q0.0、Q0.1、Q0.2 和 Q0.3 的控制电路梯形图。

根据时序图可以看出,Q0.0 是 I0.0 一个**瞬时输出、延时断开电路**。这类电路在制动控制的电路中应用广泛,比如港吊停止了,大车行走和电缆卷筒制动必须延时。它可以用一个断电延时的继电器直接构成,如图 5.44(a)所示;也可以用通电延时定时器构成,当 I0.0 断开时,T37 开始延时,延时时间到,Q0.0 断开,如图 5.44(b)所示。

图 5.44 瞬时接通,延时断开电路梯形图

根据时序图可以看出，Q0.1 是 I0.0 的一个**输出脉冲宽度可以控制**的电路。该电路在输入信号宽度不规范的情况下，要求在每一个输入信号的上升沿产生一个宽度固定的脉冲，该脉冲宽度可以调节。即本例不管 I0.0 的输入宽度如何，Q0.1 都输出一个宽度为 5 秒的脉冲。如图 5.45 所示，梯形图（a）所示中是利用边沿指令编制的程序，它是以采集 I0.0 的边沿为基础延时 5 秒。梯形图（b）所示，如果 I0.0 是短脉冲，M0.0 得电自锁，延时到，断开自锁回路和输出；如果是长脉冲，延时到，只是断开自锁回路，M0.0 继续 ON,T40 ON，由 T40 的常闭接点断开输出。

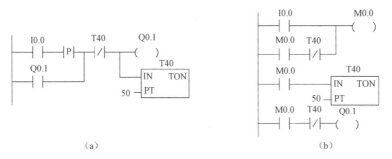

图 5.45　脉冲宽度可以控制电路梯形图

根据时序图可以看出，Q0.2 是 I0.0 的一个一般的电路，它的控制程序如图 5.46 所示。

图 5.46　图 5.43 所示时序图 Q0.2 的控制梯形图

根据时序图可以看出，Q0.3 是 I0.0 的一个特殊电路，它的控制程序如图 5.47 所示。从时序图可以看出，当 I0.0 的宽度大于 5 秒时，是一个**接通延时输出，断开延时断开输出电路**；当 I0.0 的宽度小于 5 秒时，断开瞬时输出 5 秒的电路。根据时序图，设计控制梯形图如图 5.47 所示，它用了两个位存储器 M0.0 和 M0.1，M0.0 完成接通延时输出，断开延时断开输出；M0.1 通过一个比较电路完成断开瞬时输出 5 秒的电路。

### 5.3.9　扩展定时器和计数器

S7-200 PLC 中的一个定时器最长定时时间为 3276.7 秒，一个计数器最大计数值为 32767。但在一些实际应用中，往往需要几小时甚至更长时间的定时控制和计数控制，这就需要编制程序来完成该任务。

图 5.48 所示是由两个定时器组成的 1 个小时的定时器。当 I0.0 闭合（保持闭合），T37 定时 10 分钟后，T38 开始定时，再过 50 分钟，Q0.0 有输出。

图 5.49 所示是由两个计数器组成的扩展计数器，C0 对 I0.0（脉冲信号）计数 6000 次后给 C1 提供一个信号，同时使自身复位，C1 也计一次数，计满 6000×300000 次后，Q0.0 有输出。在该例的计数器复位逻辑中，C0 使用是自己的输出信号，C1 使用外部输入信号，它们都可以用初始化脉冲 SM0.1 完成复位操作，如果所使用的计数器不是设置为掉电保护模式，则不需要初始化复位，本例中为了简便，没有在程序中画出。这两种扩展电路是最基本的扩展电路。

图 5.47　图 5.43 所示时序图 Q0.3 的控制梯形图　图 5.48　由两个定时器组成的扩展定时器梯形图

由两个定时器组成的扩展定时器，定时也不长，有时需要更长时间的定时器，如果用一个定时器和一个计数器就可以完成这个任务。如图 5.50 所示是一个定时为 3000 秒 ×30000＝25000 小时的扩展定时器。当 I0.0 闭合时，T37 每 50 分钟输出一个脉冲，C0 计一次数，计数 30000 次，Q0.0 输出。C0 采用初始化脉冲 SM0.1 复位或 I0.0 断开脉冲复位。

图 5.49　扩展计数器电路的梯形图　　　　图 5.50　扩展定时器电路的梯形图

### 5.3.10　报警电路

报警电路在工业电气自动控制中的应用相当普遍。工作过程中，当故障发生时，报警指示灯闪烁，报警电铃鸣响。操作人员知道故障发生后，按消铃按钮，把电铃关掉，报警指示灯从闪烁变为长亮。故障消失后，报警灯熄灭。另外还应设置试灯、试铃按钮，用于平时检测报警指示灯和电铃的好坏。

根据要求分配输入/输出地址：

故障信号：I0.0

消铃按钮：I0.1

试灯按钮：I0.2

报警灯：Q0.0

报警电铃：Q0.1

设计控制梯形图程序如图 5.51 所示。

### 5.3.11　照明灯控制电路

#### 1. 楼梯灯控制装置

控制要求：只用一个按钮 I0.0 控制。当按一次按钮时，楼梯灯亮 2 分钟后自动熄灭；当连续按两次按钮时（2 秒内），灯长亮不灭；当按下按钮的时间超过 2s 时，灯熄灭。

设计控制梯形图程序如图 5.52 所示。

按钮：I0.0

楼梯灯：Q0.0

图 5.51　报警电路梯形图程序

图 5.52　楼梯灯控制梯形图程序

#### 2. 三层楼梯灯的多地点控制

三层楼梯灯的控制要求：在每层楼梯都有一个开关，按任何一个开关（不管开关的状态），楼梯灯都亮，再按任何一个开关，楼梯灯灭，即不管开关是开还是关，只要有开关动作则灯的状态就发生变化。

楼梯灯开关：I0.0、I0.1、I0.2

楼梯灯：Q0.0

设计控制梯形图程序如图 5.53 所示。图（a）和图（b）程序是借用了组合逻辑电路的设计方法，利用逻辑关系编制的程序；图（c）程序是利用了微分指令和 RS 触发器编制的程序，每一个开关的开与关都给触发器一个脉冲，使触发器翻转；图（d）程序利用比较指令，把输入开关字节状态和由传送指令送入的输入信号状态比较，如果开关状态发出了变化，则输出一个脉冲使触发器翻转，同时把新的状态字节送到变量存储器字节 VB0，为下一次比较作准备。而且这个程序可以实现 8 个地点的控制。

图 5.53　楼梯灯的控制梯形图

### 3. 城市隧道照明灯

在城市中的隧道要求 24 小时不间断照明，有时考虑到要节约用电和延长灯的使用寿命，需要分时控制，同时又要有足够的照明，如隧道中有 A、B、C 三组灯，每天早 7 点到晚 7 点，第 1 组灯亮，晚 7 点到晚 10 点 3 组灯都亮（车多），晚 10 点至第二天早 7 点第 2、3 组灯亮，要求用一个开关控制三组灯的亮和灭。

控制开关：I0.0

三组灯：Q0.1、Q0.2、Q0.3

设计控制梯形图如图 5.54 所示。通过开关 I0.0 控制计数器，由比较指令的接点控制三组灯的亮和灭（控制时间没有在程序中显示）。

### 5.3.12　译码电路

译码电路：通过输入不同的组合，分别构成不同的输出。如 2-4 线译码器，即通过两个输入 I0.1 和 I0.2 的四种不同组合，控制 4 个输出 Q0.1～Q0.4。图 5.55 所示为 2-4 线译码器电路。

图 5.54　隧道照明灯的控制梯形图　　　　图 5.55　2-4 线译码电路梯形图程序

# 本 章 小 结

本章介绍了 SIMATIC 指令集所包含的基本指令及使用方法。在基本指令中，位操作指令是最常用的，也是最重要的，是其他所有指令的基础。

基本逻辑指令包括基本位操作指令、置位/复位指令、立即指令、边沿脉冲指令、逻辑堆栈指令、定时器、计数器、比较指令、取反和空操作指令。这些指令是 PLC 编程的基础。要求大家熟练掌握这些指令在形图和语言表中的使用方法，尤其是定时器和计数器指令的工作原理。

程序控制指令包括：结束、暂停、看门狗、跳转、循环、子程序调用、顺序控制等指令。这类指令主要用于程序结构的优化，增强程序功能。本节要重点掌握顺序功能图的基本概念、构成原则和顺序功能图的绘制及顺序功能指令的用法。

本章第 3 节主要介绍了一些常用的简单控制电路梯形图，为今后 PLC 梯形图的经验设计打下了基础，大家可以在理论的基础上加以掌握。

通过基本指令的使用和编程，对 S7-200 PLC 使用梯形图编程的认识有了进一步加深。

1．在梯形图中，用户程序是多个程序网络（Network）的有序组合。

2．每个程序网络是各种编程元件的触点、线圈及功能框在左、右母线之间的编程元件的有序排列。

3．与能流无关的线圈和功能框可以直接接在左母线上；与能流有关的线圈和功能框不能直接接在左母线上。

4．在绝大多数的功能框上，有允许输入端 EN 和允许输出端 ENO，EN 和 ENO 都是布尔量。对于要执行指令的功能框，EN 输入端必须存在能流。如果指令执行正确，输出端 ENO 将把能流向下传送。如果在执行指令过程中存在错误，则能流终止在当前的功能框。

5．具有 EN 和 ENO 的功能框是允许串级连接的，即前一个功能框的 ENO 端与后一个功能框的 EN 端相连。

# 习 题 5

5.1 写出图 5.56 梯形图程序对应的语句表指令。

5.2 根据下列语句表图程序，写出梯形图程序。

图 5.56

（1）

| LD | I0.0 | A | I0.6 |
|----|------|---|------|
| AN | I0.1 | = | Q0.1 |
| LD | I0.2 | LPP | |
| A | I0.3 | A | I0.7 |
| O | I0.4 | = | Q0.2 |
| A | I0.5 | A | I1.1 |
| OLD | | = | Q0.3 |
| LPS | | | |

（2）

| LD | I0.0 | LD | M10.2 | ALD | |
|----|------|-----|-------|-----|--------|
| A | I1.2 | A | Q0.3 | O | M100.3 |
| LD | I1.3 | LD | I1.0 | A | M10.5 |
| AN | I0.2 | AN | Q1.3 | = | Q0.0 |
| OLD | | OLD | | | |

5.3 写出图 5.57 和图 5.58 梯形图程序对应的语句表指令。

图 5.57

图 5.58

5.4 使用置位、复位指令，编写两套电动机（两台）的控制程序，两套程序控制要求如下：

（1）启动时，电动机 M1 先启动，才能启动电动机 M2，停止时，电动机 M1、M2 同时停止。

（2）启动时，电动机 M1、M2 同时启动，停止时，只有在电动机 M2 停止时，电动机 M1 才能停止。

5.5 写出断电延时 5s 后，M0.0 置位的程序。

5.6 写出能循环执行 5 次程序段的循环梯形图。

5.7 使用顺序控制程序结构，编写出实现红、黄、绿3种颜色信号灯循环显示程序（要求循环时间为1s），并画出该程序设计的功能流程图。

5.8 进行鼠笼型电动机的可逆运行控制，要求：

（1）启动时，可根据需要选择旋转方向。

（2）可随时停车。

（3）需要反向旋转时，按反向启动按钮，但是必须等待6s后才能自动接通反向旋转的主电路。

5.9 设计1个3台电动机的启/停顺序控制程序。

（1）启动操作：按启动按钮SB1，电动机M1启动，10s后电动机M2自动启动，又经过8s，电动机M3自动启动。

（2）停车操作：按停止按钮SB2，电动机M3立即停车；5s后，电动机M2自动停车；又经过4s，电动机M1自动停车。

5.10 设计出图5.59所示的顺序功能图的梯形图程序，T37的设定值为5s。

5.11 用SCR指令设计图5.60所示的顺序功能图的梯形图程序。

5.12 设计出图5.61所示的顺序功能图的梯形图程序。

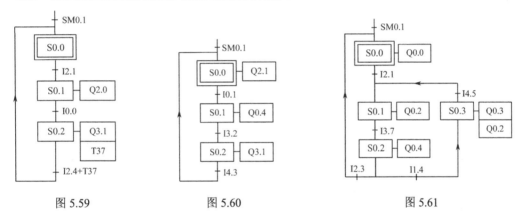

图5.59          图5.60          图5.61

5.13 有3台电动机，要求启动时，每隔10min依次启动1台，每台运行8h后自动停机。在运行中可用停止按钮将3台电动机同时停机。

5.14 当I0.1为OFF时，当I0.0为ON时，调用1子程序；当I0.0为OFF时，调用2子程序执行，当I0.1为ON时，不能调用1、2子程序，而调用3子程序执行。子程序1为2-4线的译码电路（两个输入，4个输出）；子程序2为用主控指令编制电动机的启动、点动线路；子程序3为报警电路：当故障发生时，报警指示灯闪烁，报警电铃或蜂鸣器鸣响，操作人员知道故障发生后，按消铃按钮，把电铃关掉，报警指示灯从闪烁变为长亮，故障消失后，报警灯熄灭。另外还应设置试灯、试铃按钮，用于平时检测报警指示灯和电铃的好坏。

5.15 应用计数器与比较指令构成24小时可设定定时时间的控制器，每15分钟为一设定单位，共96个时间单位。控制过程：（1）6:30电铃（Q0.0）每秒响1次，6次后自动停止。（2）9:00～17:00，启动住宅报警系统(Q0.1)。（3）18:00开园内照明（Q0.2）。（4）22:00关园内照明（Q0.2）。设I0.0为启停开关；I0.1为15min快速调整与试验开关；I0.2为格数设定的快速调整与试验开关；时间设定值为钟点数×4。使用时，在0:00时启动定时器

5.16 用比较指令构成密码系统。密码锁有12个按钮，分别接入I0.0～I1.3，其中I0.0～I0.3代表第1个十六进制数；I0.4～I0.7代表第2个十六进制数；I1.0～I1.3代表第3个十六进制数。根据设计要求，每次同时按4个键，分别代表3个十六进制数，共按4次，如与密码锁设定值都相符合，3秒后可开锁，10秒后重新锁定。

# 第 6 章　S7-200 PLC 编程软件及应用

## 内容提要

本章主要简介 S7-200 Micro PLC 编程系统的基本知识、系统地介绍了 STEP 7-Micro/WIN V4.0 编程软件的功能以及如何使用 STEP 7-Micro/WIN V4.0 编程软件编程和如何使用 STEP 7-Micro/WIN V4.0 编程软件进行用户程序的调试和运行监控。使读者能较快地掌握运用 STEP 7-Micro/WIN V4.0 编程软件进行 PLC 系统设计。

## 学习要求

熟悉 STEP 7-Micro/WIN V4.0 编程软件的常用功能组件及命令。

熟练掌握编程软件的编程及运行操作。

学会使用 STEP 7-Micro/WIN V4.0 编程软件进行调试和运行监控。

S7-200 PLC 是 SIEMENS 公司的 S7 可编程控制器系列中的微型机（Micro PLC），我们在使用 S7-200 PLC 时，需要使用编程软件对其编制用户程序。STEP 7-Micro/WIN V4.0 编程软件就是由 SIEMENS 公司专门为 SIMATIC 系列 S7-200 可编程控制器研制开发的编程软件，它是基于 Windows 操作系统的应用软件，可以使用个人计算机作为图形编程器，用于在线（联机）或者离线（脱机）开发用户程序，并可在线实时监控用户程序的执行状态。

## 6.1　S7-200 PLC 编程系统概述

S7-200 PLC 使用 STEP 7-Micro/WIN V4.0 编程软件进行编程。STEP 7-Micro/WIN V4.0 编程软件功能强大，是西门子 S7-200 PLC 用户不可或缺的开发工具。它具有简单，易学，高效，节省编程时间，能够解决复杂的自动化任务等优点。尤其是在推出汉化程序后，它可在全汉化的界面下进行操作，使中国的用户使用起来更加方便和容易。

### 1. S7-200 PLC 编程系统的组成及要求

S7-200 Micro PLC 编程系统包括一台 S7-200 CPU、一台装有编程软件 STEP 7-Micro/WIN V4.0 的 PC 机或编程器，一根连接电缆。如图 6.1 所示。

我们在使用 STEP 7-Micro/WIN V4.0 编程软件时应使系统满足下列要求：

（1）操作系统：Windows 95、Windows 98、Windows 2000、Windows ME 或 Windows NT。

（2）计算机硬件配置：CPU 为 80586 或更高的处理器，内存至少 8MB 以上，硬盘空间至少 50MB 以上，VGA 显示器，Windows 支持的鼠标。

（3）通信电缆：PC/PPI 电缆（或使用一个通信处理器卡），用于 PLC 和个人计算机（编程器）的连接。

图 6.1　S7-200 PLC CPU 与计算机的连接

### 2．S7-200 PLC 编程系统硬件的连接

S7-200 PLC 以计算机之间的连接采用 PC/PPI 电缆。单台 PLC 与个人计算机之间的连接或通信，需要一根连到串行通信口的 PC/PPI 电缆（连接图见图 6.1），连接步骤如下：

（1）设置 PC/PPI 电缆上的 DIP 开关（DIP 开关的第 1，2，3 位用于设定波特率，第 4、5 位置 0），选择计算机支持的波特率，一般设置为 9.6KB 或 19.2KB。

（2）把 PC/PPI 电缆的 RS-232 端（标着 PC）连接到计算机的串行通信口 COM1 或 COM2，并拧紧连接螺丝；

（3）把 PC/PPI 电缆的 RS-485 端（标着 PPI）连接到 PLC 的串行通信口，并拧紧连接螺丝。

### 3．STEP 7-Micro/WIN V4.0 软件的安装

STEP 7-Micro/WIN V4.0 编程软件安装与一般软件的安装大同小异，也是使用 CD 光盘和 CD-ROM 驱动器。其安装过程和操作步骤如下：

（1）将 STEP 7-Micro/WIN V4.0 CD 放入 CD-ROM 驱动器，系统自动进入安装向导；如果安装程序没有自动启动，可在 CD-ROM 的 F：（光盘）/STEP7/DISK1/setup.exe 找到安装程序。

（2）运行 CD 盘根目录下的 SETUP 程序，即用鼠标左键双击 SETUP，进入安装向导。

（3）根据安装向导的提示完成 STEP 7-Micro/WIN V4.0 编程软件的安装。

（4）首次安装完成后，会出现一个"浏览 Readme 文件"选项对话框，你可以选择使用德语、英语、法语、西班牙语或意大利语阅读"Readme"文件。

一般出售的软件都采用英文版，使用时我们也可以通过专门的汉化软件将其操作界面汉化为中文界面，这样使用起来会更加方便，更加容易。

安装完成并已重新启动计算机后，"SIMATIC Manager（SIMATIC 管理器）" 图标将会显示在 Windows 桌面上。

### 4．通信参数的设定

在 STEP 7-Micro/WIN V4.0 编程软件安装结束时，会出现"设置 PG/PC 接口"的对话框，可以在此处进行通信参数的设定。也可以在运行 STEP 7-Micro/WIN V4.0 后，进行通信参数的设定。具体步骤如下：

（1）单击通信图标 ，或单击"视图（View）"菜单，选择"通信（Communications）"选项，则会出现一个"通信"对话框，如图 6.2 所示。

（2）在"通信"设定对话框中，单击"设置 PG/PC 接口"按钮，将会出现"设置 PG/PC接口"的对话框，如图 6.3 所示。

图 6.2 "通信"对话框

图 6.3 设置 PG/PC 接口对话框

（3）单击 Properties 按钮，将出现"接口属性"对话框，检查各参数的属性是否正确。如图 6.4（a）和图 6.4（b）所示，其中通信波特率（Transmission Rate）的设定值要根据自己的通信线缆型号来设置，PC/PPI 设为 9.60Kb/s，而 CP5611（PROFIBUS）设为 1.5Mb/s。早期单主机组态所显示的参数配置如下：

远程设备地址（Remote Address）：2

本地设备地址（Local Address）：0

通信模式（Module）：PC/PPI cable（COM1）PC/PPI 电缆（计算机通信端口为 COM1）

通信协议（Prorocol）：PPI

传送速率：（Transmission Rate）：9.6Kb/s;

传送字符数据格式（Mode）：11 位。

（a）　　　　　　　　　　　　　　　　（b）

图 6.4　PG/PC 接口参数设置窗口

## 6.2　STEP 7-Micro/WIN V4.0 的功能

### 6.2.1　STEP 7-Micro/WIN V4.0 功能简介

STEP 7-Micro/WIN V4.0 的基本功能可以简单地概括为：通过 Windows 平台用户自己编制应用程序。它的功能可以总结如下：

（1）在离线（脱机）方式下创建、编辑和修改用户程序。在离线方式下，计算机不直接与 PLC 联系，可以实现对程序的编辑、编译、调试和系统组态，此时所有的程序和参数都存储在计算机的存储器中。

（2）在在线（联机）方式下通过联机通信的方式上装和下载用户程序及组态数据，编辑和修改用户程序，可以直接对 PLC 进行各种操作。

（3）在编辑程序的过程中具有简单语法检查功能。利用此功能可提前避免一些语法和数据类型方面的错误；它主要在梯形图错误处下方自动加红色曲线或在语句表中错误行前加注红色叉，且在错误处下方加红色曲线。

（4）具有用户程序的文档管理和加密等一些工具功能。

此外，用户还可直接用编程软件设置 PLC 的工作方式、运行参数以及进行运行监控和强制操作等。

软件功能的实现可以在联机工作方式（在线方式）下进行，部分功能的实现也可以在脱机工作方式（离线方式）下进行。

在线与离线的主要区别是：

（1）联机方式下可直接针对相连的 PLC 进行操作，如上装和下载用户程序和组态数据等。

（2）离线方式下不直接与 PLC 联系，所有程序和参数都暂时存放在计算机硬盘里，待联机后再下载到 PLC 中。

### 6.2.2　STEP 7-Micro/WIN V4.0 的窗口组件及其功能

在中文环境下运行 STEP 7-Micro/WIN V4.0 编程软件，它的主界面如图 6.5 所示。

STEP 7-Micro/WIN V4.0 编程软件主界面一般可以分为以下几个区域：主菜单条（包括 8 个主要菜单项）、工具条、浏览条、指令树、局部变量表、状态栏、输出窗口和程序编辑区。

主界面采用了标准的 Windows 程序界面，如标题栏、主菜单条等，熟悉 Windows 操作的用户掌握起来会更加容易和便捷。编程器窗口包含的各组件名称及功能如下。

图 6.5　STEP 7-Micro/WIN V4.0 主界面的组成

#### 1. 主菜单条

主菜单条同其他基于 Windows 系统的软件一样，位于窗口最上面的就是 STEP 7-Micro/WIN V4.0 编程软件的主菜单，它包括 8 个主菜单选项，这些菜单包含了通常情况下控制编程软件运行的功能和命令（括号后的字母为对应的操作热键），如图 6.6 所示。各主菜单项功能简介如下。

图 6.6　主菜单条

（1）文件（File）。文件操作的下拉菜单里包含如新建、打开、关闭、保存文件、上装和下载程序、文件的打印预览、设置和操作等。

（2）编辑（Edit）。程序编辑的工具。如选择、复制、剪切、粘贴程序块或数据块，同时提供查找、替换、插入、删除和快速光标定位等功能。

（3）检视（View）。视图可以设置软件开发环境的风格，如决定其他辅助窗口（如引导窗口、指令树窗口、工具条按钮）的打开与关闭；包含引导条中所有的操作项目；选择不同语言的编程器（包括 LAD、STL、FBD 三种）；设置 3 种程序编辑器的风格，如字体、指令盒的大小等。

（4）PLC（可编程控制器）。PLC 可建立与 PLC 联机时的相关操作，如改变 PLC 的工作方式、在线编译、查看 PLC 的信息、清除程序和数据、时钟、存储器卡操作、程序比较、PLC类型选择及通信设置等。在此还提供离线编辑功能。

（5）调试（Debus）。包括监控和调试中的常用工具按钮，主要用于联机调试。

（6）工具（Tools）。工具可以用复杂指令向导（包括 PID 指令、NETR/NETW 指令和Hsc 指令），使复杂指令编程时操作大大简化。

（7）窗口（Windows）。窗口可以打开一个或多个，并可进行窗口之间的切换；可以设置窗口的排放形式，如层叠、水平和垂直等。

（8）帮助（Help）。它通过帮助菜单上的目录和索引可查阅几乎所有相关的使用帮助信息，帮助菜单还提供网上查询功能。在软件操作过程中的任何步骤或任何位置都可以按 F1键来显示在线的帮助，大大方便了用户的使用。

### 2．工具条

STEP 7-Micro/WIN V4.0 提供了两行快捷按钮工具条，用户也可以通过工具菜单自定义。

工具条是一种代替命令或下拉菜单操作的简便工具，用户利用它们可以完成大部分的编程、调试及监控功能。下面列出了常用工具条各按钮的功能，供读者速查与参考。

在 STEP 7-Micro/WIN V4.0 编程软件中，将各种最常用的操作以按钮形式设定到工具条。单击"检视（View）"菜单，选择"工具条（Toolbars）"选项，设置显示或隐藏工具条。常用的工具条有标准（Standard）、调试（Debug）、公用（Instructions）以及指令（Instruction）四种，图 6.7（a）、图 6.7（b）、图 6.7（c）所示为标准、调试、公用工具条所含快捷按钮及功能。指令工具条在编程时再进行讲解。

### 3．浏览条

位于软件窗口的左方是浏览条，它显示编程特性的按钮控制群组如：程序块、符号表、状态图、数据块、系统块、交叉引用及通信等显示按钮控制。该条可用"视图（View）"菜单中引导条"（Navigatiion bar）"选项来选择是否打开。

浏览条为编程提供按钮控制，可以实现窗口的快速切换，在浏览条中单击任何一个按钮，则主窗口切换成此按钮对应的窗口。

### 4．指令树

指令树以树形结构提供编程时用到的所有快捷操作命令和 PLC 指令，它由项目分支和指令分支组成。

在项目分支中，用鼠标右键单击"项目"，可将当前项目进行全部编译、比较和设置密码；在项目中可选择 CPU 的型号；用鼠标右键单击"程序块"文件夹，可插入新的子程序或中断程序；打开"程序块"文件夹，可以用密码保护本 POU，也可以插入新的子程序、中断程序或重新命名。

指令分支主要用于输入程序。打开指令文件夹并选择相应指令时，拖放或用鼠标左键双击指令，可在程序中插入指令；用鼠标右键单击指令，可从弹出的菜单中选择"帮助"，获得有关该指令的信息。

图 6.7　工具条

### 5. 局部变量表

每个程序块都对应一个局部变量表，局部变量表用来定义局部变量，局部变量只在建立局部变量的 POU 中才有效。例如，在带参数的子程序调用中，参数的传递就是通过局部变量表进行的。局部变量表包含对局部变量所做的赋值（即子例行程序和中断例行程序使用的变量）。在局部变量表中建立的变量使用暂时内存；地址赋值由系统处理；变量的使用仅限于建立此变量的 POU。

使用局部变量有两个优点：其一，创建可移植的子程序时，可以不引用绝对地址或全局符号；其二，使用局部变量作为临时变量（临时变量定义为 TEMP 类型）进行计算时，可以释放 PLC 内存。

### 6. 状态栏

状态栏又称任务栏，提供了在 STEP 7-Micro/WIN V4.0 中操作时的操作状态信息。

### 7. 输出窗口

输出窗口用来显示 STEP 7-Micro/WIN V4.0 程序编译的结果，如编译是否有错误、错误编码和位置等。当输出窗口列出的程序有错误时，可用鼠标左键双击错误信息，会在程序编辑区中显示相应的网络。

### 8. 程序编辑区

在程序编辑区，用户可以使用梯形图、指令表或功能块图编写 PLC 控制程序。在联机状态下，可以从 PLC 上载用户程序进行编辑和修改。

## 6.2.3 系统模块的设置及系统块配置（CPU 组态）

系统设置又称 CPU 组态，STEP 7-Micro/WIN V4.0 编程软件系统设置路径有 3 种方法：

（1）在"检视"菜单，选择"系统块"项。

（2）在"浏览条"上单击"系统块"按钮。

（3）单击指令树内的系统块图标。

系统块配置的主要内容有数字量输入滤波、模拟量输入滤波、脉冲截取（捕捉）、输出表等配置。另外还有通信口、保存范围、背景时间及密码设置等。

下面结合系统块主要配置内容对配置功能和方法加以说明。

### 1. 数字量输入滤波设置（滤波器的用途——抑制噪声干扰）

S7-200 CPU 全部主机数字量输入点有选择地设置输入滤波器。通过设定输入延迟时间，可以过滤输入信号。当输入状态发生改变时，才能被认为有效，以抑制输入噪声脉冲的干扰。

选择输入过滤器项，可以对数字量输入点进行延迟的设定，如 CPU 22X 可定义的延迟时间为 0.2～12.8ms，系统默认延迟时间为 6.4ms。数字输入滤波器选择的系统设置界面如图 6.8 所示。

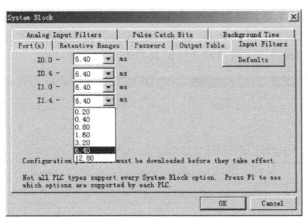

图 6.8　设置数字输入滤波

### 2. 模拟量输入滤波设置

使用 CPU222、CPU224 及 CPU226 时，可以对各模拟输入选择软件滤波器，进行模拟量的数字滤波设置。模拟量的数字滤波多用在输入信号变化缓慢的场合，高速变化信号一般不采用数字滤波。

模拟量输入信号经滤波后，求出平均值（滤波值）供用户程序使用。

滤波值的求解过程：CPU 运行时，系统按设定的周期采样个数，对模拟输入量进行采样，然后求出其总和的平均值，作为模拟输入滤波值。模拟输入滤波器选择的系统设置界面如图 6.9 所示，其中可选择的设置项共有 3 项。一是模拟输入点的选择，有 AIW0～AIW62 共 32 点；二是样本数目，即一个周期内的采样次数，在 32～256 范围内设置，系统默认值为 64；三是静区设置，静区又称死区，模拟输入滤波器反应信号速度变化是有一定能力的，当输入与平均的差超过静区设定范围时，滤波器对最近的模拟量输入值变化认作是一个阶跃函数，而不是平均值。静区的设定值采用模拟量输入的数字信号值，设定范围是 16～4080，系统默认值为 320。

图 6.9　设置模拟输入滤波

### 3．设置脉冲捕捉

设置脉冲捕捉功能的方法：首先正确设置输入滤波器的时间，使之不能将脉冲滤掉。然后在 System Block 选项卡中选择 Pulse Catch Bit 选项进行对输入要求脉冲捕捉的数字量输入点进行选择，如图 6.10 所示，系统默认为所有点都不用脉冲捕捉。

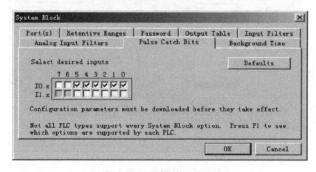

图 6.10　设置脉冲捕捉

### 4．输出表的设置

S7-200 CPU 为其数字量输出点提供两种性能，一种是预置数字量输出点在 CPU 变为

STOP 方式后为已知值；另一种是设置数字量输出保持 CPU 变为 STOP 方式之前的状态。

设置输出表的方法是在系统块界面点击输出表标签，进入设置输出状态界面，然后对各数字输出点进行设置。如图 6.11 所示。

图 6.11 设置输出表

输出状态表允许由 RUN 到 STOP 过渡时，使输出进入已知状态，设置方法是为欲设定为 ON（1 态）的各输出单击选项栏，默认值是 OFF（输出 0 态）。

## 6.3 程序编辑及运行

### 6.3.1 用户程序文件操作

#### 1. 打开已有的项目文件

打开已有的项目文件常用以下两种方法：

（1）用"文件（File）"菜单中的"打开（Open）"命令，在弹出的对话框中选择要打开的程序文件。

（2）用 Windows 资源管理器找到适当的目录，项目文件在使用.mwp 扩展名的文件中。

#### 2. 创建新项目（文件）

创建新项目文件常用以下三种方法：

（1）单击工具条中的"新建"快捷按钮。

（2）单击"文件（File）"菜单，选择"新建（New）"命令，在主窗口将显示新建程序文件的主程序区。

（3）点击浏览条中程序块图标，新建一个 STEP 7-Micro/WIN V4.0 项目。

#### 3. 选择主机 CPU 型号

一旦打开一个新项目，开始写程序之前可以选择 CPU 主机型号。确定 CPU 类型通常可采用以下两种方法：

（1）在指令树中右键单击"项目 1（Project1 CPU 221）"图标，在弹出的按钮中单击"类型（Type）"。

（2）单击"PLC"菜单，选择"类型（Type）"命令，在弹出的对话框中选择 CPU 的型号。如图 6.12 所示。

图 6.12　CPU 型号的选择

#### 4．上载和下载程序文件

上载程序文件是指将存储在 PLC 主机中的程序文件装入到编程器（计算机）中。具体操作为：单击"文件（File）"菜单，选择"上载（Upload）"命令；或者用工具条中的 ▲（上载）按钮来完成操作。

下载程序文件是指将存储在编程器（计算机）中的程序文件装入到 PLC 主机中。具体操作为：单击"文件（File）"菜单，选择"下载（Download）"命令；或者用工具条中的 ▼（下载）按钮来完成操作。

### 6.3.2　编辑程序

STEP 7-Micro/WIN V4.0 编程软件有很强的编辑功能，熟练掌握编辑和修改控制程序操作可以大大提高编程的效率。

#### 1．输入编程元件

在使用 STEP 7-Micro/WIN V4.0 编程软件中，一般采用梯形图编程，编程元件有线圈、触点、指令盒、标号及连接线。触点 ⊣⊢ 代表电源可通过的开关，电源仅在触点关闭时通过正常打开的触点（逻辑值零）；线圈 ⊸⊶ 代表由能流充电的中继或输出；指令盒 ⊓ 代表当能流到达方框时执行的一项功能（例如，计时器、计数器或数学运算）。

输入编程元件的方法有两种：

方法 1：从指令树中双击或拖放。

（1）在程序编辑器窗口中将光标放在所需的位置，一个选择方框在该位置周围出现。

（2）在指令树中，浏览至所需的指令双击或拖放该指令。

（3）指令在程序编辑器窗口中显示。

方法 2：工具条按钮。

（1）在程序编辑器窗口中将光标放在所需的位置，一个选择方框在光标位置周围出现。

（2）单击指令工具条上的触点、线圈或指令盒等相应编程按钮，从弹出的下拉菜单中选择要输入的指令单击即可，也可使用功能键（F4=触点、F6=线圈、F9=指令盒）插入一个类属指令。

在指令工具条上，编程元件输入有 7 个按钮：下行线、上行线、左行线和右行线按钮，用于输入连接线，可形成复杂梯形图结构；输入触点、输入线圈和输入指令盒按钮用于输入编程元件。如图 6.13 所示。

按 F4、F6 或 F9 键（或相应的工具条按钮）时，一条类属指令会被放在光标位置，并在下方出现一个列表框。列表框包括一个相同类型全部指令的指令记忆符排序列表。F4 键或工具条按钮放置类属接点并显示一份接点指令列表。F6 键或工具条按钮放置类属线圈并显示一份线圈指令列表。F9 键或工具条按钮放置类属方框并显示一份方框指令列表，如图 6.14 所示。

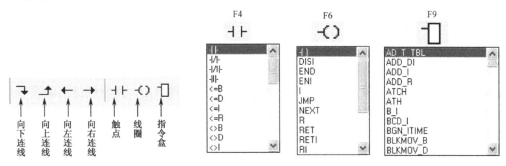

图 6.13　LAD 指令工具条　　　　　　　图 6.14　类属指令列表

### 2．编程结构输入

（1）顺序输入。此类结构输入非常简单，只需从网络的开始依次输入各编程元件即可，每输入一个元件，光标自动向后移动到下一列。在图 6.15 所示的网络 1 中，分支 1 所示为一个顺序输入例子，分支 3 中的图形就是一个网络的开始，此图形表示可在此继续输入元件。而分支 2 已经连续在一行上输入了两个触点，若想再输入一个线圈，可以直接在指令树中双击线圈图标；图中的方框为光标（大光标），编程元件就是在光标处被输入。

图 6.15　顺序程序结构输入

（2）输入操作数。图 6.15 中所示的"??.?"和"????"表示此处必须有操作数，此处的操作数为触点的名称。可单击"??.?"或"????"然后键入操作数。

（3）任意添加输入。如果想在任意位置添加一个编程元件，只需单击这一位置将光标移到此处，然后输入编程元件即可。

（4）复杂结构。用指令工具条中的编程按钮 ↴ ↲ ← → ，可编辑复杂结构的梯形图，例如，在图 6.15 中，单击图中第一行下方的编程区域，则在本行下一行的开始处显示光标（图中方框），然后输入触点，生成新的一行。输入完成后将光标移到要合并的触点处，单击 ↲ 按钮即可，网络 1 的分支 1 就是在 Q0.0 处单击 ↲ 按钮的结果。如果要在一行的某个元件后向下分支，可将光标移到该元件，单击 ↴ 按钮，然后便可在生成的分支处顺序输入各元件。网络 1 的分支 2 就是在 I0.1 处单击 ↴ 按钮的结果。

### 3. 在 LAD 中编辑程序

（1）剪切、复制、粘贴或删除网络。通过拖曳鼠标或使用 Shift 键和 Up（向上）、Down（向下）箭头键，您可以选择多个相邻的网络，用于剪切、复制、粘贴或删除选项。使用工具条按钮或从"编辑"菜单选择相应的命令，或用鼠标右键单击，弹出快捷菜单选择命令。在编辑中，不能选择部分网络，当您尝试选择部分网络时，系统会自动选择整个网络。

（2）编辑单元格、指令、地址和网络。当您单击程序编辑器中的空单元格时，会出现一个方框，显示您已经选择的单元格。您可以使用弹出菜单在空单元格中粘贴一个选项，或在该位置插入一个新行、列、垂直线或网络，您也可以从空单元格位置删除网络或编辑网络。如图 6.16 所示。

图 6.16　编辑网络

（3）插入和删除。编程中经常用到插入和删除一行、一列、一个网络、一个子程序或中断程序等。方法有两种：在编程区右击要进行操作的位置，弹出快捷菜单，选择"插入（Insert）"或"删除（Delete）"选项，再弹出子菜单，单击要插入或删除的选项，然后进行编辑。也可用"编辑（Edit）"菜单中的命令进行上述相同的操作。

对于元件的剪切、复制和粘贴等操作方法也与上述类似。

### 4. 编写符号表

使用符号表，可将地址编号用具有实际含义的符号代替，有利于程序结构清晰易读。单击浏览条中的符号表按钮![按钮]，建立如图 6.17 所示的符号表。操作步骤如下：

（1）在"符号"列输入符号名（如启动、停止等）。符号名的长度不能超过 23 个字符。在给空号指定地址前，该符号下有绿色波浪下划线。在给定地址后，绿色波浪下划线自动消失。

（2）在"地址"列输入相应的地址编号（如 I0.0，I0.1 等）。

（3）在"注释"列输入相应的注释（如启动按钮、停止按钮等）。是否注释也可根据实际情况而定，可以不输入注释。输入注释时，注释的长度不能超过 79 个字符。

（4）编写好符号表后，单击"检视（View）"菜单，选择"符号表（Symbol Table）"选项，在弹出的级联菜单中单击"将符号表应用于项目（S）"命令，然后打开程序窗口，则对应的梯形图如图 6.18 所示。

| | | | 符号 | 地址 | 注释 |
|---|---|---|---|---|---|
| 1 | | | 启动 | I0.0 | 启动按钮SB1 |
| 2 | | | 停止 | I0.1 | 停止按钮SB2 |
| 3 | | | 接触器KM1 | Q0.0 | 控制电动机M1的接触器KM1 |
| 4 | | | 接触器KM2 | Q0.1 | 控制电动机M2的接触器KM2 |
| 5 | | | | | |

图 6.17　符号表

图 6.18　符号表应用

## 5．编写数据块

利用块操作对程序做大面积删除、移动、复制操作十分方便。块操作包括选择、剪切块、删除块、复制和粘贴块。这些操作非常简单，与一般的文字处理软件中的相应操作方法完全相同。

## 6．编程语言转换

STEP7-Micro/WIN V4.0 软件可实现三种编程语言（编辑器）之间的任意切换。单击"检视（View）"菜单，选择"STL"、"梯形图（LAD）"或"FBD"三种程序的任何一种便可进入对应的编程环境。使用最多的是 STL 和梯形图（LAD）之间的互相切换，STL 的编程可以按照或不按照网络块的结构顺序编程，但 STL 只有在严格按照网络块编程的格式编程才可切换到梯形图（LAD），否则无法实现转换。

### 7．注释

梯形图编程器中的"网络 n（Network n）"标志每个梯级，同时又是标题栏，可在此为该梯级加标题或必要的注释说明，使程序清晰易读。方法：单击"网络 n"，在其右边的空白区域输入相应的"网络标题"，在其正下方的方框区域输入相应的"网络注解"。每个梯形图程序也可在其最上方标注"程序注解"如图 6.19 绿色字体所示"程序注解"、"网络标题"和"网络注解"。

### 8．编译

程序编辑完成后，点击"PLC"菜单，选择"编译（Compile）"或"全部编译（All Compile）"命令进行离线编译。或者直接点击工具条上的按钮 ☑（编译）或 ☑（全部编译）也可完成编译。编译结束，在输出窗口会显示编译结果信息。

### 9．下载

如果编译无误，便直接单击下载按钮 ≚，或者点击"文件（File）"菜单，选择"下载"命令，将用户程序下载到 PLC 中。

## 6.4　程序调试运行与监控

在成功地完成下载程序后，则可利用 STEP 7-Micro/WIN V4.0 编程软件"调试"工具条的诊断特征，在软件环境下调试并监视用户程序的执行。STEP7-Micro/WIN V4.0 编程软件提供了一系列工具来调试并监控正在执行的用户程序。

### 6.4.1　选择工作模式

S7-200PLC 的 CPU 具有停止和运行两种操作模式。在停止模式下，可以创建、编辑程序，但不能执行程序；在运行模式下，PLC 读取输入，执行程序，写输出，反应通信请求，更新智能模块，进行内部事物管理及恢复中断条件，不仅可以执行程序，也可以创建、编辑及监控程序操作和数据。为调试提供帮助，加强了程序操作和确认编程的能力。

如果 PLC 上的模式开关处于"RUN"或"TERM"位置，可通过 STEP7-Micro/WIN V4.0软件执行菜单命令"PLC"→"运行"或"PLC"→"停止"进入相应工作模式。也可单击工具栏中的 ▶（运行）按钮，或 ■（停止）按钮，进入相应工作模式，还可以手动改变 PLC下面上小门内的状态开关改变工作模式。"运行"工作模式时，PLC 上的黄色"STOP"指示灯灭，绿色"RUN"指示灯亮。

### 6.4.2　梯形图程序的状态监视

编程设备和 PLC 之间建立通信并向 PLC 下载程序后，STEP7-Micro/WIN V4.0 可对当前程序进行在线调试。利用菜单栏中"调试（D）"列表选择或单击"调试工具条"中的按钮，可以在梯形图程序编辑器窗口查看以图形形式表示的当前程序的运行状况，还可直接在程序指令上进行强制或取消强制数值等操作。

运行模式下，单击"调试（D）"菜单，选择"开始程序状态（P）"命令，或单击工具条中的 （程序状态）按钮，用程序状态功能监视程序运行的情况，PLC 的当前数据值会显示在引用该数据的 LAD 旁边，LAD 以彩色显示活动能流分支。由于 PLC 与计算机之间有通信时间延迟，PLC 内所显示的操作数数值总在状态显示变化之前先发生变化。所以，用户在屏幕上观察到的程序监控状态并不是完全如实迅速变化的元件的状态。屏幕刷新的速率取决于 PLC 与计算机的通信速率以及计算机的运行速度。

### 1．执行状态监控方式

"使用执行状态"功能使监控窗口能显示程序扫描周期内每条指令的操作数数值和能流状态。或者说，所显示的 PLC 中间数据值都是从一个程序扫描周期中采集的。

在程序状态监控操作之前，单击"调试（D）"菜单，选择"使用执行状态"命令（此命令行前面出现一个"√"即可），进入可监控状态。如图 6.19 所示。

图 6.19　对 PLC 梯形图运行状态的监控

在这种状态下，PLC 处于运行模式时，按下 （程序状态）按钮启动程序状态，STEP7-Micro/WIN V4.0 将用默认颜色（浅灰色）显示并更新梯形图中各元件的状态和变量数值。什么时候想退出监控，再按此按钮即可。

启动程序状态监控功能后，梯形图中左边的垂直"母线"和有能流流过的"导线"变为蓝色；如果位操作数为逻辑"真"，其触点和线圈也变成蓝色；有能流流入的指令盒的使能输入端变为蓝天色；如该指令被成功执行指令盒的方框也变为蓝色；定时器和计数器的方框为绿色时表示他们已处在工作状态；红色方框表示执行指令时出现了错误；灰色表示无能流、指令被跳过、未调用或 PLC 停止模式。

运行过程中，按下 （暂停程序状态）按钮，或者右击正处于程序监控状态的显示区，在弹出的快捷菜单中选择"暂停程序状态（M）"，将使这一时刻的状态信息静止地保持在屏幕上以提供仔细分析与观察，直到再按一次 （暂停程序状态）按钮，才可以取消该功能，继续维持动态监控。

**2．扫描结束状态的状态监控方式**

"扫描结束状态"显示在程序扫描周期结束时读取的状态结果。首先使菜单命令"调试（D）"→"使用执行状态"命令行前面的"√"消失，进入扫描结束状态。由于快速的 PLC 扫描循环和相对慢速的 PLC 状态数据通信采集之间存在的速度差别，"扫描结束状态"显示的是多个扫描周期结束时采集的数据值，也就是说显示值并不是即时值。

在该状态 STEP7-Micro/WIN V4.0 经过多个扫描周期采集状态值，然后刷新梯形图中各值的状态并显示。但是不显示 L 存储器或累加器的状态。在"扫描结束状态"下，"暂停程序状态"功能不起作用。

在运行模式下启动程序状态监控功能，电源"母线"或逻辑"真"的触点和线圈显示为蓝色，梯形图中所显示的操作数的值都是 PLC 在扫描周期完成时的结果。

### 6.4.3　语句表程序的状态监视

语句表和梯形图的程序状态监视方法是完全相同的。单击命令"工具（T）"菜单，选择"选项"命令，在打开的窗口中，选择"程序编辑器"中的"STL 状态"选项卡，如图 6.20 所示。可以选择语句表程序状态监视的内容，每条指令最多可以监控 17 个操作数、逻辑堆栈中 4 个当前值和 11 个指令状态位。

图 6.20　语句表程序状态监控选择

状态信息从位于编辑窗口顶端的第一条 STL 语句开始显示。当向下滚动编辑窗口时，将从 CPU 获取新的信息。如果需要暂停刷新，还是按下 ⏸ （暂停程序状态）按钮，过程与梯形图的相同，如图 6.21 所示。

### 6.4.4　用状态图监视与调试程序

如果需要同时监视的变量不能在程序编辑器中同时显示，可以使用状态表监视功能。虽然梯形状态监视的方法很直观，但受到屏幕的限制，只能显示很小一部分程序。利用 STEP7-Micro/WIN V4.0 的状态表不仅能监视比较大的程序块或多个程序，而且可以编辑、读、写、强制和监视 PLC 的内部变量；还可使用诸如单次读取、全部写入、读取全部强制等功能，可以大大方便程序的调试。状态表始终显示"扫描结束状态"信息。

| | | 操作数 1 | 操作数 2 | 操作数 3 | 0123 | 字 |
|---|---|---|---|---|---|---|
程序注解 | | | | | | |
网络 1　　网络标题 | | | | | | |
网络注解 | | | | | | |
| LD | I0.0 | OFF | | | 0000 | 0 |
| LPS | | | | | 0000 | 0 |
| AN | T37 | OFF | | | 0000 | 1 |
| = | Q0.1 | OFF | | | 0000 | 0 |
| LPP | | | | | 0000 | 0 |
| AN | T41 | OFF | | | 0000 | 0 |
| TON | T37，250 | +0 | 250 | | 0000 | 1 |

网络 2

| | | 操作数 1 | 操作数 2 | 操作数 3 | 0123 | 字 |
|---|---|---|---|---|---|---|
| LD | T42 | OFF | | | 0000 | 0 |
| AN | T43 | OFF | | | 0000 | 1 |
| A | SM0.5 | ON | | | 0000 | 1 |
| LD | Q0.1 | OFF | | | 0000 | 0 |
| AN | T42 | OFF | | | 0000 | 1 |
| OLD | | | | | 0000 | 0 |
| = | Q0.2 | OFF | | | 0000 | 0 |

网络 3

图 6.21　PLC 语句表程序运行状态的监控

### 1. 打开和编辑状态图

在程序运行时，可以用状态图来读、写、强制和监视 PLC 的内部变量。单击浏览条中的"状态图"图标，或右键单击指令树中的"状态图"选项，在弹出的快捷菜单中选择"打开"命令，或单击"检视（V）"菜单，选择"元件（C）"命令，在弹出的级联菜单中单击"状态图（C）"选项，均可以打开状态图，如图 6.22 所示。打开后对它进行编辑。如果项目中有多个状态图，可以用状态图询问的选项卡切换。

| | 地址 | 格式 | 当前值 | 新数值 |
|---|---|---|---|---|
| 1 | SM0.0 | 位 | | |
| 2 | I0.0 | 位 | | |
| 3 | S0.0 | 位 | | |
| 4 | T37 | 位 | | |
| 5 | M0.2 | 位 | | |
| 6 | | 带符号 | | |

图 6.22　状态图窗口

未启动状态图的监视功能时，可以在状态图中输入要监视的变量的地址和数据类型，定时器和计数器可以分别按位或按字监视。如果按位监视，显示的是它们的输出位的 ON/OFF 状态；如果按字监视，显示的是它们的当前值。

单击"编辑（E）"菜单，选择"插入" 命令，或用鼠标右键点击状态图中的单元，选择弹出的快捷菜单中的"插入（I）"命令，可以在状态图中当前光标位置的上部插入新的行。将光标置于最后一行中的任意单元后，按向下的箭头键，可以将新的行插在状态图的底部。在等号表中选择变量并将其复制在状态图中，可以加快创建状态图的速度。

## 2．创建新的状态图

可以创建几个状态图，分别监视不同的元件组。用鼠标右键单击指令树中的状态图图标或单击已经打开的状态图，在弹出的快捷菜单中选择"插入（I）"命令，再在弹出的级联菜单中单击"图（C）"选项，可以创建新的状态图。

## 3．启动和关闭状态图的监视功能

与 PLC 的通信连接成功后，单击"调试（D）"菜单，选择"开始图状态（C）"命令或单击调试工具条上的 ▨ （图状态）图标，可以启动状态图的监视功能，在状态图的"当前值"列将会出现从 PLC 中读取的动态数据，如图 6.23 所示。单击"调试（D）"菜单，选择"停止图状态（C）"命令，或再次单击 ▨ （图状态）图标，可以关闭状态图。状态图的监视功能被启动后，编程软件从 PLC 收集状态信息，并对表中的数据更新。这时还可以强制修改状态图中的变量，用二进制方式监视字节、字或双字，可以在一行中同时监视 8 点、16 点或 32 点位变量。

| | 地址 | 格式 | 当前值 | 新数值 |
|---|---|---|---|---|
| 1 | SM0.0 | 位 | 2#1 | |
| 2 | I0.0 | 位 | 2#1 | |
| 3 | S0.0 | 位 | 2#1 | |
| 4 | T37 | 位 | 2#0 | |
| 5 | M0.2 | 位 | 2#0 | |
| 6 | | 带符号 | | |

图 6.23　状态图监控

## 6.4.5　在 RUN 模式下编辑用户程序

在 RUN（运行）模式下，不必转换到 STOP（停止）模式，便可以对程序作较小的改动，并将改动下载到 PLC 中。

建立好计算机与 PLC 之间的通信联系后，当 PLC 处于 RUN 模式时，单击"调试（D）"菜单，选择"'运行'中程序编辑（E）"命令，进行程序编辑，如果编程软件中打开的项目与 PLC 中的程序不同，将提示上载 PLC 中的程序。该功能只能编辑 PLC 中的已有程序。进入 RUN 模式编辑状态后，将会出现一个跟随鼠标移动的 PLC 图标。两次单击"调试（D）"菜单，选择"'运行'中程序编辑（E）"命令，将退出 RUN 模式编辑。

编辑前应退出程序状态监视，修改程序后，需要将改动下载到 PLC。下载之前一定要仔细考虑可能对设备或操作人员造成的各种影响。

在 RUN 模式编辑状态下修改程序后，CPU 对修改的处理方法可以查阅系统手册。

## 6.4.6　使用系统块设置 PLC 的参数

单击"检视（V）"菜单，选择"元件（C）"命令，在弹出的级联菜单中单击"系统块（B）"选项，或直接单击浏览条中的 ▨ （系统块）图标，则可以直接进入系统块中对应的对话框。

系统块主要包括：通信端口、断电数据保持、密码、数字量和模拟量输出表配置、数字量和模拟量输入滤波器、脉冲捕捉位和通信背景时间等。如图 6.24 所示。

图 6.24  系统快对话框

打开系统块后，用鼠标单击感兴趣的图标，进入对应的选项卡后，可以进行有关的参数设置。有的选项卡中有[默认]按钮，按[默认]按钮可以自动设置编程软件推荐的设置值。

设置完成后，按[确认]按钮确认设置的参数，并自动退出系统块窗口。设置完所有的参数后，需要立即将新的设置下载到 PLC 中，参数便存储在 CPU 模块的存储器中。

### 6.4.7  梯形图程序状态的强制功能

在 PLC 牌运行模式时执行强制状态，此时右击某元件地址位置，在弹出的菜单中可以对该元件执行写入、强制或取消强制的操作，如图 6.25 所示。强制和取消强制功能不能用于 V、M、AI 和 AQ 的位。执行强制功能后，默认情况下 PLC 上的故障灯显示为黄色。

图 6.25  执行强制状态对话框

在 PLC 牌停止模式时也会显示强制状态，但只有在非"使用执行状态"和"程序状态监控"条件下，单击"调试（D）"菜单，选择"'停止'模式中写入-强制输出（O）"命令后，才能执行对输出 Q 和 AQ 的写和强制操作。

### 6.4.8　程序的打印输出

打印的相关功能在菜单栏"文件（F）"菜单中，包括页面设置、打印预览和打印。

图 6.26　页面设置对话框

单击"文件(F)"菜单，选择"页面设置(T)……"命令，或单击标准单击工具条上的 🖨（打印）按钮，在弹出的打印对话框中单击"页面设置（T）……"按钮，出现页面设置对话框，如图 6.26 所示。

可在页面设置对话框中单击"页眉/页脚……"按钮，弹出"页眉/脚注"对话框；可在该对话框中进行项目名、对象名称、日期、时间、页码以及左对齐、居中、右对齐的设定。

单击"文件（F）"菜单，选择"打印预览（V）"命令，或单击标准工具条上的 🔍（打印预览）按钮，显示打印预览窗口，可进行程序块、符号表、状态图、数据块、系统块、交叉引用的预览设置。如打印结果满意，可选择打印功能。

单击"文件（F）"菜单，选择"打印（P）"命令，或单击标准工具条上的 🖨（打印）按钮，在打印对话框中，可选择需要打印的文件的组件的复选框，选择打印主程序网络 1—网络 20 的梯形图程序，但如果还希望打印程序的附加组件，例如，还要打印符号表等，则所选打印范围无效，将打印全部 LAD 网络。

单击标准工具条上的 🖼（选项）按钮，在出现的"打印选项"对话框中选择是否打印程序属性、局部变量表和数据块属性。

## 本 章 小 结

本章重点讲解 STEP 7-Micro/WIN V4.0 编程软件，以及程序的输入、编译、调试的方法。学习时应把握以下几点。

1. 用编程软件对 PLC 编程，首先要在计算机上安装 STEP 7-Micro/WIN V4.0 编程软件，然后建立硬件连接并对通信参数进行设置，最后建立与 PLC 的在线联系和测试。

2. 编程软件 STEP 7-Micro/WIN V4.0 功能丰富，界面友好，且有方便的联机帮助功能。应掌握各项常用的功能。

3. 程序编辑是学习编程软件的重点，可以用打开、新建、或从 PLC 上装程序文件，并对其编辑修改。编辑中应熟练使用菜单、常用按钮及各个功能窗口。符号表的应用可以使程序可读性大大提高，好的程序应加注必要的标题和注释。同一程序可以用梯形图、语句表和功能块图三种编辑器进行显示和编辑，并可直接切换。

4. 使用状态图表可以强制设置和修改一些变量的值，实现程序调试。如果程序的改变对运行情况影响很小，可以在运行模式下编辑和修改程序及参数值。程序运行监控可用以下三种方法：梯形图法、功能块图法和语句表法，其中语句表监视可以反映指令的实际运行状态。

本章重点应掌握用编程软件 STEP 7-Micro/WIN V4.0 进行程序编辑和程序调试的方法。

# 第7章　S7-200系列PLC功能指令

## 内容提要

本章主要介绍了 S7-200 系列 PLC 功能指令，如：数据处理指令、算术/逻辑运算指令、表功能指令、转换指令、中断指令、高速处理指令等常用的功能指令，为 PLC 的编程设计打下坚实的基础。

## 学习要求

熟悉各功能指令的格式。

熟练掌握梯形图编程方法。

会利用中断技术。中断技术的应用，可增强 PLC 对可检测的和可预知的突发事件的处理能力。

功能指令（Function Instruction）又称为应用指令，它是指令系统中应用于复杂控制的指令。本章的功能指令包括：数据处理指令、算术逻辑运算、表功能指令、转换指令、中断指令、高速处理指令等。

功能指令实质上就是一些功能不同的子程序，其开发和应用是 PLC 应用系统不可缺少的。合理、正确地应用功能指令，对于优化程序结构，提高应用系统的功能，简化对一些复杂问题的处理有着重要的作用。

本章主要介绍这些功能指令的格式、功能说明和梯形图编程方法。为了读者更清楚地学好本章的内容，同时也为了节省篇幅，对每条功能指令的操作数的内容即数据类型做如下约定：

字节型：VB、IB、QB、MB、SB、SMB、LB、AC、*VD、*LD、*AC 和常数；

字型及 INT 型：VW、IW、QW、MW、SW、SMW、LW、AC、T、C、*VD、*LD、*AC 和常数；

双字型及 DINT 型：VD、ID、QD、MD、SD、SMD、LD、AC、*VD、*LD、*AC 和常数。

操作数分输入操作数（IN）和输出操作数（OUT）。以上对操作数的概括只是一般的总结，具体使用到每条指令时，可能会有微小的不同，实际使用时可以查阅 S7-200 系统手册。

## 7.1　数据处理指令

数据处理指令包括数据的传送指令，移位指令，交换/填充指令等。

### 7.1.1　数据传送

数据传送类指令有字节、字、双字和实数的单个传送指令，还有以字节、字、双字为单位的数据块的成组传送指令，用来实现各存储器单元之间数据的传送和复制。

### 1. 单一数据传送 MOVB，MOVW，MOVD，MOVR

单一数据传送指令一次完成一个字节、字或双字的传送。指令格式参见表 7.1。

表 7.1　传送指令格式

| LAD | 功能 |
|---|---|
| MOV-B　EN ENO　???-IN OUT-??? 　MOV-W　EN ENO　???-IN OUT-??? 　MOV-DW　EN ENO　???-IN OUT-??? 　MOV-R　EN ENO　???-IN OUT-??? | IN=OUT |

功能：使能流输入 EN 有效时，把一个输入 IN 单字节数据、单字长或双字长数据、双字长实数数据送到 OUT 指定的存储器单元输出。

数据类型分别为 B、W、DW 和常数。

影响允许输出 ENO 正常工作的出错条件是：SM4.3，0006（间接寻址错误）。

### 2. 数据块传送 BMB，BMW，BMD

数据块传送指令一次可完成 $N$ 个（最多 255 个）数据的成组传送。指令类型有字节块、字块或双字块等 3 种。

表 7.2　块传送指令格式

| LAD | 功　能 |
|---|---|
| BLKMOV_B　EN ENO　????-IN OUT-????　????-N 　BLKMOV_W　EN ENO　????-IN OUT-????　????-N 　BLKMOV_D　EN ENO　????-IN OUT-????　????-N | 字节、字和双字块传送 |

（1）字节的数据块传送指令。使能输入 EN 有效时，把从输入 IN 字节开始的 $N$ 个字节数据传送到以输出字节 OUT 开始的 $N$ 个字节中。

（2）字的数据块传送指令。使能输入 EN 有效时，把从输入 IN 字开始的 $N$ 个字的数据传送到以输出字 OUT 开始的 $N$ 个字的存储区中。

（3）双字的数据块传送指令。使能输入 EN 有效时，把从输入 IN 双字开始的 $N$ 个双字的数据传送到以输出双字 OUT 开始的 $N$ 个双字的存储区中。

IN，OUT 操作数的数据类型分别为 B、W、DW；$N$（BYTE）的数据范围 0～255。

影响允许输出 ENO 正常工作的出错条件是：SM4.3（运行时间），0006（间接寻址错误），0091（操作数超界）。

例如，将变量存储器 VW10 中内容送到 VW30 中。程序如图 7.1 所示。

图 7.1　传送指令应用梯形图

## 7.1.2 移位指令

移位指令在 PLC 控制中是比较常用的，移位指令分为左、右移位和循环左、右移位及寄存器移位指令三大类。前两类移位指令按移位数据的长度又分为字节型、字型、双字型 3 种，移位指令最大移位位数 $N \leqslant$ 数据类型（B、W、DW）对应的位数，移位位数（次数）$N$ 为字节型数据。

### 1. 左、右移位指令

左、右移位数据存储单元的移出端与 SM1.1（溢出）端相连，移出位被放到 SM1.1 特殊存储单元，移位数据存储单元的另一端补 0。当移位操作结果为 0 时，SM1.0 自动置位。移位指令格式见表 7.3。

表 7.3　移位指令格式及功能

| LAD | 功　能 |
|---|---|
| ![SHL_B / SHL_W / SHL_DW / SHR_B / SHR_W / SHR_DW 梯形图] | 字节、字、双字左移<br>字节、字、双字右移 |

（1）被移位的数据是无符号的。

（2）左移位指令 SHL（Shift Left）。使能输入有效时，将输入的字节、字或双字 IN 左移 $N$ 位后（右端补 0），将结果输出到 OUT 所指定的存储单元中，最后一次移出位保存在 SM1.1（溢出）。

（3）右移位指令 SHR（Shift Right）。使能输入有效时，将输入的字节、字或双字 IN 右移 $N$ 位后，将结果输出到 OUT 所指定的存储单元中，最后一次移出位保存在 SM1.1。

（4）移位次数 $N$ 与移位数据长度有关，如果 $N$ 小于实际的数据长度，则执行 $N$ 次移位；如果 $N$ 大于实际的数据长度，则执行移位的次数等于实际的数据长度。

### 2. 循环左、右移位

循环移位将移位数据存储单元的首尾相连，同时又与溢出标志 SM1.1 连接，SM1.1 用来存放被移出的位。指令格式见表 7.4。

表 7.4　循环移位指令格式及功能

| LAD | 功　能 |
|---|---|
| ![ROL_B / ROL_W / ROL_DW / ROR_B / ROR_W / ROR_DW 梯形图] | 字节、字、双字循环左移位<br>字节、字、双字循环右移位 |

（1）被移位的数据是无符号的。

（2）循环左移位指令 ROL（Rotate Left）。使能输入有效时，字节、字或双字 IN 数据循环左移 N 位后，将结果输出到 OUT 所指定的存储单元中，并将最后一次移出位送 SM1.1。

（3）循环右移位指令 ROR（Rotate Right）。使能输入有效时，字节、字或双字 IN 数据循环右移 N 位后，将结果输出到 OUT 所指定的存储单元中，并将最后一次移出位送 SM1.1。

（4）移位次数 N 与移位数据长度有关，如果 N 小于实际的数据长度，则执行 N 次移位；如果 N 大于实际的数据长度，则执行移位的次数等于实际的数据长度。

### 3．左、右移位及循环移位指令对标志位、ENO 的影响及操作数的寻址范围

移位指令影响的特殊存储器位：SM1.0（零）；SM1.1（溢出）。如果移位操作使数据变为 0，则 SM1.0 置位。

影响允许输出 ENO 正常工作的出错条件是：SM4.3（运行时间），0006（间接寻址错误）。

N、IN、OUT 操作数的数据类型为 B、W、DW。

例如，将 VD10 右移 2 位送 AC0。梯形图程序如图 7.2 所示。

图 7.2　移位指令应用梯形图

### 4．移位寄存器指令 SHRB

移位寄存器指令是一个移位长度可指定的移位指令。在顺序控制和步进控制中，应用移位寄存器编程是很方便的。移位寄存器指令格式示例见表 7.5。

表 7.5　寄存移位指令示例

| LAD | STL | 功　能 |
| --- | --- | --- |
| SHRB<br>EN　ENO<br>I1.1　DATA<br>M1.0　S-BIT<br>+10　N | SHRB I1.1, M1.0, +10 | 寄存器移位 |

梯形图中 DATA 为数值输入，指令执行时将该位的值移入移位寄存器。S-BIT 为寄存器的最低位。N 为移位寄存器的长度（1~64），N 为正值时左移位（由低位到高位），DATA 值从 S-BIT 位移入，移出位进入 SM1.1；N 为负值时右移位（由高位到低位），S-BIT 移出到 SM1.1，另一端补充 DATA 移入位的值。

每次使能有效时，整个移位寄存器移动 1 位，最高位的计算方法：[N 的绝对值−1+(S-BIT 的位号)]/8，余数即是最高位的位号，商与 S-BIT 的字节号之和即是最高位的字节号。移位指令影响的特殊存储器位：SM1.1（溢出）。

### 7.1.3 字节交换/填充指令

字节交换/填充指令格式见表 7.6。

表 7.6 字节交换/填充指令格式及功能

| LAD | | STL | 功 能 |
|---|---|---|---|
| SWAP<br>—EN ENO—<br>????—IN | FILL_N<br>—EN ENO—<br>????—IN OUT—????<br>????—N | SWAP IN<br>FILL IN, N, OUT | 字节交换<br>字填充 |

#### 1. 字节交换指令 SWAP

字节交换指令用来将字型输入数据 IN 高位字节与低位字节进行交换，因此又可称为半字交换指令。

使能输入 EN 有效时，将输入字 IN 的高、低字节交换的结果输出到 OUT 指定的存储器单元。

IN、OUT 操作数的数据类型为 INT（WORD）。

影响允许输出 ENO 正常工作的出错条件是：SM4.3（运行时间），0006（间接寻址错误）。

#### 2. 字节填充指令 FILL

使能输入 EN 有效时，用字输入数据 IN 填充从输出 OUT 指定单元开始的 $N$ 个字存储单元。$N$ 的数据类型为 BYTE，数据范围为 0～255。IN、OUT 操作数的数据类型为 INT（WORD）。

影响允许输出 ENO 正常工作的出错条件是：SM4.3（运行时间），0006（间接寻址错误），0091（操作数超界）。

例如将从 VW100 开始的 128 个字（256 个字节）存储单元清零。程序如图 7.3 所示。本条指令执行结果：从 VW100 开始的 128 个字（VW100～VW227）的存储单元清零。

```
            FILL_N
  I0.0     ┌────────┐
───┤├──────┤EN   ENO├───→      LD    I0.0
           │        │          FILL  +0, VW100,128
     +0 ───┤IN   OUT├ VW100
    128 ───┤N       │
           └────────┘
```

图 7.3 填充指令应用梯形图

## 7.2 运算指令

运算指令包括算术运算指令和逻辑运算指令。算术运算包括加、减、乘、除运算和常用的数学函数变换；在算术运算中，数据类型为整型 INT，双整型 DINT 和实数 REAL。逻辑运算包括逻辑与、逻辑或、逻辑非、逻辑异或等，数据类型为字节型 BYTE，字型 WORD，双字型 DWORD。

### 7.2.1 算术运算指令

#### 1. 加/减运算

加/减运算指令是对符号数的加/减运算操作。包括整数加/减、双整数加/减运算和实数加/减运算。

加/减运算指令采用指令盒格式，指令盒由指令类型，使能端 EN，操作数（1N1、IN2）输入端，运算结果输出 OUT，逻辑结果输出端 ENO 等组成。

（1）加/减运算指令格式。加/减运算 6 种指令的梯形图指令格式如表 7.7 所示。

加/减运算指令操作数类型：INT、DINT、REAL。

（2）指令类型和运算关系。

① 整数加/减运算 ADD I/SUB I（ADD Integer / Subtract Integer） 使能 EN 输入有效时，将两个单字长（16 位）符号整数（IN1 和 IN2）相加/减，然后将运算结果送 OUT 指定的存储器单元输出。

表 7.7　加/减运算指令格式及功能

| LAD | | | 功　能 |
|---|---|---|---|
| ADD_I<br>—EN　ENO—<br>????—IN1　OUT—????<br>????—IN2 | ADD_DI<br>—EN　ENO—<br>????—IN1　OUT—????<br>????—IN2 | ADD_R<br>—EN　ENO—<br>????—IN1　OUT—????<br>????—IN2 | IN1 + IN2 = OUT |
| SUB_I<br>—EN　ENO—<br>????—IN1　OUT—????<br>????—IN2 | SUB_DI<br>—EN　ENO—<br>????—IN1　OUT—????<br>????—IN2 | SUB_R<br>—EN　ENO—<br>????—IN1　OUT—????<br>????—IN2 | IN1 − IN2 = OUT |

STL 运算指令及运算结果：

整数加法：MOVW　IN1，OUT　　// IN1→OUT

　　　　　　　+I　　IN2，OUT　　// OUT+IN2=OUT

整数减法：MOVW　IN1，OUT　　// IN1→OUT

　　　　　　　−I　　IN2，OUT　　// OUT−IN2=OUT

从 STL 运算指令可以看出，IN1、IN2 和 OUT 操作数的地址不相同时，STL 将 LAD 的加/减运算分别用两条指令描述。

IN1 或 IN2=OUT 时整数加法：

　　　　　　　+I　　IN2，OUT　　// OUT+IN2=OUT

IN1 或 IN2=OUT 时，加法指令节省一条数据传送指令，本规律适用于所有算术运算指令。

② 双整数加/减运算 ADD DI/SUB DI（ADD Double Integer / Subtract Double Integer） 使能 EN 输入有效时，将两个双字长（32 位）符号整数（IN1 和 IN2）相加/减，运算结果送 OUT 指定的存储器单元输出。

STL 运算指令及运算结果：

双整数加法：MOVD　　IN1　OUT　　// IN1→OUT

　　　　　　　+D　　IN2　OUT　　// OUT+IN2=OUT

双整数减法：MOVD　　IN1　OUT　　// IN1→OUT

　　　　　　　−D　　IN2　OUT　　//OUT−IN2=OUT

③ 实数加/减运算 ADD R/SUB R（ADD Real / Subtract Real）使能输入 EN 有效时，将两个双字长（32 位）的有符号实数 IN1 和 IN2 相加/减，运算结果送 OUT 指定的存储器单元输出。

LAD 运算结果：IN1 ± IN2=OUT

STL 运算指令及运算结果：

实数加法：MOVR   IN1   OUT      //IN1→OUT

                +R     IN2   OUT     // OUT+IN2=OUT

实数减法：MOVR   IN1   OUT      // IN1→OUT

                −R     IN2   OUT     // OUT−IN2=OUT

（3）加/减运算 IN1、IN2、OUT 操作数的数据类型：INT、DINT：REAL。

（4）对标志位的影响。算术运算指令影响特殊标志的算术状态位 SM1.0～SM1.3，并建立指令盒能量流输出 ENO。

① 算术状态位（特殊标志位）SM1.0（零），SM1.1（溢出），SM1.2（负）。

SM1.1 用来指示溢出错误和非法值。如果 SM1.1 置位，SM1.0 和 SM1.2 的状态无效，原始操作数不变。如果 SM1.1 不置位，SM1.0 和 SM1.2 的状态反映算术运算的结果。

② ENO（能量流输出位）输入使能 EN 有效，运算结果无错时，ENO=1，否则 ENO=0（出错或无效）。影响允许输出 ENO 正常工作的出错条件：SM1.1=1（溢出），0006（间接寻址错误），SM4.3（运行时间）。

例如，求 100 加 200 的和，100 在数据存储器 VW100 中，结果存入 VW200。梯形图程序如图 7.4 所示。

图 7.4　加法指令应用梯形图

### 2．乘/除运算

乘/除运算是对符号数的乘法运算和除法运算。包括整数乘/除运算，双整数乘/除运算，整数乘/除双整数输出运算，实数乘/除运算等。

（1）乘/除运算指令格式。乘/除运算指令采用同加减运算相类似的指令盒指令格式。指令分为 MUL I/DIV I 整数乘/除运算，MUL DI/DIV DI 双整数乘/除运算，MUL/DIV 整数乘/除双整数输出，MUL R/DIV R 实数乘/除运算等 8 种类型。

LAD 指令执行的结果：乘法 IN1*IN2=OUT，除法 IN1/IN2=OUT

表 7.8　乘/除运算指令格式及功能

| LAD | | | | 功　能 |
|---|---|---|---|---|
| MUL_I<br>EN  ENO<br>????—IN1  OUT—????<br>????—IN2 | MUL_DI<br>EN  ENO<br>????—IN1  OUT—????<br>????—IN2 | MUL<br>EN  ENO<br>????—IN1  OUT—????<br>????—IN2 | MUL_R<br>EN  ENO<br>????—IN1  OUT—????<br>????—IN2 | 乘法运算 |
| DIV_I<br>EN  ENO<br>????—IN1  OUT—????<br>????—IN2 | DIV_DI<br>EN  ENO<br>????—IN1  OUT—????<br>????—IN2 | DIV<br>EN  ENO<br>????—IN1  OUT—????<br>????—IN2 | DIV_R<br>EN  ENO<br>????—IN1  OUT—????<br>????—IN2 | 除法运算 |

（2）指令功能分析。

① 整数乘/除法指令 MUL I/DIV I（Multiple Integer / Divide Integer）。使能 EN 输入有效时，将两个单字长（16 位）符号整数 IN1 和 IN2 相乘/除，产生一个单字长（16 位）整数结果，从 OUT（积/商）指定的存储器单元输出。

STL 指令格式及功能：

整数乘法：MOVW　N1　OUT　　// IN1→OUT

　　　　　*I　　IN2　OUT　　// OUT*IN2=OUT

整数除法：MOVW　IN1　OUT　　// IN1→OUT

　　　　　/I　　IN2　OUT　　// OUT/IN2=OUT

② 双整数乘/除法指令 MUL DI/DIV DI。使能 EN 输入有效时，将两个双字长（32 位）符号整数 IN1 和 IN2 相乘/除，产生一个双字长（32 位）整数结果，从 OUT（积/商）指定的存储器单元输出。

STL 指令格式及功能：

双整数乘法：MOVD　　IN1　OUT　　// IN1→OUT

　　　　　　* D　　IN2　OUT　　// OUT*IN2=OUT

双整数除法：MOVD　　IN1　OUT　　// IN1→OUT

　　　　　　/D　　IN2　OUT　　// OUT/IN2=OUT

③ 整数乘/除指令 MUL/DIV。使能输入 EN 有效时，将两个单字长（16 位）符号整数 IN1 和 IN2 相乘/除，产生一个双字长（32 位）整数结果，从 OUT（积/商）指定的存储器单元输出。整数除法产生的 32 位结果中低 16 位是商，高 16 位是余数。

STL 指令格式及功能：

整数乘法产生双整数：MOVW　　IN1　OUT　　// IN1→OUT

　　　　　　　　　　MUL　　IN2　OUT　　// OUT* IN2=OUT

整数除法产生双整数：MOVW　　IN1　OUT　　// IN1→OUT

　　　　　　　　　　DIV　　IN2　OUT　　// OUT/IN2=OUT

④ 实数乘/除法指令（MUL R/DIV R）。使能输入 EN 有效时，将两个双字长（32 位）符号实数 IN1 和 IN2 相乘/除，产生一个双字长（32 位）实数结果，从 OUT（积/商）指定的存储器单元输出。

STL 指令格式及功能：

实数乘法：MOVR　　IN1　OUT　　// IN1→OUT

　　　　　*R　　IN2　OUT　　// OUT*IN2=OUT

实数除法：MOVR　　IN1　OUT　　// IN1→OUT

　　　　　/R　　IN2　OUT　　// OUT/IN2=OUT

（3）操作数寻址范围。IN1、IN2、OUT 操作数的数据类型根据乘/除法运算指令功能分为 INT/（WORD）、DINT、REAL。

（4）乘/除运算对标志位的影响。

① 乘/除运算指令执行的结果影响算术状态位（特殊标志位）：SM1.0（零），SM1.1（溢出），SM1.2（负），SM1.3（被 0 除）。

乘法运算过程中 SM1.1（溢出）被置位，就不写输出，并且所有其他的算术状态位置为

0（整数乘法产生双整数指令输出不会产生溢出）。

如果除法运算过程中 SM1.3 置位（被 0 除），其他的算术状态位保留不变，原始输入操作数不变。SM1.3 不被置位，所有有关的算术状态位都是算术操作的有效状态。

② 影响允许输出 ENO 正常工作的出错条件是：SM1.1（溢出），SM4.3（运行时间），0006（间接寻址错误）。

例如，乘/除法指令的应用。程序运行结果如图 7.5 所示。

图 7.5　乘/除法指令的应用梯形图

### 7.2.2　数学函数指令

数学函数指令包括平方根、自然对数、指数、三角函数等几个常用的函数指令。除 SQRT 外，数学函数需要 CPU 224 1.0 以上版本支持。

#### 1．平方根/自然对数/指数指令

平方根/自然对数/指数指令格式及功能见表 7.9。

（1）平方根指令 SQRT（Square Root）。平方根指令是把一个双字长（32 位）的实数 IN 开方，得到 32 位的实数运算结果，通过 OUT 指定的存储器单元输出。

（2）自然对数 LN（Natural Logarithm）。自然对数指令将输入的一个双字长（32 位）实数 IN 的值取自然对数，得到 32 位的实数运算结果，通过 OUT 指定的存储器单元输出。

表 7.9　平方根/自然对数/指数指令格式及功能

| LAD | STL | 功　能 |
|---|---|---|
| SQRT<br>— EN　ENO —<br>???? — IN　OUT — ???? | SORT IN, OUT | 求平方根指令<br>SORT（IN）=OUT |
| LN<br>— EN　ENO —<br>???? — IN　OUT — ???? | LN IN, OUT | 求（IN）的自然对数指令<br>LN（IN）=OUT |
| EXP<br>— EN　ENO —<br>???? — IN　OUT — ???? | EXP IN, OUT | 求（IN）的指数指令<br>EXP（IN）=OUT |

当求解以 10 为底的常用对数时，用实数除法指令将自然对数除以 2.302585 即可。（ln10 ≈2.302585）

例如，求以 10 为底，200 的常用对数，200 存于 VD100，结果放到 AC1（应用对数的换底公式求解 $\lg 150 = \dfrac{\ln 150}{\ln 10}$）。梯形图程序如图 7.6 所示。

图 7.6  自然对数和除法应用梯形图

（3）指数指令 EXP（Natural Exponential）。指数指令将一个双字长（32 位）实数 IN 的值取以 e 为底的指数，得到 32 位的实数运算结果，通过 OUT 指定的存储器单元输出。

该指令可与自然对数指令相配合，完成以任意数为底，任意数为指数的计算。可以利用指数函数求解任意函数的 $x$ 次方 $y^x = e^{x\ln y}$。

### 2．三角函数运算指令

三角函数运算指令包括正弦（sin）、余弦（cos）和正切（tan）指令。三角函数运算指令运行时把一个双字长（32 位）的实数弧度值 IN 分别取正弦、余弦、正切，得到 32 位的实数运算结果，通过 OUT 指定的存储器单元输出。三角函数运算指令格式见表 7.10。

表 7.10  三角函数运算指令格式

| LAD | | | STL | 功　能 |
|---|---|---|---|---|
| SIN<br>EN  ENO<br>????– IN  OUT –???? | COS<br>EN  ENO<br>????– IN  OUT –???? | TAN<br>EN  ENO<br>????– IN  OUT –???? | SIN IN, OUT | SIN (IN) = OUT |
| | | | COS IN, OUT | COS (IN) = OUT |
| | | | TAN IN, OUT | TAN (IN) = OUT |

例如，求 65° 的正切值。梯形图程序如图 7.7 所示。

图 7.7  三角函数应用梯形图

### 3．数学函数变换指令对标志位的影响

（1）平方根、自然对数、指数、三角函数运算指令执行的结果影响特殊存储器位：SM1.0（零），SM1.1（溢出），SM1.2（负），SM1.3（被 0 除）。

（2）影响允许输出 ENO 正常工作的出错条件是：SM1.1（溢出），SM4.3（运行时间），0006（间接寻址错误）。

（3）IN、OUT 操作数的数据类型为 REAL。

## 7.2.3　增 1/减 1 计数指令

增 1/减 1 计数器用于自增、自减操作，以实现累加计数和循环控制等程序的编制。梯形图为指令盒格式，增 1/减 1 指令操作数长度可以是字节（无符号数）、字或双字（有符号数）。指令格式见表 7.11。

表 7.11　增 1/减 1 计数指令（字节操作）

| LAD | | | 功　　能 |
|---|---|---|---|
| INC_B<br>EN　ENO<br>????-IN　OUT-???? | INC_W<br>EN　ENO<br>????-IN　OUT-???? | INC_DW<br>EN　ENO<br>????-IN　OUT-???? | 字节、字、双字增 1<br>字节、字、双字减 1<br>OUT ± 1 = OUT |
| DEC_B<br>EN　ENO<br>????-IN　OUT-???? | DEC_W<br>EN　ENO<br>????-IN　OUT-???? | DEC_DW<br>EN　ENO<br>????-IN　OUT-???? | |

### 1．字节增 1/减 1（INC B/DEC B）（Increasement Byte / Decreasement Byte）

字节增 1 指令（INCB），用于使能输入有效时，把一个字节的无符号输入数 IN 加 1，得到一个字节的运算结果，通过 OUT 指定的存储器单元输出。

字节减 1 指令（DEC B），用于使能输入有效时，把一个字节的无符号输入数 IN 减 1，得到一个字节的运算结果，通过 OUT 指定的存储器单元输出。

### 2．字增 1/减 1（INC W/DEC W）

字增 1（INC W）/减 1（DEC W）指令，用于使能输入有效时，将单字长符号输入数 IN 加 1/减 1，得到一个字的运算结果，通过 OUT 指定的存储器单元输出。

### 3．双字增 1/减 1（INC DW/DEC DW）

双字增 1/减 1（INC DW/DEC DW）指令用于使能输入有效时，将双字长符号输入数 IN 加 1/减 1，得到双字的运算结果，通过 OUT 指定的存储器单元输出。

IN、OUT 操作数的数据类型为 DINT。

## 7.2.4　逻辑运算指令

逻辑运算是对无符号数进行的逻辑处理，主要包括逻辑与、逻辑或、逻辑异或和取反等运算指令。按操作数长度可分为字节、字和双字逻辑运算。IN1、IN2、OUT 操作数的数据类型：B、W、DW。字节操作逻辑运算指令格式见表 7.12。

表 7.12　逻辑运算指令格式（字节操作）

| LAD | | | | 功　能 |
|---|---|---|---|---|
| WAND_B<br>EN　ENO<br>????—IN1　OUT—????<br>????—IN2 | WOR_B<br>EN　ENO<br>????—IN1　OUT—????<br>????—IN2 | WXOR_B<br>EN　ENO<br>????—IN1　OUT—????<br>????—IN2 | INV_B<br>EN　ENO<br>????—IN1　OUT—????<br>????—IN2 | 与、或、异或、取反 |

### 1．逻辑与指令 WAND（AND Byte）

逻辑与操作指令包括字节（B）、字（W）、双字（DW）等 3 种数据长度的与操作指令。

逻辑与指令功能：使能输入有效时，把两个字节（字、双字）长的输入逻辑数按位相与，得到一个字节（字、双字）逻辑运算结果，送到 OUT 指定的存储器单元输出。

STL 指令格式分别为：

MOVB　　IN1, OUT;　　　MOVW　　IN1, OUT;　　　MOVD　　IN1, OUT
ANDB　　IN2, OUT;　　　ANDW　　IN2, OUT;　　　ANDD　　IN2, OUT

### 2．逻辑或指令 WOR（OR Byte）

逻辑或操作指令包括字节（B）、字（W）、双字（DW）等 3 种数据长度的或操作指令。

逻辑或指令的功能：使能输入有效时，把两个字节（字、双字）长的输入逻辑数按位相或，得到一个字节（字、双字）逻辑运算结果，送到 OUT 指定的存储器单元输出。

STL 指令格式分别为：

MOVB　IN1, OUT;　　　MOVW　　IN1, OUT;　　　MOVD　IN1, OUT
ORB　　IN2, OUT;　　　ORW　　IN2, OUT;　　　ORD　　IN2, OUT

### 3．逻辑异或指令 WXOR（Exclusive OR Byte）

逻辑异或操作指令包括字节（B）、字（W）、双字（DW）等 3 种数据长度的异或操作指令。

逻辑异或指令的功能：使能输入有效时，把两个字节（字、双字）长的输入逻辑数按位相异或，得到一个字节（字、双字）逻辑运算结果，送到 OUT 指定的存储器单元输出。

STL 指令格式分别为：

MOVB　　IN1, OUT;　　　MOVW　　IN1, OUT;　　　MOVD　　INI, OUT
XORB　　IN2, OUT;　　　XORW　　IN2, OUT;　　　XORD　　IN2, OUT

### 4．取反指令 INV（Invert）

取反指令包括字节（B）、字（W）、双字（DW）等 3 种数据长度的取反操作指令。

取反指令功能：使能输入有效时，将一个字节（字、双字）长的逻辑数按位取反，得到的一个字节（字、双字）逻辑运算结果，送到 OUT 指定的存储器单元输出。

STL 指令格式分别为：

MOVB　IN, OUT;　　　MOVW　IN, OUT;　　　MOVD　IN, OUT
INVB　OUT;　　　　　INVW　OUT;　　　　　INVD　OUT

例如，字或、双字异或、字求反、字节与操作编程举例。梯形图程序如图 7.8 所示。

图 7.8　字或、双字异或、字求反、字节与操作的梯形图

# 7.3　表功能指令

表功能指令用来建立和存取字型的数据表。数据在 S7-200 的表格中的存储格式见表 7.13。

表 7.13　表格中数据的存储格式

| 单 元 地 址 | 单 元 内 容 | 说 明 |
|---|---|---|
| VW200 | 0005 | VW200 为表格的首地址，TL=5 为表格的最大填表数 |
| VW202 | 0004 | 数据 EC=4（EC≤100）为该表中的实际填表数 |
| VW204 | 2345 | 数据 0 |
| VW206 | 5678 | 数据 1 |
| VW208 | 9872 | 数据 2 |
| VW210 | 3562 | 数据 3 |
| VW212 | ＊＊＊＊ | 无效数据 |

## 7.3.1　填表指令 ATT（Add To Table）

填表指令（ATT）用于把指定的字型数据添加到表格中。指令格式见表 7.14。

表 7.14　填表指令格式

| LAD | STL | 功 能 描 述 |
|---|---|---|
| AD_T_TBL<br>EN　ENO<br>????－DATA<br>????－TBL | ATT　DATA, TBL | 当使能端输入有效时，将 DATA 指定的数据添加到表格 TBL 中最后一个数据的后面 |

说明：

（1）该指令在梯形图中有 2 个数据输入端：DATA 为数据输入，指出被填表的字型数据或其地址；TBL 为表格的首地址，用以指明被填表格的位置。

（2）DATA、TBL 为字型数据。

（3）表存数时，新填入的数据添加在表中最后一个数据的后面，且实际填表数 EC 值自动加 1。

（4）填表指令会影响特殊存储器标志位 SM1.4。

（5）影响允许输出 ENO 正常工作的出错条件：SM4.3（运行时间），0006（间接寻址错误），0091（操作数超界）。

例如，将数据（VWl00）=1234 填入表 7.13 中，表的首地址为 VW200。梯形图程序如图 7.9 所示。执行指令结果见表 7.15。

图 7.9　填表指令应用梯形图

表 7.15　ATT 执行结果

| 操 作 数 | 单元地址 | 填表前内容 | 填表后内容 | 注 释 |
|---|---|---|---|---|
| DATA | VW100 | 1234 | 1234 | 待填表数据 |
| TBL | VW200 | 0005 | 0005 | 最大填表数 TL |
| | VW202 | 0004 | 0004 | 最大填表数 EC |
| | VW204 | 2345 | 2345 | 数据 0 |
| | VW206 | 5678 | 5678 | 数据 1 |
| | VW208 | 9872 | 9872 | 数据 2 |
| | VW2010 | 3562 | 3562 | 数据 3 |
| | VW2012 | **** | 1234 | 将 VW100 内容填入表中 |

## 7.3.2　表取数指令

在 S7-200PLC 中，可以将表中的字型数据按先进先出或后进先出的方式取出，送到指定的存储单元。每次取出一个数据，实际填表数 EC 值自动减 1。取数指令的格式见表 7.16。

表 7.16　FIFO、LIFO 指令格式

| LAD | STL | 功 能 描 述 |
|---|---|---|
| FIFO<br>EN　ENO<br>????-TBL DATA-???? | FIFO　TBL, DATA | 当功能端输入有效时，从 TBL 指明的表中移出第一个字型数据，并将该数据输出到 DATA，剩余数据依次上移一个位置 |
| LIFO<br>EN　ENO<br>????-TBL DATA-???? | LIFO　TBL, DATA | 当功能端输入有效时，从 TBL 指明的表中移走最后一个数据，剩余数据位置保持不变，并将此数据输出到 DATA |

（1）两种表取数指令在梯形图上都有 2 个数据端：输入端 TBL 为表格的首地址，用以指明表格的位置，输出端 DATA 指明数值取出后要存放的目标位置。

（2）DATA、TBL 为字型数据。

（3）两种表取数据指令从 TBL 指定的表中取数的位置不同，表内剩余数据变化的方式也不同。但指令执行后，实际填表数 EC 值都自动减 1。

（4）两种表取数据指令都会影响特殊存储器标志位 SM1.5 的内容。

（5）影响允许输出 ENO 正常工作的出错条件：SM4.3（运行时间），0006（间接寻址错误），0091（操作数超界）。

例如，运用 FIFO、LIFO 指令从表 7.13 中取数，并将数据分别输出到 VW400、VW300。程序梯形图如图 7.10 所示。指令执行后的结果情况见表 7.17。

图 7.10　表取数应用梯形图

表 7.17　FIFO、LIFO 指令执行结果

| 操作数 | 单元地址 | 执行前内容 | FIFO 执行后内容 | LIFO 执行后内容 | 注　　释 |
|---|---|---|---|---|---|
| DATA | VW400 | 空 | 2345 | 2345 | FIFO 输出的数据 |
| | VW300 | 空 | 空 | 3562 | LIFO 输出的数据 |
| TBL | VW200 | 0005 | 0005 | 0005 | TL=5 最大填表数不变化 |
| | VW 202 | 0004 | 0003 | 0002 | EC 值由 4 变为 3 再变为 2 |
| | VW204 | 2345 | 5678 | 5678 | 数据 0 |
| | VW206 | 5678 | 9872 | 9872 | 数据 1 |
| | VW 208 | 9872 | 3562 | **** | |
| | VW210 | 3562 | **** | **** | |
| | VW212 | **** | **** | **** | |

### 7.3.3　表查找指令 TBL FIND（Table Find）

表查找指令是从字型数据表中找出符合条件数据在表中的地址编号，编号范围为 0～99。表查找指令的格式见表 7.18。

表 7.18　表查找指令格式

| LAD | STL | 功 能 描 述 |
|---|---|---|
| TBL_FIND<br>EN ENO<br>???? TBL<br>???? PIN<br>???? INDX<br>???? CMD | FND = TBL, PANRN, INDX<br>FND ◇ TBL, PANRN, INDX<br>FND < TBL, PANRN, INDX<br>FND > TBL, PANRN, INDX | 当使能输入有效时，从 INDX 开始搜索表 TBL，寻找符合条件 PTN 和 CMD 的数据 |

说明：

（1）在梯形图中 4 个数据输入端：TBL 为表格首地址，用以指明被访问的表格；PTN 是用来描述查表条件时进行比较的数据；CMD 是比较运算的编码，它是一个 1～4 的数值，分别代表运算符=、<>、<、>；INDX 用来指定表中符合查找条件的数据所在的位置。

（2）TBL、PTN、INDX 为字型数据，CMD 为字节型数据。

（3）表查找指令执行前，应先对 INDX 的内容清零。当使能输入有效时，从数据表的第 0 个数据开始查找符合条件的数据，若没有发现符合条件的数据，则 INDX 的值等于 EC；若找到一个符合条件的数据，则将该数据在表中的地址装入 INDX 中；若找到一个符合条件的数据后，想继续向下查找，必须先对 INDX 加 1，然后重新激活表查找指令，从表中符合条件数据的下一个数据开始查找。

（4）影响允许输出 ENO 正常工作的出错条件：SM4.3（运行时间），0006（间接寻址错误），0091（操作数超界）。

例如，运用表查找指令从表 7.13 中找出内容等于 3562 的数据在表中的位置。梯形图程序见图 7.11 所示。指令的执行结果见表 7.19。

图 7.11　查表指令应用梯形图

表 7.19　表查找指令执行结果

| 操　作　数 | 单元地址 | 执行前内容 | 执行后内容 | 注　　释 |
|---|---|---|---|---|
| PTN | VW300 | 3562 | 3562 | 用来比较的数据 |
| INDX | ACO | 0 | 3 | 符合查表条件的数据地址 |
| CMD | 无 | 1 | 1 | 1 表示为与查找数据相等 |
| TBL | VW200 | 0005 | 0005 | TL = 5 |
| | VW202 | 0004 | 0004 | EL = 4 |
| | VW204 | 2345 | 2345 | D0 |
| | VW206 | 5678 | 5678 | D1 |
| | VW208 | 9872 | 9872 | D2 |
| | VW210 | 3562 | 3652 | D3 |
| | VW212 | ＊＊＊＊ | ＊＊＊＊ | 无效数据 |

## 7.4　转换指令

转换指令是对操作数的类型进行转换，并输出到指定的目标地址中去。转换指令包括数据类型转换指令、数据的编码和译码指令以及字符串类型转换指令。

### 7.4.1　数据类型转换指令

在进行数据的处理时，不同性质的操作指令需要不同数据类型的操作数。数据类型转换指令的功能是将一个固定的数值，根据操作指令对数据类型的需要进行相应的转换。

### 1．BCD 码与整数之间的转换 IBCD，BCDI

BCD 码与整数之间的类型转换是双向的。BCD 码与整数类型转换的指令格式见表 7.20。

说明：

（1）IN、OUT 为字型数据。

**表 7.20　BCD 码与整数类型转换的指令格式**

| LAD | STL | 功　能　描　述 |
|---|---|---|
| BCD_I<br>EN　　ENO<br>????-IN　　OUT-???? | BCDI　OUT | 使能输入有效时，将 BCD 码输入数据 IN 转换成字整数类型，并将结果送到 OUT 输出 |
| LBCD<br>EN　　ENO<br>????-IN　　OUT-???? | IBCD　OUT | 使能输入有效时，将字整数输入数据 IN 转换成 BCD 码类型，并将结果送到 OUT 输出 |

（2）梯形图中，IN 和 OUT 可指定同一元件，以节省元件。若 IN 和 OUT 操作数地址指的是不同元件，在执行转换指令时，分成两条指令来操作：

$$MOV\quad IN\quad OUT$$
$$BCDI\quad OUT$$

（3）若 IN 指定的源数据格式不正确，则 SM1.6 置 1。

（4）数据 IN 的范围是 0～9999。

### 2．字节与字整数之间的转换

字节型数据是无符号数，字节型数据与字整数类型之间转换的指令格式见表 7.21。

**表 7.21　字节型数据与字整数类型转换的指令格式**

| LAD | STL | 功　能　描　述 |
|---|---|---|
| L_B<br>EN　　ENO<br>????-IN　　OUT-???? | BTI　IN,OUT | 使能输入有效时，将字节型输入数据 IN 转换成字整数类型，并将结果送到 OUT 输出 |
| B_I<br>EN　　ENO<br>????-IN　　OUT-???? | ITB　IN,OUT | 使能输入有效时，将字整数输入数据 IN 转换成字节型类型，并将结果送到 OUT 输出 |

说明：

（1）整数转换到字节指令 ITB 中，输入数据的大小为 0～255，若超出这个范围，则会造成溢出，使 SM1.1=1。

（2）影响允许输出 ENO 正常工作的出错条件：SM4.3（运行时间），0006（间接寻址错误）。

（3）IN、OUT 的数据类型一个为双整数，另一个为字节型数据。

### 3．字型整数与双字整数之间的转换

字型整数与双字整数的类型转换指令格式见表 7.22。

说明：

（1）双整数转换为字整数时，输入数据超出范围则产生溢出。

（2）影响允许输出 ENO 正常工作的出错条件：SMl.1（溢出），SM4.3（运行时间），0006（间接寻址错误）。

（3）IN、OUT 的数据类型一个为双整数，另一个为字型数据。

表 7.22　字型整数与双字整数的类型转换指令格式

| LAD | STL | 功　能　描　述 |
|---|---|---|
| DI_I EN ENO ????-IN OUT-???? | DTI　IN, OUT | 使能输入有效时，将双整数输入数据 IN 转换成字整数类型，并将结果送到 OUT 输出 |
| I_DI EN ENO ????-IN OUT-???? | IDT　IN, OUT | 使能输入有效时，将字整数输入数据 IN 转换成双整数类型，并将结果送到 OUT 输出 |

### 4．双字整数与实数之间的转换

双字整数与实数的类型转换指令格式见表 7.23。

表 7.23　双字整数与实数的类型转换指令格式

| LAD | STL | 功　能　描　述 |
|---|---|---|
| ROUND EN ENO ????-IN OUT-???? | ROUND　IN　OUT | 使能输入有效时，将实数型输入数据 IN 转换成双字整数类型，并将结果送到 OUT 输出 |
| TRUNC EN ENO ????-IN OUT-???? | TRUNC　IN　OUT | 使能输入有效时，将 32 位实数转换成 32 位有符号整数输出，只有实数的整数部分被转换 |
| DI_R EN ENO ????-IN OUT-???? | DTR　IN　OUT | 使能输入有效时，将双整数输入数据 IN 转换成实数型，并将结果送到 OUT 输出 |

说明：

（1）ROUND 和 TRUNC 都能将实数转换成双字整数。但前者将小数部分四舍五人，转换为整数，而后者将小数部分直接舍去取整。

（2）将实数转换成双字整数的过程中，会出现溢出现象。

（3）IN、OUT 的数据类型都为双字型数据。

（4）影响允许输出 ENO 正常工作的出错条件：SMl.1（溢出），SM4.3（运行时间），0006（间接寻址错误）。

例如，在控制系统中，有时需要进行单位互换，若把英寸转换成厘米，C10 的值为当前的英寸计数值，1 英寸=2.54cm.（VD4）=2.54。梯形图程序如图 7.12 所示。

图 7.12　转换指令应用梯形图

### 7.4.2　数据的编码和译码指令

在 PLC 中，字型数据可以是 16 位二进制数，也可用 4 位十六进制数来表示，编码过程就是把字型数据中最低有效位的位号进行编码，而译码过程是将执行数据所表示的位号对所指定单元的字型数据的对应位置 1。数据译码和编码指令包括编码、译码、七段显示译码。

#### 1. 编码指令 ENCO（Encode）

编码指令的指令格式见表 7.24。

表 7.24　编码指令的指令格式

| LAD | STL | 功　能 |
|---|---|---|
| ????<br>ENCO<br>EN　ENO<br>????-LEN　OUT-???? | ENCO　IN，OUT | 使能输入有效时，将字型输入数据 IN 的低有效位（值为 1 的位）的位号输入到 OUT 所指定的字节单元的低 4 位。 |

说明：

（1）IN、OUT 的数据类型分别为 W、B。

（2）影响允许输出 ENO 正常工作的出错条件：SM4.3（运行时间），0006（间接寻址错误）。

#### 2. 译码指令 DECO（Decode）

译码指令的指令格式见表 7.25。

说明：

（1）IN、OUT 的数据类型分别为 B、W。

（2）影响允许输出 ENO 正常工作的出错条件：SM4.3（运行时间），0006（间接寻址错误）。

表 7.25　译码指令的指令格式

| LAD | STL | 功 能 描 述 |
|---|---|---|
| DECO<br>EN　ENO<br>????–IN　OUT–???? | DECO　IN, OUT | 使能输入有效时，将字节型输入数据 IN 的低四位所表示的位号对 OUT 所指定的字单元的对应位置 1，其他位复 0 |

### 3．七段显示译码指令 SEG（Segment）

七段显示译码指令的格式见表 7.26。

表 7.26　七段显示码指令的格式

| LAD | STL | 功 能 描 述 |
|---|---|---|
| SEG<br>EN　ENO<br>????–IN　OUT–???? | SEG　IN, OUT | 使能输入有效时，将字节型输入数据 IN 的低四位有效数字产生相应的七段显示码，并将其输出到 OUT 指定的单元 |

说明：

（1）七段显示数码管 g、f、e、d、c、b、a 的位置关系和数字 0～9、字母 A～F 与七段显示码的对应关系见图 7.13 所示。

每段置 1 时亮，置 0 时暗。与其对应的 8 位编码（最高位补 0）称为七段显示码。例如，要显示数据"0"时，七段数码管明暗规则依次为（0111111）$_2$（g 管暗，其余各管亮），将高位补 0 后为（00111111）$_2$。即"0"译码为"（3F）$_{16}$"。

（2）IN、OUT 数据类型为 B。

| IN<br>(LSD) | OUT | IN<br>(LSD) | OUT | IN<br>(LSD) | OUT | IN<br>(LSD) | OUT |
|---|---|---|---|---|---|---|---|
| 0 | 3F | 4 | 66 | 8 | 7E | C | 39 |
| 1 | 06 | 5 | 6D | 9 | 6F | D | 5E |
| 2 | 5B | 6 | 7D | A | 77 | E | 79 |
| 3 | 4F | 7 | 07 | B | 7C | F | 71 |

图 7.13　七段显示数码及对应代码

（3）影响允许输出 ENO 正常工作的出错条件：SM4.3（运行时间），0006（间接寻址错误）。例如，编写实现用七段码显示数字 5 段代码的程序。程序实现见图 7.14 梯形图。

图 7.14　七段码显示译码指令的应用梯形图

程序运行结果为（AC1）=（6D）$_{16}$。

## 4．字符串转换指令

字符串转换指令是将标准字符编码 ASCII 码字符串与十六进制数、整数、双整数及实数之间进行转换。字符串转换的指令格式见表 7.27。

**表 7.27　字符串转换的指令格式**

| LAD | STL | 功　能　描　述 |
|---|---|---|
| ????<br>ATH<br>EN　ENO<br>????─IN　OUT─????<br>????─LED | ATH　IN，OUT，LEN | 使能输入有效时，把从 IN 字符开始，长度为 LEN 的 ASCII 码字符串换成从 OUT 开始的十六进制数 |
| ????<br>HTA<br>EN　ENO<br>????─IN　OUT─????<br>????─LED | HTA　IN，OUT，LEN | 使能输入有效时，把从 IN 字符开始，长度为 LEN 的十六进制数转换成从 OUT 开始的 ASCII 码字符串 |
| ????<br>ITA<br>EN　ENO<br>????─IN　OUT─????<br>????─FMT | ITA　IN，OUT，FMT | 使能输入有效时，把输入端 IN 的整数转换成一个 ASCII 码字符串 |
| ????<br>DTA<br>EN　ENO<br>????─IN　OUT─????<br>????─FMT | DTA　IN，OUT，FMT | 使能输入有效时，把输入端 IN 的双字整数转换成一个 ASCII 码字符串 |
| ????<br>RTA<br>EN　ENO<br>????─IN　OUT─????<br>????─FMT | RTA　IN，OUT，FMT | 使能输入有效时，把输入端 IN 的实数转换成一个 ASCII 码字符串 |

说明：可进行转换的 ASCII 码为 0～9 及 A～F 的编码。例如，编程将 VD100 中存储的 ASCII 代码转换成十六进制数。已知（VB100）=33，（VBl01）=32，（VBl02）=41，（VBl03）=45。设计梯形图如图 7.15 所示。

图 7.15　转换指令应用梯形图

程序运行结果：

执行前：（VB100）=33，（VBl01）=32，（VBl02）=41，（VBl03）=45

执行后：（VB200）=32，（VB201）=AE

# 7.5 中断指令

中断是计算机在实时处理和实时控制中不可缺少的一项技术，应用十分广泛。所谓中断，是当控制系统执行正常程序时，系统中出现了某些急需处理的异常情况或特殊请求，这时系统暂时中断现行程序，转去对随机发生的更紧迫事件进行处理（执行中断服务程序），当该事件处理完毕后，系统自动回到原来被中断的程序继续执行。

中断事件的发生具有随机性，中断在 PLC 应用系统中的人机联系、实时处理、通信处理和网络中非常重要。与中断相关的操作有：中断服务和中断控制。

## 7.5.1 中断源

### 1. 中断源

中断源是中断事件向 PLC 发出中断请求的来源。S7-200 CPU 最多可有 34 个中断源，每个中断源都分配一个编号用于识别，称为中断事件号。这些中断源大致分为三大类：通信中断，输入、输出中断和时基中断。

（1）通信中断。PLC 的自由通信模式下，通信口的状态可由程序来控制。用户可以通过编程来设置通信协议、波特率和奇偶校验等参数。

（2）I/O 中断。I/O 中断包括外部输入中断、高速计数器中断和脉冲串输出中断。外部输入中断是系统利用 I0.0～I0.3 的上升或下降沿产生中断。这些输入点可被用做连接某些一旦发生必须引起注意的外部事件；高速计数器中断可以响应当前值等于预设值、计数方向的改变、计数器外部复位等事件所引起的中断；脉冲串输出中断可以用来响应给定数量的脉冲输出完成所引起的中断。

（3）时基中断。时基中断包括定时中断和定时器中断。定时中断可用来支持一个周期性的活动。周期时间以 1ms 为单位，周期设定时间 5～255ms。对于定时中断 0，把周期时间值写入 SMB34；对定时中断 1，把周期时间值写入 SMB35。每当达到定时时间值，相关定时器溢出，执行中断处理程序。定时中断可以用来以固定的时间间隔作为采样周期，对模拟量输入进行采样，也可以用来执行一个 PID 控制回路。

定时器中断，就是利用定时器来对一个指定的时间段产生中断。这类中断只能使用 1ms 通电和断电延时定时器 T32 和 T96。当所用的当前值等于预设值时，在主机正常的定时刷新中，执行中断程序。

### 2. 中断优先级

在 PLC 应用系统中通常有多个中断源。当多个中断源同时向 CPU 申请中断时，要求 CPU 能将全部中断源按中断性质和处理的轻重缓急进行排队，并给予优先权。给中断源指定处理的次序就是给中断源确定中断优先级。

SIEMENS 公司 CPU 规定的中断优先级由高到低依次是：通信中断，输入、输出中断，定时中断。每类中断的不同中断事件又有不同的优先权。详细内容请查阅 SIEMENS 公司的有关技术规定。

### 7.5.2 中断控制

经过中断判优后，将优先级最高的中断请求送给 CPU，CPU 响应中断后自动保存逻辑堆栈、累加器和某些特殊标志寄存器位，即保护现场。中断处理完成后，又自动恢复这些单元保存起来的数据，即恢复现场。中断控制指令有 4 条，其指令格式见表 7.28。

表 7.28　中断类指令的指令格式

| LAD | STL | 功　能　描　述 |
|---|---|---|
| ——( ENI ) | ENI | 开中断指令，使能输入有效时，全局地允许所有中断事件中断 |
| ——( DISI ) | DISI | 关中断指令，使能输入有效时，全局地关闭所有被连接的中断事件 |
| ATCH / EN ENO / ????—INT / ????—EVNT | ATCH  INT  EVENT | 中断连接指令，使能输入有效时，把一个中断事件 EVENT 和一个中断程序 INT 联系起来，并允许这一中断事件 |
| DTCH / EN ENO / ????—EVNT | DTCH  EVENT | 中断分离指令，使能输入有效时，切断一个中断事件和所有中断程序的联系，并禁止该中断事件 |

说明：

（1）当进入正常运行 RUN 模式时，CPU 禁止所有中断，但可以在 RUN 模式下执行中断允许指令 ENI，允许所有中断。

（2）多个中断事件可以调用一个中断程序，但一个中断事件不能同时连接调用多个中断程序。

（3）中断分离指令 DTCH 禁止中断事件和中断程序之间的联系，它仅禁止某中断事件；全局中断禁止指令 DISI，禁止所有中断。

（4）操作数。

INT　　中断程序号　　0～127（为常数）

EVENT　中断事件号　　0～32（为常数）

例如，编写一段中断事件 0 的初始化程序。中断事件 0 是 I0.0 上升沿产生的中断事件。当 I0.0 有效时，开中断，系统可以对中断 0 进行响应，执行中断服务程序 INTO。梯形图主程序如图 7.16 所示。

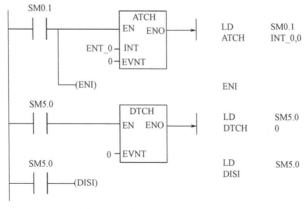

图 7.16　中断程序应用梯形图

### 7.5.3　中断程序

中断程序亦称中断服务程序，是用户为处理中断事件而事先编制的程序，编程时可以用中断程序入口处的中断程序号来识别每一个中断程序。中断服务程序由中断程序号开始，以无条件返回指令结束。在中断程序中，用户亦可根据前面逻辑条件使用条件返回指令，返回主程序。PLC 系统中的中断指令与微机原理中的中断不同，它不允许嵌套。

中断服务程序中禁止使用以下指令：DISI、ENI、CALL、HDEF、FOR/NEXT、LSCR、SCRE、SCRT、END。

## 7.6　高速处理指令

高速处理类指令有高速计数指令和高速脉冲输出指令两类。

### 7.6.1　高速计数指令

高速计数器 HSC（High Speed Counter）在现代自动控制的精确定位控制领域有重要的应用价值。高速计数器用来累计比 PLC 扫描频率高得多的脉冲输入（30kHz），利用产生的中断事件完成预定的操作。

#### 1．S7-200 系列的高速计数器

不同型号的 PLC 主机，高速计数器的数量不同，使用时每个高速计数器都有地址编号（HCn，非正式程序中有时也用 HSCn）。HC（或 HSC）表示该编程元件是高速计数器，n 为地址编号。每个高速计数器包含有两方面的信息：计数器位和计数器当前值。高速计数器的当前值为双字长的符号整数，且为只读值。

S7-200 系列中 CPU 221 和 CPU 222 有 4 个，它们是 HC0、HC3、HC4 和 HC5；CPU 224 和 CPU 226 有 6 个，它们是 HC0～HC5。

#### 2．中断事件类型

高速计数器的计数和动作可采用中断方式进行控制。各种型号的 CPU 采用高速计数器的中断事件大致分为三种方式：当前值等于预设值中断、输入方向改变中断和外部复位中断。所有高速计数器都支持当前值等于预设值中断，但并不是所有的高速计数器都支持三种方式。高速计数器产生的中断事件有 14 个。中断源优先级等详细情况可查阅有关技术手册。

#### 3．工作模式和输入点的连接

（1）工作模式。每种高速计数器有多种功能不相同的工作模式。高速计数器的工作模式与中断事件密切相关。使用一个高速计数器，首先要定义高速计数器的工作模式。可用 HDEF 指令来进行设置。

高速计数器最多有 12 种工作模式。不同的高速计数器有不同的模式。

高速计数器 HSC0、HSC4 有模式 0、1、3、4、6、7、9、10

HSC1 有模式 0、1、2、3、4、5、6、7、8、9、10、11

HSC2 有模式 0、1、2、3、4、5、6、7、8、9、10、11

HSC3、HSC5 只有模式 0。

（2）输入点的连接。在正确使用一个高速计数器时，除了要定义它的工作模式外，还必须注意它的输入端连接。系统为它定义了固定的输入点。高速计数器与输入点的对应关系见表 7.29。

表 7.29　高速计数器的指定输入

| 高速计数器 | 使用的输入端 |
|---|---|
| HSC0 | I0.0、I0.1、I0.2 |
| HSC1 | I0.6、I0.7、I1.0、I1.1 |
| HSC2 | I1.2、I1.3、I1.4、I1.5 |
| HSC3 | I0.1 |
| HSC4 | I0.3、I0.4、I0.5 |
| HSC5 | I0.4 |

使用时必须注意，高速计数器输入点、输入输出中断的输入点都包括在一般数字量输入点的编号范围内。同一个输入点只能有一种功能。如果程序定义了某些输入点由高速计数器使用，只有高速计数器不用的输入点才可以用来作为输入输出中断或一般数字量的输入点。

### 4. 高速计数指令

高速计数指令有两条：HDEF 和 HSC。其指令格式见表 7.30。

表 7.30　高速计数指令的格式

| LAD | STL | 功　能 |
|---|---|---|
| HDEF<br>EN　ENO<br>????–HSC<br>????–MODE | HDEF　HSC　MODE | 高速计数器定义指令，使能输入有效时，为指定的高速计数器分配一种工作模式 |
| HSC<br>EN　ENO<br>????–N | HSC　N | 高速计数器指令，使能输入有效时，根据高速计数器特殊存储器位的状态，并按照 HDEF 指令指定的模式，设置高速计数器并控制其工作 |

说明：

（1）操作数类型。

HSC：　　高速计数器编号　字节型 0~5 的常数

MODE：工作模式　　字节型 0~11 的常数

N：　　　高速计数器编号　字型 0~5 的常数

（2）影响允许输出 ENO 正常工作的出错条件：SM4.3（运行时间），0003（输入冲突），0004（中断中的非法指令），000A（HSC 重复定义），0001（在 HDEF 之前使用 HSC），0005（同时操作 HSC/PLS）。

（3）每个高速计数器都有固定的特殊功能存储器与之配合，完成计数功能。这些特殊功能存储器包括状态字节、控制字节、当前值双字、预设值双字。

例如，将 HSC1 定义为工作模式 11，控制字节（SMB47）=（F8）$_{16}$，预置值（SMD52）

=50，当前值（CV）等于预置值（PV），响应中断事件。因此用中断事件 13，连接中断服务程序 INT_0。初始化梯形图程序如图 7.17 所示。

图 7.17　高速处理指令应用梯形图

## 7.6.2　高速脉冲输出

高速脉冲输出功能是指在 PLC 的某些输出端产生高速脉冲，用来驱动负载，实现高速输出和精确控制。

### 1．高速脉冲输出的方式和输出端子的连接

（1）高速脉冲的输出形式。高速脉冲输出有高速脉冲串输出 PTO 和宽度可调脉冲输出 PWM 两种形式。

高速脉冲串输出 PTO 主要是用来输出指定数量的方波（占空比 50%），用户可以控制方波的周期和脉冲数。

高速脉冲串的周期以 μs 或 ms 为单位，它是一个 16 位无符号数据，周期变化范围 50~65535μs 或 2~65535ms，编程时周期值一般设置成偶数。脉冲串的个数，用双字长无符号数表示，脉冲数取值范围是 1~4294967295 之间。

宽度可调脉冲输出 PWM 主要是用来输出占空比可调的高速脉冲串，用户可以控制脉冲的周期和脉冲宽度。

宽度可调脉冲 PWM 的周期或脉冲宽度以 μs 或 ms 为单位，是一个 16 位无符号数据，周期变化范围同高速脉冲串 PTO。

（2）输出端子的连接。每个 CPU 有两个 PTO/PWM 发生器产生高速脉冲串和脉冲宽度可调的波形，一个发生器分配在数字输出端 Q0.0，另一个分配在 Q0.1。PTO/PWM 发生器和

输出映像寄存器共同使用 Q0.0 和 Q0.1，当 Q0.0 或 Q0.1 设定为 PTO 或 PWM 功能时，PTO/PWM 发生器控制输出，在输出点禁止使用通用功能。输出映像寄存器的状态、强制输出、立即输出等指令的执行都不影响输出波形，当不使用 PTO/PWM 发生器时，输出点恢复为原通用功能状态，输出点的波形由输出映像寄存器来控制。

### 2. 相关的特殊功能寄存器

每个 PTO/PWM 发生器都有 1 个控制字节、16 位无符号的周期时间值和脉宽值各 1 个、32 位无符号的脉冲计数值 1 个。这些字都占有一个指定的特殊功能寄存器，一旦这些特殊功能寄存器的值被设置成所需操作，可通过执行脉冲指令 PLS 来执行这些功能。

### 3. 脉冲输出指令

脉冲输出指令可以输出两种类型的方波信号，在精确位置控制中有很重要的应用。其指令格式见表 7.31。

表 7.31 脉冲输出指令的格式

| LAD | STL | 功　能 |
| --- | --- | --- |
| PLS<br>EN　ENO<br>????-Q0.X | PLS　Q | 脉冲输出指令，当使能端输入有效时，检测用程序设置的特殊功能寄存器位，激活由控制位定义的脉冲操作。从 Q0.0 或 Q0.1 输出高速脉冲。 |

说明：

（1）高速脉冲串输出 PTO 和宽度可调脉冲输出都由 PLS 指令来激活输出。

（2）操作数 Q 为字型常数 0 或 1。

（3）高速脉冲串输出 PTO 可采用中断方式进行控制，而宽度可调脉冲输出 PWM 只能由指令 PLS 来激活。

例如，编写实现脉冲宽度调制 PWM 的程序。根据要求控制字节（SMB77）＝（DB）$_{16}$ 设定周期为 10000ms，脉冲宽度为 1000ms，通过 Q0.1 输出。设计梯形图程序如图 7.18 所示。

图 7.18 高速脉冲输出指令应用梯形图

## 7.7 功能指令的应用实例

### 7.7.1 三相笼型异步电动机星形-三角形启动控制

三相笼型异步电动机星形-三角形启动继电器控制电路在 2.3.2 节已介绍过,如图 2.15 所示。当启动电动机时,按启动按钮 SB2:I0.0,接触器 KM:Q0.0、KM$_Y$:Q0.1 同时得电,KM$_Y$ 的主触点闭合,将电动机接成星形并经过 KM 的主触点接至电源,电动机降压启动。当时间继电器延时 8 秒后,KM$_Y$ 线圈失电,1 秒后,三角形控制接触器 KM$_\triangle$:Q0.2 线圈得电,电动机主回路接成三角形,电动机进入正常运行。按停止按钮 SB1:I0.1,电机停止。用基本指令编制控制梯形图如图 7.19 所示。用传送指令设计的控制梯形图如图 7.20 所示。在图 7.20 中,当 I0.0 ON 后,用传送指令使 Q0.1 和 Q0.0 得电;8 秒后,用传送指令传送 "1" 使 Q0.0 得电,Q0.1 断开;1 秒后,用传送指令传送 5 使 Q0.0、Q0.2 得电;按 I0.1,用传送指令传送 0 使 Q0.0、Q0.1、Q0.2 断电。

图 7.19  控制梯形图一          图 7.20  控制梯形图二

### 7.7.2 霓虹灯的控制

**例 7-1**  有一组霓虹灯 HL1~HL8,要求隔灯显示,每 1 秒变换 1 次,反复进行。用一个开关实现启停控制。

I/O 分配:启动、停止按钮:I0.0,彩灯 HL1~HL8:Q0.0~Q0.7。

控制梯形图程序如图 7.21 所示。在程序中,用了一个二分频电路,一般认为按钮是不自锁的,即短信号,用一个按钮实现启停功能,前面的二分频都可以实现这个功能,用 RS 触发器同样可以实现单按钮启停功能。当然这里可以直接用 I0.0,不过它的启动功能是带自锁的。

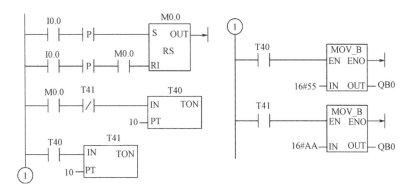

图 7.21  霓虹灯隔灯显示控制梯形图

**例 7-2**  有一组霓虹灯 HL1～HL8，要求能左右单灯循环显示，用一个开关控制循环的启动和停止，另一个开关控制循环方向，循环移动周期为 1 秒。

I/O 分配：启动、停止按钮 I0.0，左右循环按钮：I0.1，彩灯 HL1～HL8：Q0.0～Q0.7。

用循环移位指令编制的控制梯形图如图 7.22 所示。I0.1 控制闪烁电路，也即控制程序的启动与停止；I0.1 控制程序的左右循环；用循环指令实现任意时刻的霓虹灯左右移位。

图 7.22  霓虹灯循环显示控制梯形图

**例 7-3**  有一组霓虹灯 HL1～HL6，当 I0.0 为 ON 时，霓虹灯每隔 1 秒依次点亮 HL1→HL2→HL3→HL4→HL5→HL6→HL5→HL4→HL3→HL2→HL1,反复循环。按停止按钮 I0.1，霓虹灯停止工作。

本控制程序只有两个输入信号 I0.0 和 I0.1,I0.0 启动霓虹灯循环,I0.1 停止霓虹灯工作，而且是任何时刻。霓虹灯 HL1～HL6 输出是 Q0.0～Q0.5。

本控制程序采用乘法和除法运算指令编程，控制梯形图如图 7.23 所示。

在控制程序中，I0.0 启动控制程序，一个周期后，由 Q0.0 点亮 1 秒后来启动控制程序；程序中间的转换由 Q0.5 和 T40 来启动后半段的运行，即由 Q0.5 到 Q0.0 的循环。霓虹灯工作的停止由 I0.1 完成，它控制 M0.0 和 M0.1 的复位，同时通过传送指令使霓虹灯失电。

霓虹灯移动是通过 M0.0 得电后，使 Q0.0 得电，即 Q0.0 为"1"，1 秒后，乘法指令运算一次，1×2=2，Q0.1 为"1"，Q0.0 为"0"；再过 1 秒，乘法指令再运算一次，2×2=4，Q0.2

为"1"，Q0.1 和 Q0.0 为"0"；依次相乘，完成 Q0.0 到 Q0.5 的依次点亮。反向依次点亮由除法运算指令来完成，当 Q0.5 亮时，Q0.5 在输出字数据里相当于十进制的 32，依次相除，完成 Q0.5 到 Q0.0 的依次点亮。在这里可以不要 Q0.5 的线圈置位，因为当前半段使 Q0.5 为"1"后，程序虽然通过跳转指令跳离乘法运算这一段，但是 Q0.5 还是为"1"。这里没有去掉这一条，是为了程序的对称和便于读者理解。

这个控制程序也可以用字节左移和字节右移指令分别来代替乘法和除法指令，程序的其他部分完全一样，程序的运行结果也一样，请读者自己试一试。霓虹灯的闪烁方式很多，这里不再介绍。

图 7.23　霓虹灯正反向依次移动控制梯形图

### 7.7.3　三相步进电机的控制

步进电动机（Stepping Motor）又称为脉冲电动机或阶跃电动机，简称步进电机。步进电机是根据输入的脉冲信号，每改变一次励磁状态就前进一定角度（或长度），若不改变励磁状态，则保持一定位置而静止的电动机。

步进电机可以对旋转角度和转动速度进行高精度控制，所以它的应用十分广泛。例如，用在仪器仪表、机床等设备中都是以步进电机作为其传动核心。

步进电机同普通电机一样，也有转子、定子和定子绕组。定子绕组分若干相，每相的磁极上有极齿，转子在轴上也有若干个齿。当某相定子绕组通电时，相应的两个磁极就分别形成 N-S 极，产生磁场，并与转子形成磁路。如果这时定子的小齿与转子的小齿没有对齐，则在磁场的作用下转子将转动一定的角度，使转子上的齿与定子的极齿对齐。因此它是按电磁铁的作用原理进行工作的，在外加电脉冲信号作用下，一步一步地运转，是一种将电脉冲信号转换成相应角位移的机电元件。

步进电机的种类较多，有单相、双相、三相、四相、五相及六相等多种类型。

三相步进电机有 A、B、C 3 个绕组，按一定的规律给 3 个绕组供电，就能使它按要求的规律转动。比如双向三相六拍步进电机。

正转时步进机 A、B、C 相线圈的通电相序为：

A→AB→B→BC→C→CA→A…

反转时各相线圈通电相序为：

A→AC→C→CB→B→BA→A…

各通电状态转换条件为输入脉冲信号上升沿到来，通电状态由前一状态转换为后一状态，如图 7.24 所示是正转时步进机 A、B、C 相线圈的通电时序图。

**例 7-4** 编制一个正转步进电机控制梯形图，通电时序图如图 7.24 所示。当按下启动按钮时，步进电机转动；按下停止按钮，停止转动。步进电机的步速为 1 步/秒。

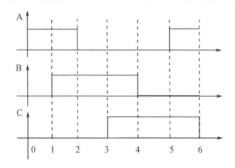

图 7.24 正转时步进机 A、B、C 相线圈的通电时序图

I/O 分配：启动按钮：I0.0，停止按钮：I0.1，A 相：Q0.0，B 相：Q0.1，C 相：Q0.2。

用时间继电器编制控制梯形图如图 7.25 所示。

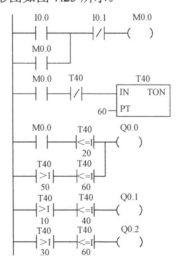

图 7.25 正转步进电机控制梯形图

**例 7-5** 使用 PLC 控制一个三相六拍的步进电机的运行，当按下正转启动按钮时，步进电机进行正转；当按下反转启动按钮时，步进电机进行反转；按下停止按钮时停止转动。步进电机的步速为 1 步/秒。

I/O 分配：停止按钮：I0.0，正转启动按钮：I0.1，反转启动按钮：I0.2

　　A 相线圈：Q0.0，B 相线圈：Q0.1，　　C 相线圈：Q0.2

编制控制梯形图如图 7.26 所示。

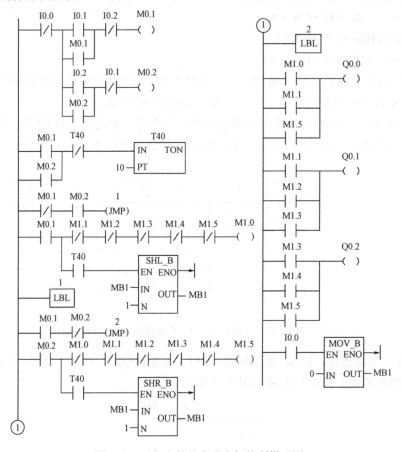

图 7.26　三相六拍的步进电机控制梯形图

这是一个三相六拍的步进电机的控制，由于只有 6 步，很难用循环移位指令来编制程序（如果是四相八拍的步进电机用循环移位指令很容易编制程序），这里采用字节移位指令来编制程序，用字节左移和右移来控制脉冲的循环。大家都知道，一个字节有 8 位，我们只能用其中的 6 位，如 M1.0~M1.5，而且任何时间都是这 6 位在左右移动，即正转和反转可以随时切换，并且是就地切换，而不是从 M1.0 步或 M1.5 步开始。要实现这一点，在这里使用了跳转指令，否则，由于 M1.0 和 M1.5 的线圈在程序中出现，而且与 MB1 字节数据发生冲突，即双线圈现象，S7-200 PLC 的顺序功能指令不支持直接输出（＝）的双线圈操作，如果出现了，左移不会有 M1.5 输出，右移不会出现 M1.0 输出，无法实现同步，这里用跳转指令就可避免这种现象的出现。

M1.0 和 M1.5 的置位，这里采用的是一般线圈输出指令，所以复位用的传送指令，千万不能使用复位指令。当然 M1.0 和 M1.5 置位也可以采用置位指令和传送指令，但是要注意它的复位，否则，移位就不是 1 个数据了。

一般一个步进电机有多种步速，可以用选择开关选择步速，比如通过选择开关把数据传送到数据存储器里，数据存储器里的数据即为时间继电器设定值，定时器产生的脉冲快慢就可以决定步进电机的转速。这里的程序是经过简单的信号灯演示过的，频率快了，无法分辨，所以只选择了步速为1步/秒的速度。

### 7.7.4 四组抢答器程序设计

抢答器是娱乐、竞赛等场所常用的工具，它一般有多个抢答小组，这里设计一个四组抢答器，即有4组选手，一位主持人。主持人有一个开始答题按钮，一个系统复位按钮。如果主持人按下开始答题按钮后，开始计时，时间在数码管上显示，在8秒内仍无选手抢答，则系统超时指示灯亮，此后不能再有选手抢答；如果有人抢答，优先抢到者抢答指示灯亮，同时选手序号在数码管上显示（不再显示时间），其他选手按钮不起作用。如果主持人未按下开始答题按钮，就有选手抢答，则认为犯规，犯规指示灯亮并闪烁，同时选手序号在数码管上显示，其他选手按钮不起作用。所有各种情况，只要主持人按下系统复位按钮后，系统回到初始状态。抢答器的示意图如图7.27所示。

图 7.27 抢答器的示意图

I/O 分配：SB0：I0.0　SB1：I0.1　SB2：I0.2　SB3：I0.3　SB4：I0.4　SB5：I0.5
　　　　　HL1：Q0.1　HL2：Q0.2　HL3：Q0.3　HL4：Q0.4　HL5：Q0.5　HL6：Q0.6
数码管 a：Q1.0　　b：Q1.1　　c：Q1.2　　d：Q1.3　　e：Q1.4　　f：Q1.5　　g：Q1.6
七段码显示指令的编码，每个七段显示码占用一个字节，用它显示一个字符。

根据控制要求编制控制梯形图如图7.28所示。程序要求说明的几点：

（1）启动通过一个 RS 触发器来控制。当没有人抢答的时候，按 I0.0 启动抢答，定时器开始计时，并用数码管显示时间；如果有人违规抢答，必须按复位按钮后，才能启动。

（2）启动后，正常抢答开始，数码管显示时间，一旦有人抢答，立即显示组号，不再显示时间。按开始按钮后，数码管显示时间的程序位于"JMP"和"LBL"之间，一旦有人抢答，程序将无条件跳转。注意，如果不用跳转指令，程序中的七段码指令中的数据 QB1 与 Q1.0～Q1.6 重复，无法显示组号。

（3）七段码指令 SEG 和这里所编制的显示时间的程序的功能有异曲同工之处，只是硬件接线比较复杂。

图 7.28 抢答器的控制梯形图程序

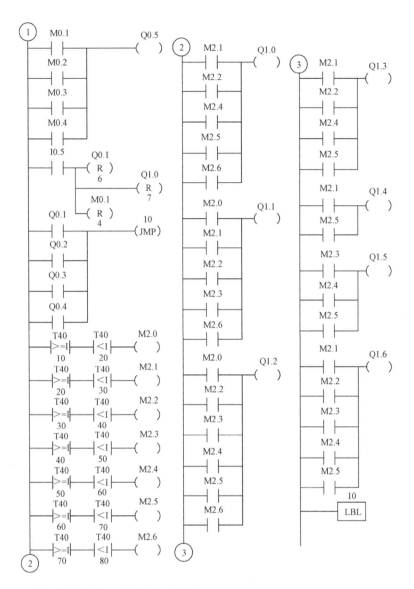

注：①接前页①，本页②接②，③接③。

图 7.28　抢答器的控制梯形图程序（续）

# 本 章 小 结

本章介绍了 SIEMENS 公司 S7-200 系列 CPU 功能指令的格式、操作数类型、功能和使用方法。功能指令在工程实际中应用十分广泛，它是不同型号 PLC 功能强弱的体现。通过学习，应了解特殊功能指令在 PLC 中的实现形式，重点是掌握其中常用指令的梯形图编程方法。

1．数据处理指令包括数据的传送指令，交换、填充指令，移位指令等。

2．运算指令包括算术运算指令和逻辑运算指令，运算指令使 PLC 对数据处理能力大大增强，开拓了 PLC 的应用领域。算术运算对有符号和大小含义的算术进行处理。算术运算类指令包括加法、减法、乘法、除法、增减指令和一些常用的数学函数指令，如平方根、自然对数、三角函数等。逻辑运算指令对无符号和大小含义的逻辑数进行处理。逻辑运算类指令包括逻辑与、逻辑或、逻辑异或和逻辑取反。学会使用这些指令的同时，还应学会结合数学方法灵活运用这些指令，以完成较为复杂的运算任务。

3．表功能指令可以用来方便地建立和存取字类型的数据。表功能指令包括表存数指令、表取数指令和表查找指令等。

4．转换指令是对操作数的类型进行转换，并输出到指定的目标地址中去。转换指令包括数据类型转换指令、数据的编码和译码指令以及字符串类型转换指令。

5．高速处理类指令主要用来实现高速精确定位控制和数据快速处理。它包括高速计数器指令、高速脉冲输出指令。高速计数器可以使 PLC 不受扫描周期的限制，实现对位置、行程、角度、速度等物理量的高精度检测。使用高速脉冲输出，可以完成对步进电机和伺服电机的高精度控制。

6．中断技术在 PLC 的人机联系、实时处理、通信处理和网络中占有重要地位。中断指令的运用，大大增强了 PLC 对可检测的和可预知的突发事件的处理能力。

7．功能指令的应用非常广泛，这里只介绍了部分功能指令的应用，读者可以逐类旁通。

# 习　题　7

7.1　运用算术运算指令完成下列算式的运算。

（1）[(100+200)×10]/3

（2）$6^{78}$。

（3）求 sin65° 的函数值。

7.2　用数据类型转换指令实现 100 英寸转换成厘米。

7.3　编程输出字符 A 的七段显示码。

7.4　编程实现将 VD100 中存储的 ASCII 码字符串 37，42，44，32 转换成十六进制数，并存储到 VW200 中。

7.5　编程实现定时中断，当连接在输入端 I0.1 的开关接通时，闪烁频率减半；当连接在输入端 I0.0 的开关接通时，又恢复成原有的闪烁频率。

7.6　编写一个输入输出中断程序，实现从 0 到 255 的计数。当输入 I0.0 为上跳沿时，程序采用加计数；输入端 I0.0 为下跳沿时，程序采用减计数。

7.7　用高速计数器 HSC1 实现 20kHz 的加计数。当计数值等于 100 时，将当前值清零。用逻辑操作指令编写一段数据处理程序，将累加器 AC0 与 VW100 存储单元数据实现逻辑与操作，并将运算结果存入累加器 AC0。

7.8　写一段程序，将 VB100 开始的 50 个字的数据传送到 VB100 开始的存储区。

7.9　编写一段程序，将 VB0 开始的 256 个字节存储单元清零。

7.10　编写出将字型数据 IW0 的高位字节和低位字节进行数据交换，然后送入定时器 T37 作为定时器预置值的程序段。

7.11　编写一段梯形图程序，要求：

（1）有 20 个字型数据存储在从 VB100 开始的存储区，求这 20 个字型数据的平均值。

（2）如果平均值小于 1000，则将这 20 个数据移到从 VB200 开始的存储区，这 20 个数据的相对位置在移动前后不变。

（3）如果平均值大于等于 1000，则绿灯亮。

7.12 设计一个报时器。要求：

（1）具有整点报时功能。按上、下午区分，1 点和 13 点接通音响 1 次；2 点和 14 点接通音响 2 次，每次持续时间 1s，间隔 1s；3 点和 15 点接通音响 3 次，每次持续时间 1s，间隔 1s，依次类推。

（2）具有随机报时功能。可根据外部设定在某时某分报时，报时时接通一个音乐电路 5s，若不进行复位，可连续报时 3 次，每次间隔 3s。

（3）通过报时方式选择开关，选择上述两种报时功能。

7.13 有 4 组节日彩灯，每组由红、绿、黄 3 盏顺序排放，请实现下列控制要求：

（1）每 0.5s 移动 1 个灯位。

（2）每次亮 1s。

（3）可用 1 个开关选择点亮方式：

① 每次点亮 1 盏彩灯。

② 每次点亮 1 组彩灯。

7.14 以移位指令实现步进电动机正、反转和调速控制。假设以三相三拍步进电动机为例，脉冲序列由 Q1.0～Q1.2 送出，作为步进电动机驱动电源功放电路的输入。程序中采用定时器 T32 为脉冲发生器，设定值为 50～500，定时为 50～500ms，则步进电动机可获得 500～50 步/s 的变速范围。I0.0 为正、反转切换开关（I0.0 为 OFF，正转），I0.2 为启动按钮，I0.3/I0.4 为减速/增速按钮。

7.15 霓虹灯布置如图 7.29 所示，控制要求如下：

（1）当按 I0.0 时，L1 亮，1s 后 L1 灭，L2，L3，L4，L5 亮，1s 后，L2，L3，L4，L5 灭，L6，L7，L8，L9 亮，1s 后灭；反复循环两次。

（2）接着 L1 亮，1s 后 L2，L3，L4，L5 亮，1s 后 L6，L7，L8，L9 亮，1s 后全灭；循环两次。

（3）再接着以 0.5s 的速度依次循环闪烁。L1，L4，L8；L1，L5，L9；L1，L2，L6；L1，L3，L7，逆序两周后，反序两周，依次为 L1，L5，L8；L1，L4，L7；L1，L3，L6；L1，L2，L9，反复两次。

（4）重复上述循环，I0.0 断开时停止。

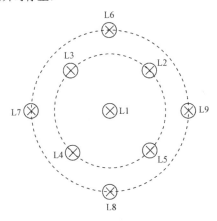

图 7.29 霓虹灯布置示意图

# 第8章 PLC控制系统的应用设计

## 内容提要

本章主要介绍了 PLC 控制系统的总体设计、减少 PLC 输入和输出点数的方法、提高 PLC 控制系统可靠性措施和具体的应用事例。

## 学习要求

建立 PLC 控制系统总体设计的设计思路。

了解 PLC 控制系统设计的基本原则。

掌握减少 PLC 输入/输出点数的方法。

通过机械手控制系统应用设计事例的学习，能够运用所学基本指令以及功能指令，进行 PLC 控制系统的设计。

PLC 已广泛地应用在工业控制的各个领域，由于 PLC 的应用场合多种多样，以 PLC 为主控制器的控制系统越来越多。应当说，在熟悉了 PLC 的基本工作原理和指令系统之后，就可以结合实际进行 PLC 控制系统的应用设计，使 PLC 能够实现对生产机械或生产过程的控制。由于 PLC 的工作方式和通用微机不完全一样，因此，用 PLC 设计自动控制系统与微机控制系统的开发过程也不完全相同，需要根据 PLC 的特点进行系统设计。PLC 控制系统与继电器控制系统也有本质区别，硬件和软件可分开进行设计是 PLC 的一大特点。本章将介绍 PLC 控制系统的硬件设计方面的问题，它包括 PLC 控制系统的总体设计、减少 PLC 输入和输出点数的方法以及提高 PLC 抗干扰的措施。然后介绍一个简单的控制系统设计。

## 8.1 PLC 控制系统的总体设计

PLC 控制系统的总体设计是进行 PLC 应用设计时至关重要的第一步。首先应当根据被控对象的要求，确定 PLC 控制系统的类型。

### 8.1.1 PLC 控制系统的类型

以 PLC 为主控制器的控制系统有以下 4 种控制类型。

#### 1. 单机控制系统

单机控制系统是由 1 台 PLC 控制 1 台设备或 1 条简易生产线，如图 8.1 所示。单机系统构成简单，所需要的 I/O 点数较少，存储器容量小，可任意选择 PLC 的型号。注意：无论目前是否有通信联网的要求，都应当选择有通信功能的 PLC，以适应将来系统功能扩充的需要。

## 2. 集中控制系统

集中控制系统是由 1 台 PLC 控制多台设备或几条简易生产线，如图 8.2 所示。这种控制系统的特点是多个被控对象的位置比较接近，且相互之间的动作有一定的联系。由于多个被控对象通过同 1 台 PLC 控制，因此各个被控对象之间的数据、状态的变化不需要另设专门的通信线路。

图 8.1　单机控制系统　　　　　　　　　　　图 8.2　集中控制系统

集中控制系统的最大缺点是如果某个被控对象的控制程序需要改变或 PLC 出现故障时，整个系统都要停止工作。对于大型的集中控制系统，可以采用冗余系统来克服这个缺点，此时要求 PLC 的 I/O 点数和存储器容量有较大的余量。

## 3. 远程 I/O 控制系统

这种控制系统是集中控制系统的特殊情况，也是由 1 台 PLC 控制多个被控对象，但是却有部分 I/O 系统远离 PLC 主机，如 8.3 所示。

图 8.3　远程 I/O 控制系统

远程 I/O 控制系统适用于具有部分被控对象远离集中控制室的场合。PLC 主机与远程 I/O 通过同轴电缆传递信息，不同型号的 PLC 所能驱动的同轴电缆的长度不同，所能驱动的远程 I/O 通道的数量也不同，选择 PLC 型号时，要重点考察驱动同轴电缆的长度和远程 I/O 通道的数量。

## 4. 分布式控制系统

这种系统有多个被控对象，每个被控对象由 1 台具有通信功能的 PLC 控制，由上位机通过数据总线与多台 PLC 进行通信，各个 PLC 之间也有数据交换，如图 8.4 所示。

分布式控制系统的特点是多个被控对象分布的区域较大，相互之间的距离较远，每台 PLC 可以通过数据总线与上位机通信，也可以通过通信线与其他的 PLC 交换信息。分布式控制系统的最大好处是某个被控对象或 PLC 出现故障时，不会影响其他的 PLC 正常运行。

PLC 控制系统的发展是非常快的，从简单的单机控制系统，到集中控制系统，到分布式控制系统，目前又提出了 PLC 的 EIC 综合化控制系统，即将电气控制（Electric），仪表控制（Instrumentation）和计算机（Computer）控制集成于一体，形成先进的 EIC 控制系统。基于这种控制思想，在进行 PLC 控制系统的总体设计时，要考虑到如何同这种先进性相适应，并有利于系统功能的进一步扩展。

图 8.4　分布式控制系统

### 8.1.2　PLC 控制系统设计的基本原则

PLC 控制系统的总体设计原则是：根据控制任务，在最大限度地满足生产机械或生产工艺对电气控制要求的前提下，运行稳定，安全可靠，经济实用，操作简单，维护方便。

任何一个电气控制系统所要完成的控制任务，都是为满足被控对象（生产控制设备、自动化生产线、生产工艺过程等）提出的各项性能指标，提高劳动生产率，保证产品质量，减轻劳动强度和危害程度，提升自动化水平。因此，在设计 PLC 控制系统时，应遵循的基本原则如下。

#### 1．最大限度地满足被控对象提出的各项性能指标

为明确控制任务和控制系统应有的功能，设计人员在进行设计前，就应深入现场进行调查研究，搜集资料，与机械部分的设计人员和实际操作人员密切配合，共同拟定电气控制方案，以便协同解决在设计过程中出现的各种问题。

#### 2．确保控制系统的安全可靠

电气控制系统的可靠性就是生命线，不能安全可靠工作的电气控制系统，是不可能长期投入生产运行的。尤其是在以提高产品数量和质量，保证生产安全为目标的应用场合，必须将可靠性放在首位。

#### 3．力求控制系统简单

在能够满足控制要求和保证可靠工作的前提下，不失先进性，应力求控制系统结构简单。只有结构简单的控制系统才具有经济性、实用性的特点，才能做到使用方便和维护容易。

#### 4．留有适当的余量

考虑到生产规模的扩大，生产工艺的改进，控制任务的增加，以及维护方便的需要，要充分利用 PLC 易于扩充的特点，在选择 PLC 的容量（包括存储器的容量、机架插槽数、I/O 点的数量等）时，应留有适当的余量。

### 8.1.3　PLC 控制系统的设计步骤

用 PLC 进行控制系统设计的一般步骤可参考图 8.5 所给出的流程。下面就几个主要步骤，做进一步的解释和说明。

图 8.5　PLC 控制系统设计步骤

#### 1．明确设计任务和技术条件

在进行系统设计之前，设计人员首先应该对被控对象进行深入的调查和分析，并熟悉工艺流程及设备性能。根据生产中提出来的问题，确定系统所要完成的任务。与此同时，拟定出设计任务书，明确各项设计要求、约束条件及控制方式。设计任务书是整个系统设计的依据。

#### 2．选择 PLC 机型

目前，国内外 PLC 生产厂家生产的 PLC 品种已达数百个，其性能各有特点，价格也不尽相同。在设计 PLC 控制系统时，要选择最适宜的 PLC 机型，一般应考虑下列因素。

（1）系统的控制目标。设计 PLC 控制系统时，首要的控制目标就是：确保控制系统安全可靠地稳定运行，提高生产效率，保证产品质量等。如果要求以极高的可靠性为控制目标，则需要构成 PLC 冗余控制系统，这时要从能够完成冗余控制的 PLC 型号中进行选择。

（2）PLC 的硬件配置。根据系统的控制目标和控制类型，从众多的 PLC 生产厂中初步选择几个具有一定知名度的公司，如 SIEMENS，OMRON，A-B 等，另一方面，也要征求和听取生产厂家的意见。再根据被控对象的工艺要求及 I/O 系统考虑具体配置问题。

PLC 硬件配置时的主要考虑以下几方面。

① CPU 能力。CPU 的能力是 PLC 最重要的性能指标，在选择机型时，首先要考虑如何配置 CPU，主要从处理器的个数及位数、存储器的容量及可扩展性以及编程元件的能力等方面考虑。

② I/O 系统。PLC 控制系统的输入/输出点数的多少，是 PLC 系统设计时必须知道的参数，由于各个 PLC 生产厂家在产品手册上给出的最大 I/O 点数所表示的确切含义有一些差异，有的表示输入/输出的点数之和，有的则分别表示最大输入点数和最大输出点数。因此要根据实际的控制系统所需要的 I/O 点数，在充分考虑余量的基础上配置输入/输出点。

③ 指令系统。PLC 的种类很多，因此它的指令系统是不完全相同的。可根据实际应用场合对指令系统提出的要求，选择相应的 PLC。PLC 的控制功能是通过执行指令来实现的，指令的数量越多，PLC 的功能就越强，这一点是毫无疑问的。另一方面应用软件的程序结构以及 PLC 生产厂家为方便用户利用通用计算机（IBM-PC 及其兼容机）编程及模拟调试而开发的专用软件的能力也是要考虑的问题。

④ 响应速度。对于以数字量控制为主的 PLC 控制系统，PLC 的响应速度都可以满足要求，不必特殊考虑。而对于含有模拟量的 PLC 控制系统，特别是含有较多闭环控制的系统，必须考虑 PLC 的响应速度。

其他还要考虑工程投资及性能价格比，备品配件的统一性，以及相关的技术培训、设计指导、系统维修等技术支持。

### 3. 系统硬件设计

PLC 控制系统的硬件设计是指对 PLC 外部设备的设计。在硬件设计中，要进行输入设备的选择（如操作按钮、开关及计量保护装置的输入信号等），执行元件的选择（如接触器的线圈、电磁阀的线圈、指示灯等），以及控制台、柜的设计和选择，操作面板的设计。

通过对用户输入、输出设备的分析、分类和整理，进行相应的 I/O 地址分配，在 I/O 设备表中，应包含 I/O 地址、设备代号、设备名称及控制功能，应尽量将相同类型的信号，相同电压等级的信号地址安排在一起，以便于施工和布线，并依此绘制出 I/O 接线图。对于较大的控制系统，为便于软件设计，可根据工艺流程，将所需要的定时器、计数器及内部辅助继电器、变量寄存器也进行相应的地址分配。

### 4. 系统软件设计

对于电气技术人员来说，控制系统软件的设计就是用梯形图编写控制程序，可采用经验设计法或逻辑设计法。对于控制规模比较大的系统，可根据工艺流程图，将整个流程分解为若干步，确定每步的转换条件，配合分支、循环、跳转及某些特殊功能，以便很容易地转换为梯形图设计。对于传统的继电器控制线路的改造，可根据原系统的控制线路图，将某些桥式电路按照梯形图的编程规则进行改造后，直接转换为梯形图。这种方法设计周期短，修改、调试程序简单方便。软件设计可以与现场施工同步进行，以缩短设计周期。程序设计将在第9章重点介绍。

### 5．系统的局部模拟运行

上述步骤完成后，便有了一个 PLC 控制系统的雏形，接着便进行模拟调试。在确保硬件工作正常的前提下，再进行软件调试。在调试控制程序时，应本着从上到下，先内后外，先局部后整体的原则，逐句逐段地反复调试。

### 6．控制系统联机调试

这是最后的关键性一步。应对系统性能进行评价后再做出改进。反复修改，反复调试，直到满足要求为止。为了判断系统各部件工作的情况，可以编制一些短小而针对性强的临时调试程序（待调试结束后再删除）。在系统联调中，要注意使用灵活的技巧，以便加快系统调试过程。

### 7．编制系统的技术文件

在设计任务完成后，要编制系统的技术文件。技术文件一般应包括总体说明、硬件文件、软件文件和使用说明等，随系统一起交付使用。

## 8.2　减少 PLC 输入和输出点数的方法

为了提高 PLC 系统的可靠性，并减少 PLC 控制系统的造价，在设计 PLC 控制系统或对老设备进行改造时，往往会遇到输入点数不够或输出点数不够而需要扩展的问题，当然可以通过增加 I/O 扩展单元或 I/O 模板来解决，但 PLC 的每一 I/O 点的平均价格达数十元，如果不是需要增加很多的点，我们可以对输入信号或输出信号进行一定的处理，节省一些 PLC 的 I/O 点数，使问题得到解决。下面介绍几种常用的减少 PLC 输入和输出点数的方法。

### 8.2.1　减少 PLC 输入点数的方法

#### 1．分时分组输入

自动程序和手动程序不会同时执行，自动和手动这两种工作方式分别使用的输入量可以分成两组输入（见图 8.6 所示）。I1.0 用来输入自动/手动命令信号，供自动程序和手动程序切换之用。图 8.6 中的二极管用来切断寄生电路。假设图中没有二极管，系统处于自动状态，S1、S2、S3 闭合，S4 断开，这时电流从 L+ 端子流出，经 S3、S1、S2 形成的寄生回路流入 I0.1 端子，使输入位 I0.1 错误地变为 ON。各开关串联了二极管后，切断了寄生回路，避免了错误输入的产生。

#### 2．输入触点的合并

如果某些外部输入信号总是以某种"与或非"组合的整体形式出现在梯形图中，可以将它们对应的触点在可编程序控制器外部串、并联后作为一个整体输入可编程序控制器，只占可编程序控制器的一个输入点。

例如，某负载可在多处启动和停止，可以将三个启动信号并联，将三个停止信号串联，分别送给可编程序控制器的两个输入点（见图8.7所示）。与每一个启动信号和停止信号占用一个输入点的方法相比，不仅节约了输入点，还简化了梯形图电路。

图8.6 分时分组输入

图8.7 输入触点的合并

图8.8 将信号设置在PLC之外

**3. 将信号设置在可编程序控制器之外**

系统的某些输入信号，如手动操作按钮、保护动作后需手动复位的电动机热继电器FR的常闭触点提供的信号，可以设置在可编程序控制器外部的硬件电路中（见图8.8）。某些手动按钮需要串接一些安全连锁触点，如果外部硬件连锁电路过于复杂，则应考虑仍将有关信号送入可编程序控制器，用梯形图实现连锁。

以上是一些常见的减少PLC输入点数的方法。PLC的软件功能很强，如果应用PLC的功能指令，还可以设计出多种减少输入点数的方法，这里就不再介绍了。

### 8.2.2 减少PLC输出点数的方法

（1）在PLC的输出功率允许的条件下，通/断状态完全相同的多个负载并联后，可以共用一个输出点，通过外部的或PLC控制的转换开关的切换，一个输出点可以控制两个或多个不同时工作的负载。与外部元件的触点配合，可以用一个输出点控制两个或多个有不同要求的负载。用一个输出点控制指示灯常亮或闪烁，可以显示两种不同的信息。

在需要用指示灯显示PLC驱动的负载（如接触器线圈）状态时，可以将指示灯与负载并联，并联时指示灯与负载的额定电压应相同，总电流不应超过允许的值。可选用电流小、工作可靠的LED（发光二极管）指示灯。可以用接触器的辅助触点来实现PLC外部的硬件连锁。

系统中某些相对独立或比较简单的部分，可以不进PLC，直接用继电器电路来控制，这样同时减少了所需的PLC的输入点和输出点。

（2）减少数字显示所需输出点数的方法。如果直接用数字量输出点来控制多位 LED 七段显示器，所需的输出点是很多的。

在图 8.9 所示电路中，用具有锁存、译码、驱动功能的芯片 CD4513 驱动共阴极 LED 七段显示器，两只 CD4513 的数据输入端 A～D 共用可编程序控制器的 4 个输出端，其中 A 为最低位，D 为最高位。LE 是锁存使能输入端，在 LE 信号的上升沿将数据输入端输入的 BCD 数锁存在片内的寄存器中，并将该数译码后显示出来。如果输入的不是十进制数，显示器熄灭。LE 为高电平时，显示的数不受数据输入信号的影响。显然，$N$ 个显示器占用的输出点数为：$4+N$。

图 8.9　PLC 数字显示电路

如果使用继电器输出模块，应在与 CD4513 相连的可编程序控制器各输出端与"地"之间分别接一个几千欧的电阻，以避免在输出继电器的触点断开时 CD4513 的输入端悬空。输出继电器的状态变化时，其触点可能抖动，因此应先送数据输出信号，待该信号稳定后，再用 LE 信号的上升沿将数据锁存进 CD4513。

如果需要显示和输入的数据较多，可以考虑使用 TD200 文本显示器或其他操作员面板。

# 8.3　提高 PLC 控制系统可靠性的措施

PLC 是专门为工业环境设计的控制装置，一般不需要采取什么特殊措施，就可以直接在工业环境使用。但是如果环境过于恶劣，电磁干扰特别强烈，或安装使用不当，都不能保证系统的正常安全运行。干扰可能使 PLC 接收到错误的信号，造成误动作，或使 PLC 内部的数据丢失，严重时甚至会使系统失控。在系统设计时，应采取相应的可靠性措施，以消除或减少干扰的影响，保证系统的正常运行。

## 8.3.1　PLC 的工作环境

（1）温度：PLC 要求环境温度在 0℃～55℃。安装时不能把发热量大的元件放在 PLC 下面，PLC 四周通风散热的空间应足够大，开关柜上、下部应有通风的百叶窗。

（2）湿度：为了保证 PLC 的绝缘性能，空气的相对湿度一般应小于 85%（无凝露）。

（3）振动：应使 PLC 远离强烈的振动源。可以用减振橡胶来减轻柜内和柜外产生的振动的影响。

（4）空气：如果空气中有较浓的粉尘、腐蚀性气体和盐雾，在温度允许时可以将 PLC 封闭，或者将 PLC 安装在密闭性较好的控制室内，并安装空气净化装置。

## 8.3.2　对电源的处理

电源是干扰进入可编程序控制器的主要途径之一，电源干扰主要是通过供电线路的阻抗耦合产生的，各种大功率用电设备是主要的干扰源。

在干扰较强或对可靠性要求很高的场合，可以在可编程序控制器的交流电源输入端加接带屏蔽层的隔离变压器和低通滤波器（见图 8.10），隔离变压器可以抑制从电源线窜入的外来干扰，提高抗高频共模干扰能力，屏蔽层应可靠接地。

图 8.10　低通滤波器与隔离变压器

在电力系统中，使用 220V 的直流电源（蓄电池）给 PLC 供电，可以显著地减少来自交流电源的干扰，在交流电源消失时，也能保证 PLC 的正常工作；动力部分、控制部分、PLC、I/O 电源应分别配线，隔离变压器与 PLC 和与 I/O 电源之间应采用双绞线连接；外部输入电路用的外接直流电源最好采用稳压电源，那种仅将交流电压整流滤波的电源含有较强的纹波，可能使 PLC 接收到错误的信息。PLC 的供电系统一般采用下列几种方案。

### 1. 使用隔离变压器的供电系统

图 8.11 所示为使用隔离变压器的供电系统图，控制器和 I/O 系统分别由各自的隔离变压器供电，并与主电路电源分开。这样当某一部分电源出了故障时，不会影响其他部分，当输入、输出供电中断时控制器仍能继续供电，提高了供电的可靠性。

图 8.11　使用隔离变压器的供电系统

### 2. 使用 UPS 供电系统

不间断电源 UPS 是电子计算机的有效保护装置，当输入交流电失电时，UPS 能自动切换到输出状态继续向控制器供电。图 8.12 是 UPS 的供电系统图，根据 UPS 的容量在交流电失电后可继续向控制器供电 10～30 分钟。因此对于非长时间停电的系统，其效果更加显著。

### 3. 双路供电系统

为了提高供电系统的可靠性，交流供电最好采用双路，其电源应分别来自两个不同的变电站。当一路供电出现故障时，能自动切换到另一路供电。图 8.13 是双路供电系统图。KV 为欠电压继电器，若先合 A 开关，KV-A 线圈得电，铁芯吸合，其常闭触点断开 B 路，这样完成 A 路供电控制。然后合上 B 开关，而 B 路此时处于备用状态。当 A 路电压降低到整定值时，KV-A 欠压继电器铁芯释放，其触点复位，则 B 路开始供电，以此同时 KV-B 线圈得电，铁芯吸合，其常闭触点 KV-B 断开 A 路，完成 A 路到 B 路的切换。

图 8.12　使用 UPS 供电系统　　　　　　图 8.13　双路供电系统

### 8.3.3　对感性负载的处理

感性负载具有储能的作用，当控制触点断开时，电路中感性负载会产生高于电源电压数倍甚至数十倍的反电动势，触点吸合时，会因触点的抖动而产生电弧，从而对系统产生干扰。PLC 在输入、输出端有感性负载时，应在负载两端并联电容 C 和电阻 R，对于直流输入、输出信号，则并接续流二极管 D，具体电路如图 8.14 所示。图 8.14（a）电路中的 C、R 的选择要适当，一般负载容量在 10VA 以下，选取 C 为 0.1μF，R 为 120Ω；负载容量在 10VA 以上时，选取 C 为 0.47μF，R 为 47Ω较适宜。图 8.14（b）电路中二极管的额定电流选为 1A，反向耐压电压要大于电源电压的 3～4 倍。当 PLC 的输出驱动负载为电磁阀或交流接触器的线圈时，在输出与负载元件之间增加继电器进行隔离，其效果会更好。

（a）交流输入、输出信号干扰

（b）直流输入、输出信号干扰

图 8.14　输入、输出处理电路

通常交流接触器的触点在通断大容量负载电路时会产生电弧干扰，因此可在主触点两端连接由 C、R 组成的浪涌吸收器，如图 8.15 中（A）所示，若电动机或变压器开关干扰时，可在线间采用 C、R 浪涌吸收器，如图 8.15 中（B）所示。

图 8.15　大容量负载电路的处理

### 8.3.4　安装与布线的注意事项

数字量信号一般对信号电缆无严格的要求，可选用一般电缆，信号传输距离较远时，可选用屏蔽电缆。模拟信号和高速信号线（如脉冲传感器、计数码盘等提供的信号）应选择屏蔽电缆。通信电缆对可靠性的要求高，有的通信电缆的信号频率很高（如大于等于 10MHz），一般应选用专用电缆（如光纤电缆），在要求不高或信号频率较低时，也可以选用带屏蔽的多芯电缆或双绞线电缆。

PLC 应远离强干扰源，如大功率晶闸管装置、变频器、高频焊机和大型动力设备等。PLC 不能与高压电器安装在同一个开关柜内，在柜内 PLC 应远离动力线（二者之间的距离应大于 200mm）。与 PLC 装在同一个开关柜内的电感性元件，如继电器、接触器的线圈，应并联 RC 消弧电路。

信号线与功率线应分开走线，电力电缆应单独走线，不同类型的线应分别装入不同的电缆管或电缆槽中，并使其有尽可能大的空间距离，信号线应尽量靠近地线或接地的金属导体。

当数字量输入、输出线不能与动力线分开布线时，可用继电器来隔离输入/输出线上的干扰。当信号线距离超过 300m 时，应采用中间继电器来转接信号，或使用 PLC 的远程 I/O 模块。

I/O 线与电源线应分开走线，并保持一定的距离。如不得已要在同一线槽中布线，应使用屏蔽电缆。交流线与直流线应分别使用不同的电缆，如 I/O 线的长度超过 300m 时，输入线与输出线应分别使用不同的电缆；数字量、模拟量 I/O 线应分开敷设，后者应采用屏蔽线。如果模拟量输入/输出信号距离 PLC 较远，应采用 4~20mA 或 0~10mA 的电流传输方式，而不是易受干扰的电压传输方式。

传送模拟信号的屏蔽线，其屏蔽层应一端接地，为了泄放高频干扰，数字信号线的屏蔽层应并联电位均衡线，其电阻应小于屏蔽层电阻的 1/10，并将屏蔽层两端接地。如果无法设置电位均衡线，或只考虑抑制低频干扰时，也可以一端接地。

不同的信号线最好不用同一个插接件转接，如必须用同一个插接件，要用备用端子或地线端子将它们分隔开，以减少相互干扰。

### 8.3.5　PLC 的接地

良好的接地是 PLC 安全可靠运行的重要条件，PLC 一般应与其他设备分别采用各自独立的接地装置，见图 8.16（a）所示。如果实在做不到，也可以采用公共接地方式，可与其他弱电设备共用一个接地装置，如图 8.16（b）所示。但是，禁止使用串联接地的方式，见图 8.16（c）所示，或者把接地端子接到一个建筑物的大型金属框架上，因为这种接地方式会在各设备间产生电位差，可能会对 PLC 产生不利影响。PLC 接地导线的截面应大于 $2mm^2$，接地电阻应小于 $100\Omega$。

图 8.16　PLC 接地

### 8.3.6　冗余系统与热备用系统

某些过程控制系统，如化学、石油、造纸、冶金、核电站等工业部门中的某些系统，要求控制装置有极高的可靠性。如果控制系统出现故障，由此引起的停产或设备的损坏将造成极大的经济损失。某些复杂的大型生产系统，如汽车装配生产线，只要系统中一个地方出现问题，就会造成整个系统停产，损失可能高达每分钟数万元。仅仅通过提高控制系统的硬件可靠性来满足上述工业部门对可靠性的要求是不可能的。因为 PLC 本身的可靠性的提高有一定的限度，并且会使成本急剧增长。使用冗余（Redundancy）系统或热备用（Hot Back-up）系统能够有效地解决上述问题。

在冗余控制系统中，整个 PLC 控制系统（或系统中最重要的部分，如 CPU 模块）由两套完全相同的"双胞胎"组成。是否使用备用的 I/O 系统取决于系统对可靠性的要求。两块 CPU 模块使用相同的用户程序并行工作，其中一块是主 CPU，另一块是备用 CPU，后者的输出是被禁止的。当主 CPU 失效时，马上投入备用 CPU，这一切换过程是用所谓冗余处理单元 RPU（Redundant Processing Unit）控制的，见图 8.17（a）所示。I/O 系统的切换也是用 RPU 完成的。在系统正常运行时，由主 CPU 控制系统的工作，备用 CPU 的 I/O 映像表和寄存器通过 RPU 被主 CPU 同步刷新。接到主 CPU 的故障信息后，RPU 在 13 个扫描周期内将控制功能切换到备用 CPU。

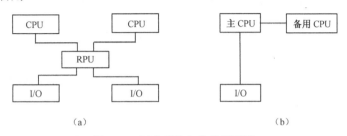

图 8.17　冗余系统与热备用系统

另一类系统没有冗余处理单元 RPU。两台 CPU 用通信接口连在一起，见图 8.17（b）所示。当系统出现故障时，由主 CPU 通知备用 CPU，这一切换过程一般不是太快。这种结构较简单的系统叫做热备用系统。

### 8.3.7 故障的检测与诊断

PLC 的可靠性很高，本身有很完善的自诊断功能，如果出现故障，借助自诊断程序可以方便地找到出现故障的部件，更换它后就可以恢复正常工作。

大量的工程实践表明，PLC 外部的输入、输出元件，如限位开关、电磁阀、接触器等的故障率远远高于 PLC 本身的故障率，而这些元件出现故障后，PLC 一般不能觉察出来，不会自动停机，可能使故障扩大，直至强电保护装置动作后停机，有时甚至会造成设备和人身事故。停机后，查找故障也要花费很多时间。为了及时发现故障，在没有酿成事故之前自动停机和报警，也为了方便查找故障，提高维修效率，可用梯形图程序实现故障的自诊断和自处理。

现代的 PLC 拥有大量的软件资源，如 S7-200 系列 CPU 有几百点存储器位、定时器和计数器，有相当大的余量。可以把这些资源利用起来，用于故障检测。

#### 1. 超时检测

机械设备在各工步的动作所需的时间一般是不变的，即使变化也不会太大，因此可以以这些时间为参考，在 PLC 发出输出信号，相应的外部执行机构开始动作时启动一个定时器定时，定时器的设定值比正常情况下该动作的持续时间长 20%左右。例如，设某执行机构在正常情况下运行 10s 后，它驱动的部件使限位开关动作，发出动作结束信号。在该执行机构开始动作时启动设定值为 12s 的定时器定时，若 12s 后还没有接收到动作结束信号，由定时器的常开触点发出故障信号，该信号停止正常的程序，启动报警和故障显示程序，使操作人员和维修人员能迅速判别故障的种类，及时采取排除故障的措施。

#### 2. 逻辑错误检测

在系统正常运行时，PLC 的输入、输出信号和内部的信号（如存储器位的状态）相互之间存在着确定的关系，如出现异常的逻辑信号，则说明出现了故障。因此，可以编制一些常见故障的异常逻辑关系，一旦异常逻辑关系为 ON 状态，就应按故障处理。例如，某机械运动过程中先后有两个限位开关动作，这两个信号不会同时为 ON。若它们同时为 ON，说明至少有一个限位开关被卡死，应停机进行处理。在梯形图中，用这两个限位开关对应的输入位的常开触点串联，来驱动一个表示限位开关故障的存储器位。

## 8.4 塔架起重机加装夹轨器后的大车行走控制系统的设计

STDQ1800/60 型单臂塔架起重机是我国上世纪 70 年代的产品，它主要由塔架、运行台车架、台车、转盘、人字架、机房、司机室、臂架、吊钩等组成。整个起重机运行机构主要分为 4 大部分：起升机构、变幅机构、旋转机构、大车行走机构。在三峡大坝 120 栈桥上施工的单臂塔架起重机有 4 台，由于三峡地区特殊的地理环境和施工条件，同时也由于 STDQ1800/60 型单臂塔架起重机施工时回转运动的惯性作用，产生了巨大的冲击力常使台车联动轴扭断或减速器固定底盘脱裂。此外，为了增强塔机防风能力，为每台塔机设计并加装了四套夹轨器。

塔机加装了夹轨器后，原有设备大车运行系统的控制逻辑发生了变化，原有的继电-接触器控制系统已无法满足要求，综合可靠性和经济性等方面的考虑，采用 PLC 控制系统来替代原有的继电控制系统。

### 8.4.1 大车行走控制系统

塔架起重机系统的大车运行机构有 4 组独立的台车组件，分别安装在门架端梁的 4 个支承架下方。运行台车组的机构包括：支承架、平衡梁、主动台车、从动台车等。

#### 1. 塔机加装夹轨器前大车运行控制机构

（1）大车行走警声灯，它一共有 4 组，分别安装在塔机台车外侧显眼的地方，通过声音和灯光提醒大家注意安全

（2）拖动大车的电动机及电力液压推杆制动器。拖动大车运行的是 8 台绕线式的异步电动机，采用串电抗启动，制定采用液压推杆制动器，大车运行时启动液压电机，打开制动包扎，大车停止时由弹簧推动推杆进行制动。

（3）拖动电缆卷筒的力矩电动机，用于电缆的收放，由一台力矩电动机拖动。

（4）大车左、右运行设极限限位保护。

#### 2. 塔机加装夹轨器后大车运行控制机构

经过精心设计和调试后的自动液压弹簧式夹轨器焊接在台车端部，与台车连成一个整体。大车运行控制系统就增加了一套液压控制系统，液压控制系统主要由液压泵站、控制夹轨器开钳与夹钳的三位四通电磁阀和开钳到位与夹钳到位限位开关组成。

#### 3. 塔机大车行走控制技术要求和动作过程

大车行走控制的基本要求主要有：

（1）塔机大车的运行采用联动台（司机室内）和现场（控制柜门上）两种操作方式，联动台由主令控制器控制大车运行，现场由转换开关控制大车运行。现场操作时联动台的主令控制器应在零位。同时在两地设有紧急停车按钮。

（2）塔机在停机状态和施工作业阶段夹轨器应与固定轨道保持足够的连接，不会因大风和施工工作产生滑动；在大车需要行走时，夹轨器应可靠打开，以方便塔机在轨道上行走，而且不产生任何阻力，确保大车安全稳定的行走。

（3）大车需要行走时，液压电机启动，带动液压泵给液压油加压，为夹钳的运动提供条件。同时可考虑加装压力开关和进行延时补偿，以缓解压力管的压力和溢流阀的压力，延长设备的使用寿命。通过电磁阀选择液压油的流动方向，以决定夹轨器的开启。在夹轨器可靠的打开或关闭时应停止液压泵电机的工作，以免液压泵电机长时间运行、甚至超载运行烧坏电机。

（4）大车行走时，电力液压推杆制动器应可靠打开，停止行走时，电力液压推杆制动器应延时制动，延时时间不能过长，应根据具体情况而定。

（5）电缆卷筒拖动电机应和大车行走时同时启动，停止时适当延时，务求电缆完全收放，既不能收得太紧，也不能太松。

（6）大车行走警声灯在大车行走前应发出声光信号，提醒附近人员注意安全。

（7）大车控制系统应改为 PLC 控制系统，而且要和原来的控制系统匹配，不再增加司机室的控制主令电器，由于中心受电器的受电环预留有限，不能增加太多新的控制线路。

（8）所有电力及控制电缆必须穿管敷设，中间不能有接头和分支。

根据甲方要求及现场考察的实际情况，归纳并整理塔机大车运行控制技术要求，塔机动作功能描述如下：

（1）PLC上电（包括停电后来电、电动机保护动作后恢复供电、上班送电等）。PLC自检夹钳限位开关的状态，如果检测不到夹轨器可靠夹钳到位信号，PLC将自动启动警声灯和液压站，完成夹钳，这是为了可靠保证塔机和轨道始终连接；检测到夹钳到位信号，则保持夹钳。

（2）大车行走。大车行车指令到，警声灯发出声光信号，延时，液压站电机启动，延时，开钳（电磁阀）动作，夹轨器打开，开钳限位信号回PLC，大车制动器动作，延时，大车电动机和电缆卷筒（力矩电动机）启动，大车行走，电缆卷筒自动收放电缆。

（3）停大车。无行车指令（大车已动），停大车电动机，延时，停大车制动器，延时，停电缆卷筒，夹钳动作，夹钳限位信号回PLC，停液压站和警声灯，零位信号回联动台。

（4）启动过程中，无行车指令（即两地控制开关中途回零位），PLC则根据实际的运行状态，按停车后必须可靠夹钳的原则执行停车过程。

（5）大车行程限位动作。大车按停车动作程序执行，主令控制开关同向操作时无效，反向操作则按行车动作程序执行。

（6）大车的操作应从零位状态下开始才有效。

### 8.4.2 现场控制柜盘面布置

现场控制柜安装在塔吊台车主横梁上方，与上行扶梯临近。图8.18所示为现场控制柜操作面板布置图。

图8.18 控制柜操作面板布置图

面板上面一排为信号灯。当工作人员上班时，按启动按钮，电源指示灯亮，现场控制柜通电，同时轴流风机启动，为PLC等通风降温（为了节省输入点，启动按钮信号不进入PLC，这也是减少输入点的方法）；当司机室主令开关处于零位和大车电机保护正常时，零位指示灯亮；开钳、夹钳指示灯指示夹轨器工作状态。

I0.1接通，司机室和现场都可以按正常程序操作，即完成左、右行走，正常工作过程。I0.2接通，调试开夹钳工作状态，如果I0.7接通，开钳；如果I0.6接通，夹钳。I0.3接通，调试大车运行工作状态，如果I0.7接通，大车左行；如果I0.6接通，大车右行。

控制柜面板下一排有两个按钮，一个为电源启动按钮，为了减少输入点，启动按钮直接接通控制柜电源，为现场操作提供条件；另一个是现场急停（紧急停车）按钮，直接停止供电，所有工作过程结束。

### 8.4.3 PLC 外部接线图及输入/输出端子地址分配

大车行走控制系统所采用的 PLC 是德国西门子公司生产的 S7-200 CPU 224，图 8.19 是 S7-200 CPU 244 输入/输出端子地址分配图和接线图。该控制系统共使用了 14 个输入量，9 个输出量。其中需要说明的是：

图 8.19　PLC 接线图和输入/输出端子分配

（1）I0.0 是 8 台行走电机的热继电器的常闭接点，在正常工作中，只要有一台电机过载，I0.0 的信号就进入 PLC，停止 PLC 的运行。现场有时根据需要也只开 4 台电机，由于塔吊自重超过 800 吨，启动时，电机基本上处于过载状态，使 PLC 无法运行。在这种情况下，可设延时电路躲过，或直接去掉该信号。

（2）I0.4、I0.5 分别是夹钳到位信号和开钳到位信号，它们常用的是常开接点的串联方式，只要有一个夹轨器夹钳或开钳不到位，PLC 都不会执行下一个动作。

（3）I0.6、I0.7 是现场控制柜控制大车右行或左行的控制主令开关信号。I1.3、I1.4 是由司机室通过中心受电环过来的控制大车右行或左行的控制主令开关信号。I1.5 是主令开关零位信号，任何操作都要从零位开始。

（4）I1.0 和 I1.1 是大车左、右行极限限位开关，是保护塔吊不出轨道的终极保护输入信号。

（5）I1.2 是由司机室通过中心受电环过来的急停按钮，现场的急停按钮直接切断控制柜的电源。

（6）零位信号、夹钳和开钳信号控制由变压器降压后的指示灯电路，显示其工作状态；夹钳和开钳（不仅在程序中互锁，而且在硬件电路也互锁）主要去控制 3 位 4 通的电磁阀，控制夹轨器的夹轨和打开。

（7）液压泵电机和电缆卷筒电机的热继电器信号不进 PLC，直接接入控制电路中，同样可以启动保护电机的作用。

（8）大车电机接触器的工作电流比较大，有时需要用中间继电器放大，本案没有作处理。热继电器的信号既进入了 PLC，也在控制回路中直接断开接触器，保护电机。不过在实际工作中，尤其是重载的情况下，这种电路不可取。

### 8.4.4　设计大车行走控制系统程序

设计大车行走控制整体程序如图 8.20 所示。它由三部分组成，位于 JMP1 和 LBL1 之间的程序是大车正常工作时的运行程序，这里称为主程序，执行它的条件是 LK1 置于零位、热继电器不动作，即现场柜处于司机室控制状态，行走电机不超载，同时现场调试程序都不执行；位于 JMP3 和 LBL3 之间的程序是现场控制开钳和夹钳的程序，当 I0.2 闭合，由 I0.7 和 I0.6 决定开钳或夹钳，它主要用来调试夹轨器的状态；位于 JMP4 和 LBL4 之间的程序是现场控制大车左行和大车右行的程序，它的前提条件是夹轨器已开启到位，I0.3 闭合，行走时，电缆卷筒和制动器打开，停止时，5 秒后关制动器，8 秒后停电缆卷筒。这段程序主要用来现场调整大车的位置。

大车的司机室控制程序如图 8.21 所示。这是用经验法编制的程序，看起来比较复杂，其实层次很清晰。这里对位存储信号进行介绍。M0.1 是行车标志信号，不管是现场还是司机室、是左行还是右行；M0.4 是初始化标志信号，主要用来检测夹轨器是否夹钳到位，否则启动夹钳；M0.5 是在无行车信号的状态下，夹钳不到位信号标志；M0.6 是行车警声灯已得电，而液压站没动的标志信号；M0.7 是液压站已动，而延时时间没到的标志信号；M1.0 是正开钳，但是没开到位标志信号；M1.1 是开钳到位，而电缆卷筒没动的标志信号；M0.3 是夹钳到位标志信号；M0.2 是延时 5 秒去控制大车制动的标志信号。知道这些信号的作用后，再去分析程序就简单多了。还有一个问题要注意的是，左、右限位等信号进入 PLC 是常闭接点信号，所以在程序中如果是常开接点的，程序运行时接点处于闭合状态，这是一个基本的概念。大车和电缆卷筒的制动，在这个程序中用的是通电延时定时器，而在整体程序中用的是断电延时定时器，其实用断电时间定时器更方便，更合乎实际。大车和电缆卷筒的制动用断电延时定时器是对断电延时定时器的最好的诠释。

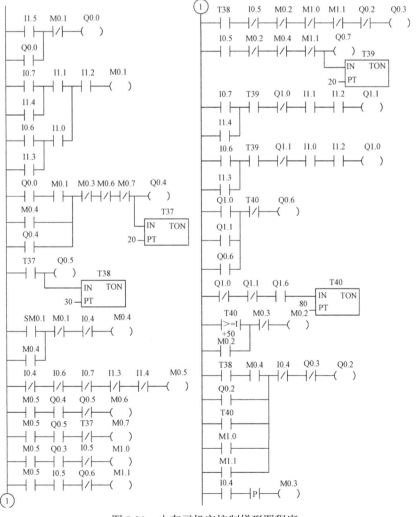

图 8.20　大车运行的整体程序

图 8.21　大车司机室控制梯形图程序

## 8.5 机械手控制系统的应用设计

### 8.5.1 机械手控制系统

机械手的动作示意图如图 8.22 所示，它是一个水平/垂直位移的机械设备，用来将工件由左工作台搬到右工作台。

图 8.22　机械手的动作示意图

#### 1. 工艺过程与控制要求

机械手的全部动作均由液压驱动，而液压缸又由相应的电磁阀控制。其中，上升/下降和左移/右移分别由三位四通电磁阀控制。即当下降电磁阀通电时，机械手下降；当上升电磁阀通电时，机械手才上升；当电磁阀断电时，电磁阀处于中位，机械手停止。同样，左移/右移控制原理相同。机械手的放松/夹紧由一个二位二通电磁阀（称为夹紧电磁阀）控制。当该线圈通电时，机械手夹紧；当该线圈断电时，机械手放松。

为了确保安全，必须在右工作台无工件时才允许机械手下降。若上一次搬运到右工作台上的工件尚未搬走时，机械手应自动停止下降，用光电开关 I0.5 进行无工件检测。

机械手的动作过程如图 8.23 所示。机械手的初始位置在原点，按下启动按钮，机械手将

图 8.23　机械手的动作过程

依次完成下降→夹紧→上升→右移→再下降→放松→再上升→左移 8 个动作。至此，机械手经过 8 步动作完成了一个周期的动作。机械手下降、上升、右移、左移等动作的转换，是由相应的限位开关来控制的，而夹紧、放松动作的转换是由时间继电器来控制的。

机械手的操作方式分为手动操作方式和自动操作方式。自动操作方式又分为步进、单周期和连续操作方式。

（1）手动操作：就是用按钮操作对机械手的每一步运动单独进行控制。例如，当选择上/下运动时，按下启动按钮，机械手下降；按下停止按钮，机械手上升。当选择左/右运动时，按下启动按钮，机械手右移；按下停止按钮，机械手左移。当选择夹紧/放松运动时，按下启动按钮，机械手夹紧；按下停止按钮，机械手放松。

（2）步进操作：每按一次启动按钮，机械手完成一步动作后自动停止。

（3）单周期操作：机械手从原点开始，按一下启动按钮，机械手自动完成一个周期的动作后停止。

（4）连续操作：机械手从原点开始，按一下启动按钮，机械手的动作将自动地、连续不断地周期性循环。在工作中若按一下停止按钮，则机械手将继续完成一个周期的动作后，回到原点自动停止。

### 8.5.2 操作面板布置

图 8.24 为操作面板布置图。

接通 I0.7 是单操作方式。按加载选择开关的位置，用启动/停止按钮选择加载操作，当加载选择开关打到"左/右"位置时，按下启动按钮，机械手右行；若按下停止按钮，机械手左行。用上述操作可使机械手停在原点。

接通 I1.0 是步进方式。机械手在原点时，按下启动按钮，向前操作一步；每按启动按钮一次，操作一步。接通 I1.1 是单周期操作方式。机械手在原点时，按下启动按钮，自动操作一个周期。接通 I1.2 是连续操作方式。机械手在原点时，按下启动按钮，连续执行自动周期操作，当按下停止按钮，机械手完成此周期动作后自动回到原点并不再动作。

图 8.24　操作面板布置图

### 8.5.3 输入/输出端子地址分配

机械手控制系统所采用的 PLC 是德国西门子公司生产的 S7-200 CPU 214，图 8.25 是

S7-200 CPU 214 输入/输出端子地址分配图。该机械手控制系统共使用了 14 个输入量，6 个输出量。

图 8.25　输入/输出端子分配

### 8.5.4　整体程序结构

机械手的整体程序结构如图 8.26 所示。若选择单操作工作方式，I0.7 断开，接着执行单操作程序。单操作程序可以独立于自动操作程序，可另行设计。

在单周期工作方式和连续操作方式下，可执行自动操作程序。在步进工作方式，执行步进操作程序，按一下启动按钮执行一个动作，并按规定顺序进行。

在需要自动操作方式时，中间继电器 M1.0 接通。步进工作方式、单操作工作方式和自动操作方式，都用同样的输出继电器。

### 8.5.5　整体顺序功能流程图

机械手的顺序功能流程图如图 8.27 所示。PLC 上电时，初始脉冲 SM0.1 对状态进行初始复位。当机械手在原点时，将状态继电器 S0.0 置 1，这是第一步。按下启动按钮后，置位状态继电器 S0.1，同时将原工作状态继电器 S0.0 清零，输出继电器 Q0.0 得电，Q0.5 复位，原点指示灯熄灭，执行下降动作。当下降到底碰到下限位开关时，I0.1 接通，将状态继电器 S0.2 置 1，同时将状态继电器 S0.1 清零，输出继电器 Q0.0 复位，Q0.2 置 1，于是机械手停止下降，执行夹紧动作；定时器 T37 开始计时，延时 2s 后，接通 T37 动合触点将状态继电器 S0.3 置 1，同时将状态继电器 S0.2 清零，而输出继电器 Q0.1 得电，执行上升动作。由于 Q0.2 已被置 1，夹紧动作继续执行。当上升到上限位时，I0.2 接通，将状态继电器 S0.4 置 1，同时将状态继电器 S0.3 清零，Q0.1 失电，不再上升，而 Q0.3 得电，执行右行动作。当右行至右限位时，I0.3 接通，Q0.3 失电，机械手停止右行，若此时 I0.5 接通，则将状态继电器 S0.5 置 1，同时将状态继电器 S0.4 清零，而 Q0.0 再次得电，执行下降动作，当下降到底碰到下限位开关时，I0.1 接通，将状态继电器 S0.6 置 1，同时将状态继电器 S0.5 清零，输出继电器 Q0.0 复位，Q0.2 被复位，于是机械手停止下降，执行松开动作；定时器 T38 开始计时，延时 1s 后，接通 T38 动合触点将状态继电器 S0.7 置 1，同时将状态继电器 S0.6 清零，而输出继电器 Q0.1 再次得电，执行上升动作。行至上限位置，I0.2 接通，将状态继电器 S1.0 置 1，同时将状态继电器 S0.7 清零，Q0.1 失电，停止上升，而 Q0.4 得电，执行左移动作。到达左限位，I0.4 接通，将状态继电器 S1.0 清零。如果此时为连续工作状态，M1.0 置 1，即将状态继电器 S0.1 置 1，重复执行自动程序。若为单周期操作方式，状态继电器 S0.0 置 1，则机械手停在原点。

在运行中，如按停止按钮，机械手的动作执行完当前一个周期后，回到原点自动停止。

在运行中，若 PLC 掉电，机械手动作停止。重新启动时，先用手动操作将机械手移回原点，再按启动按钮，便可重新开始自动操作。

图 8.26 机械手的整体程序结构

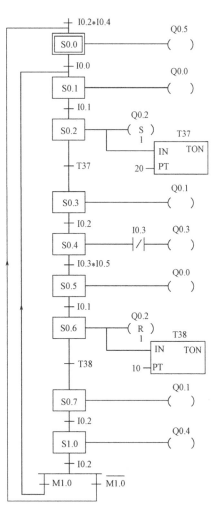

图 8.27 顺序功能流程图

### 8.5.6 实现单操作工作的程序

图 8.28 是实现单操作工作的梯形图程序。为避免发生误动作，插入了一些连锁电路。例如，将加载开关扳到"左右"挡，按下启动按钮，机械手向右行；按下停止按钮，机械手向左行。这两个动作只能当机械手处在上限位置时才能执行（即为安全起见，设上限安全连锁保护）。

将加载选择开关扳到"夹/松"挡，按启动按钮，执行夹紧动作；按停止按钮，松开。

将加载选择开关扳到"上/下"挡，按启动按钮，下降；按停止按钮，上升。

## 8.5.7 自动顺序操作控制程序

根据机械手顺序工作流程图（或称功能图），用部进功能指令编制梯形图如图 8.29 所示。需要说明几点：

（1）PLC 上电，用传送指令复位从 S0.0 开始的一个字，本例中，复位 S0.0～S1.0。

（2）点位置必须是机械手在上限位开关和左限位都闭合的位置，所有的操作必须从原点位置开始。

（3）从顺序功能流程图上看，上升和下降在一个循环周期中出现两次，使用 S7-200 PLC 的顺控指令时不能有双线圈输出，所以在本例中用了位存储器 M2.0、M2.1 来控制 Q0.0 输出，用了位存储器 M2.2、M2.3 来控制 Q0.1 输出。

图 8.28　单操作工作的梯形图程序

图 8.29　机械手自动顺序操作的梯形图

（4）右行到位后由右行限位开关断开右行，然后光电开关检测右工作台无工件时，才进入步 S0.5，机械手开始下降，所以在右行控制梯级中串入了 I0.3 的常闭接点。

（5）由位存储器的状态来决定执行连续或单操作过程。

机械手自动顺序操作也可以用移位寄存器指令来编程，每一步的满足条件作为下一步的启动条件，顺序操作，这里不再列出程序，请读者自行设计。

### 8.5.8　机械手步进操作功能流程图

步进动作是指按下启动按钮一次，动作一次。步进动作功能图与图 8.27 相似，只是每步动作都需按一次启动按钮，如图 8.30 所示。步进操作所用的输出继电器、定时器与其他操作所用的输出继电器、定时器相同。

图 8.30　步进操作功能图

在步进操作功能图中，在每个活动步的后面都加了一个控制启动按钮 I0.0，由于 I0.0 是短信号，所以，如果是一般输出线圈，则与 I0.0 都并联了一个相应输出的线圈常开接点来自锁输出，如下降、上升、右行、左行；如果使用了置位，可以不与 I0.0 并联一个相应输出的线圈常开接点来自锁，但如果本支路带时间继电器，就必须与 I0.0 并联一个相应输出的线圈常开接点来自锁，为时间继电器提供能流，如夹紧；松开梯级由于是复位，所以并联了一个输出的常闭接点，为时间继电器提供能流。

步进操作功能图与自动顺序功能图相似，控制梯形图请参考图 8.29。

# 本 章 小 结

PLC 控制系统的应用设计是学习 PLC 的核心和目的，系统设计是应用设计的关键。主要内容有：

1．根据控制任务的特点，确定 PLC 控制系统的类型。

2．PLC 控制系统的设计原则：根据控制任务，在最大限度地满足生产机械或生产工艺对电气控制要求的前提下，要求运行稳定，安全可靠，经济实用，操作简单，维护方便。

3．PLC 控制系统的主要设计步骤：明确设计任务，制定设计方案，合理选择机型，可靠性分析和设计，应用软件设计，程序分段调试，交付使用。

常用的减少 PLC 输入点数的方法有：分时分组输入，输入触点的合并，将信号设置在可编程序控制器之外等。减少 PLC 输出点数的方法一般有通过外部的或 PLC 控制的转换开关的切换，由一个输出点控制两个或多个不同时工作的负载，系统中某些相对独立或比较简单的部分，可以直接用继电器电路来控制和直接用数字量输出点来控制多位 LED 七段显示器等。

提高 PLC 控制系统可靠性的措施，它包括 PLC 的工作环境、对电源的处理、对感性负载的处理、安装与布线的注意事项、PLC 的接地、冗余系统与热备用系统、故障的检测与诊断等内容。

通过塔架起重机加装夹轨器后的大车行走控制机械手应用的实例对控制系统的设计加以说明。

# 习 题 8

8.1　简述在什么情况下可以采用 PLC 构成控制系统。

8.2　简述 PLC 系统设计的基本原则。

8.3　如何进行 PLC 机型选择？

8.4　如果 PLC 的输入端或输出端接有感性元件，应采取什么措施来保证 PLC 的正常运行？

8.5　简述 PLC 控制系统的一般设计步骤。

8.6　PLC 的可靠性设计包括哪些内容？

8.7　简述冗余设计的类型及作用。

8.8　简述 PLC 控制系统中的接地线及作用。

8.9　某控制系统有 8 个限位开关（SQ1～SQ8）供自动程序使用、有 6 个按钮（SB1～SB6）供手动程序使用、有 4 个限位开关（SQ9～SQ12）供自动和手动两个程序公用，有 5 个接触器线圈（KM1～KM5）。能否使用 CPU224 型的 PLC？如果能，请画出相应的硬件接线图。

8.10　试比较各种输入扩展法的优点和缺点。

8.11　某锅炉的鼓风机和引风机的控制时序图如图 8.31 所示，要求鼓风机比引风机晚 10s 启动，引风机比鼓风机晚 18s 停机，请设计梯形图控制程序。

8.12　进行鼠笼型电动机的可逆运行控

图 8.31　控制时序图

制，要求：

（1）启动时，可根据需要选择旋转方向。

（2）可随时停车。

（3）需要反向旋转时，按反向启动按钮，但是必须等待 6s 后才能自动接通反向旋转的主电路。

8.13 如图 8.32 所示，试设计一个油循环控制系统，要求：

（1）按下启动按钮 SB1 后，泵 1、泵 2 通电运行，由泵 1 将油从循环槽打入淬火槽，经沉淀槽，再由泵 2 打入循环槽，运行 15min 后，泵 1、泵 2 停。

（2）在泵 1、泵 2 运行期间，如果沉淀槽的水位到达高水位，液位传感器 SL1 接通，此时泵 1 停，泵 2 继续运行 1min。

（3）在泵 1、泵 2 运行期间，如果沉淀槽的水位到达低水位，液位传感器 SL2 由接通变为断开，此时泵 2 停，泵 1 继续运行 1min。

（4）当按下停止按钮 SB2 时，泵 1、泵 2 同时停。

8.14 如图 8.33 所示，试设计一个粉末冶金制品压制机控制系统，要求：装好粉末后，按下启动按钮 SB1，冲头下行，将粉末压紧后，压力继电器 KA 动作（其动合触点闭合），延时 5s 后，冲头上行，至 SQ1 处停止后，模具下行，至 SQ3 处停止；操作工人取走成品后，按下 SB2 按钮，模具上行至 SQ2 处停止，系统回到初始状态。

图 8.32                    图 8.33

可随时按下紧急停止按钮 SB3，使系统停车。

8.15 某专用钻床如图 8.34 所示。用来加工圆盘状零件上均匀分布的 6 个孔。操作人员放好工件后，按下启动按钮 I0.0，Q0.0 变为 ON，工件被夹紧，夹紧后压力继电器 I0.1 为 ON，Q0.1 和 Q0.3 两只钻头开始向下进给。大钻头钻到由限位开关 I0.2 设定的深度时，Q0.2 使它上升，升到由限位开关 I0.3 设定的起始位置时停止上行，小钻头钻到由限位开关 I0.4 设定的深度时，Q0.4 使它上升，升到由限位开关 I0.5 设定的起始位置时停止上行，同时设定值为 3 的计数器 C0 的当前值加 1。两个都到位后，Q0.5 使工件旋转 120°，旋转到位时 I0.6 为 ON，旋转结束后又开始钻第 2 对孔。3 对孔

图 8.34 专用钻床示意图

都钻完后，计数器的当前值等于设定值 3，转换条件 C0 满足。Q0.6 使工件松开，松开到位时，限位开关 I0.7 为 ON，系统返回初始状态。

# 第9章　PLC 的梯形图程序设计方法及应用实例

**内容提要**

　　PLC 的梯形图程序设计法是目前使用较广泛的一种设计方法,故本章重点介绍 PLC 梯形图的经验设计法及应用、梯形图的逻辑设计法及应用、梯形图的翻译设计法及应用和梯形图的程序控制设计法及应用。

**学习要求**

　　掌握 PLC 梯形图程序设计法。

　　了解 PLC 梯形图四种设计法应用的优缺点。

　　熟练掌握 PLC 的梯形图的顺序控制设计法,能够利用此法根据具体问题画出顺序功能图,然后画出梯形图。

　　程序设计也就是上一章所指的软件设计,PLC 的程序设计是 PLC 应用最关键的问题,也是整个电气控制的设计核心。由于 PLC 所有的控制功能都是以程序的形式来体现,故大量的工作时间将用在程序设计上。PLC 的程序设计方法通常有经验设计法、逻辑设计法、翻译法和顺序功能设计法。本章就这几种设计方法和应用加以说明。

## 9.1　PLC 梯形图的经验设计法及应用

　　在 PLC 发展的初期,沿用了设计继电器电路图的方法来设计比较简单的 PLC 的梯形图,即在一些典型电路的基础上,根据被控对象对控制系统的具体要求,不断地修改和完善梯形图。有时需要多次反复地调试和修改梯形图,增加一些中间编程元件和触点,最后才能得到一个较为满意的结果。

　　这种 PLC 梯行图的设计方法没有普遍的规律可以遵循,具有很大的试探性和随意性,最后的结果不是惟一的,设计所用的时间、设计的质量与设计者的经验有很大的关系,所以有人把这种设计方法叫做经验设计法,它可以用于较简单的梯形图(如手动程序)的设计。

　　梯形图的经验设计法是目前使用比较广泛的一种设计方法,该方法的核心是输出线圈,这是因为 PLC 的动作就是从线圈输出的(可以称为面向输出线圈的梯形图设计方法)。以下是一些经验设计法的基本步骤。

　　(1)分解控制功能,画输出线圈梯级。根据控制系统的工作过程和工艺要求,将要编制的梯形图程序分解成独立的子梯形图程序。以输出线圈为核心画输出位梯级图,并画出该线圈的得电条件、失电条件和自锁条件。在画图过程中,注意程序的启动、停止、连续运行、选择性分支和并发分支。

　　(2)建立辅助位梯级。如果不能直接使用输入条件逻辑组合作为输出线圈的得电和失电条件,则需要使用工作位、定时器或计数器以及功能指令的执行结果作为条件,建立输出线圈的得电和失电条件。

（3）画互锁条件和保护条件。互锁条件是可以避免同时发生互相冲突的动作，保护条件可以在系统出现异常时，使输出线圈动作，保护控制系统和生产过程。

在设计梯形图程序时，要注意先画基本梯形图程序，当基本梯形图程序的功能能够满足要求后，再增加其他功能。在使用输入条件时，注意输入条件是电平、脉冲还是边沿。调试时要将梯形图分解成小功能块调试完毕后，再调试全部功能。

经验设计法具有设计速度快等优点，但是在设计问题变得复杂时，难免会出现设计漏洞。下面先介绍经验设计法中常用的一个基本电路，然后再介绍几个程序设计实例。

### 9.1.1 启动、保持和停止电路

图 9.1 所示是异步电动机单向全压启动控制电路，图 9.2 所示是 PLC 控制系统的控制梯形图程序，我们称为启动、保持和停止电路（简称为起、保、停电路），它是经验设计法的一个模型电路。图 9.2（a）中的启动信号 I0.2 和停止信号 I0.1（例如启动按钮 SB2 和停止按钮 SB1 提供的信号）持续为 ON 的时间一般都很短，这种信号称为短信号。起保停电路最主要的特点是具有"记忆"功能，按下启动按钮，I0.2 的常开触点接通，如果这时未按停止按钮和过载保护没有动作，I0.1 和 I0.0 的常闭触点接通，Q0.0 的线圈"通电"，它的常开触点同时接通。放开启动按钮，I0.0 的常开触点断开，"能流"经 Q0.0 的常开触点和 I0.1 和 I0.0 的常闭触点流过 Q0.0 的线圈，Q0.0 仍为 ON，这就是所谓的"自锁"或"自保持"功能。按下停止按钮或过载保护动作，I0.1 或 I0.0 的常闭触点断开，使 Q0.0 的线圈"断电"，其常开触点断开，以后即使放开停止按钮和过载保护不动作，I0.1 和 I0.0 的常闭触点恢复接通状态，Q0.0 的线圈仍然"断电"。去掉过载保护触点 I0.0，标准的起、保、停电路如图 9.2（b）所示，这也是经验法编程的模型电路。这种功能也可以用 S 和 R 指令来实现。

图 9.1 单向全压启动控制电路

图 9.2 单向全压启动控制电路梯形图

### 9.1.2 运货小车的自动控制

#### 1. 运货小车的工艺过程

运货小车在限位开关 SQ0 装料（见图 9.3）10s 后，装料结束。开始右行碰到限位开关

SQ1 后，停下来卸料，15s 后左行，碰到 SQ0 后，停下来卸料，10s 后又开始右行，碰到限位开关 SQ1 后，继续右行，直到碰到限位开关 SQ2 后停下卸料，15s 后又开始左行，这样不停地循环工作，直到按下停止按钮 SB0，小车还设有右行和左行的启动按钮 SB1 和 SB2。

图 9.3　运货小车示意图

## 2．程序设计

（1）输入/输出点地址分配。

| | |
|---|---|
| 停止按钮 SB0 | I0.0 |
| 右行启动按钮 SB1 | I0.1 |
| 左行启动按钮 SB2 | I0.2 |
| 限位开关 SQ0 | I0.3 |
| 限位开关 SQ1 | I0.4 |
| 限位开关 SQ2 | I0.5 |
| 小车右行 | Q0.0 |
| 小车左行 | Q0.1 |
| 小车装料 | Q0.2 |
| 小车卸料 | Q0.3 |

（2）在电动机正反转控制的梯形图的基础上，设计出小车控制梯形图如图 9.4 所示。

图 9.4　小车控制梯形图

### 3．程序说明

为使小车自动停止，将 I0.5 和 I0.3 的常闭触点分别与 Q0.0 和 Q0.1 的线圈串联。为使小车自动启动，将控制装、卸料延时的定时器 T37 和 T38 的常开触点，分别与手动右行和左行的 I0.1、I0.2 的常开触点并联，并用限位开关对应的 I0.3、I0.4 和 I0.5 的常开触点分别接通装料、卸料电磁阀和相应的定时器。

设小车在启动时是空车，按下左行启动按钮 I0.2，小车开始左行，碰到 SQ0 时，I0.3 的常闭触点断开，使 Q0.1 的线圈"断电"，小车停止左行。I0.3 的常开触点接通，使 Q0.2 和 T37 的线圈"通电"，开始装料和延时。10s 后 T37 的常开触点闭合，使 Q0.0 的线圈"通电"，小车右行。小车在第一次碰到 I0.4 和碰到 I0.5 时都应停止右行，所以将它们的常闭触点与 Q0.0 的线圈串联。其中 I0.4 的触点并联了中间环节 M0.0 的触点，使 I0.4 停止右行的作用受到 M0.0 的约束，M0.0 的作用是记忆 I0.4 是第几次被碰到，它只在小车第二次右行经过 I0.4 时起作用。为了利用 PLC 已有的输入信号，用起保停电路来控制 M0.0，它的启动条件和停止条件分别是小车碰到限位开关 I0.4 和 I0.5，即 M0.0 在图 9.3 中虚线所示的行程内为"1"状态，在这段时间内它的常开触点将 Q0.0 控制电路中 I0.4 的常闭触点短接，因此小车第二次经过 I0.4 时不会停止右行。小车第一次碰到 I0.4 或第二次碰到 I0.5 时，小车停下来卸料，为了实现两处卸料，将 I0.5 和 I0.4 的触点并联后驱动 Q0.3 和 T38，15s 后小车左行。如果小车正在运行时按停止按钮 I0.0，小车将停止运动，系统停止工作。

但在实际调试时发现小车从 I0.5 开始左行，经过 I0.4 时 M0.0 也被置位，使小车下一次右行到达 I0.4 时无法停止运行，因此在 M0.0 的启动电路中串入 Q0.1 的常闭触点。另外还发现小车往返经过 I0.4 时，虽然不会停止运动，但是出现了短暂的卸料动作，将 Q0.1 和 Q0.0 的常闭触点与 Q0.3 的线圈串联，就可解决这个问题。

系统在装料和卸料时按停止按钮不能使系统停止工作，请读者考虑怎样解决这个问题。

## 9.1.3 交通指挥信号灯的控制

### 1．控制开关

信号灯受一个启动开关控制。当启动开关接通时，信号灯系统开始工作，且先南北红灯亮，东西绿灯亮；当启动开关断开时，所有信号灯都熄灭。

### 2．控制要求

（1）南北绿灯和东西绿灯不能同时亮。如果同时亮应关闭信号灯系统，并立即报警。

（2）南北红灯亮维持 25s。在南北红灯亮的同时东西绿灯也亮，并维持 20s。20s 时，东西绿灯闪亮，闪亮 3s 后熄灭。在东西绿灯熄灭时，东西黄灯亮，并维持 2s。到 2s 时，东西黄灯熄灭，东西红灯亮。同时，南北红灯熄灭，南北绿灯亮。

（3）东西红灯亮维持 30s。南北绿灯亮维持 25s，然后闪亮 3s，再熄灭。同时南北黄灯亮，维持 2s 后熄灭，这时南北红灯亮，东西绿灯亮。

（4）周而复始，循环往复。

根据控制要求可知，这是一个时序逻辑控制系统。图 9.5 是其时序图。

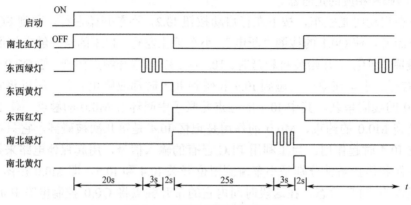

图 9.5　交通指挥信号灯时序图

### 3．输入/输出地址分配

根据时序图，交通信号灯输入/输出地址分配为：

| | | | |
|---|---|---|---|
| 启动按钮： | I0.0 | 警灯： | Q0.0 |
| 南北红灯： | Q0.1 | 东西绿灯： | Q0.2 |
| 南北绿灯： | Q0.5 | 东西黄灯： | Q0.3 |
| 南北黄灯： | Q0.6 | 东西红灯： | Q0.4 |

### 4．程序设计及说明

根据控制要求和 I/O 地址分配，编制的交通灯控制梯形图如图 9.6 所示。需要说明的有以下几点：

（1）本控制程序采用时间继电器和计数器进行编程，并且在每一个循环周期中，全部时间继电器都处于受控状态，只是在一个循环周期结束的瞬间才全部复位，复位时间为一个扫描周期。计数器也是在一个周期后由 T40 复位，如果是中途，由 I0.0 的断开脉冲复位。

（2）在程序中使用了两个闪烁电路，输出一个先 OFF0.5 秒，再 ON0.5 秒的周期性振荡波，完成绿灯的 3 次闪烁，包括绿灯的一次常亮，共 4 次计数。并且振荡与 T37（T39）定时到同步。闪烁电路由 T33、T34（T35、T36）构成，M0.1（M0.2）作为输出。如果想简单一些，可以用 SM0.5 代替，但不能保证绿灯常亮之后，停 0.5 秒后再亮，原因是机控特殊继电器无法与现场控制设备要求的时间同步。

（3）本控制程序在南北绿灯和东西绿灯同时亮。由 Q0.0 报警，在程序中没有显示要关闭信号灯系统，要做到这一点，可以在程序的第一行加入 Q0.0 的常闭接点。

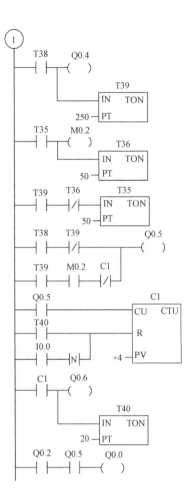

图 9.6 交通指挥信号灯控制梯形图程序

## 9.2 梯形图的逻辑设计法及应用

　　逻辑设计方法的理论基础是逻辑代数，而继电器控制系统的本质是逻辑线路。看一个电器控制线路都会发现，线路的接通和断开，都是通过继电器等元件的触点来实现的，故控制线路的种种功能必定取决于这些触点的开、合两种状态。因此电控线路从本质上说是一种逻辑线路，它符合逻辑运算的基本规律。

　　PLC 是一种新型的工业控制计算机，在某种意义上我们可以说 PLC 是"与"、"或"、"非"三种逻辑线路的组合体。而 PLC 的梯形图程序的基本形式是与、或、非的逻辑组合。它们的工作方式及其规律完全符合逻辑运算的基本规律。因此，用变量及其函数只有"0"、"1"两种取值的逻辑代数作为研究 PC 应用程序的工具就是顺理成章的事了。

　　例如，三相异步电动机的启/停继电控制电路（见图 9.1）和梯形图（见图 9.2）的逻辑代数分别为：

$$f(km) = (SB2 + KM) \cdot \overline{SB1} \cdot \overline{FR}$$

$$f(Q0.0) = (I0.2 + Q0.0) \cdot \overline{I0.1} \cdot \overline{I0.0}$$

用逻辑设计法对 PLC 组成的电控系统进行设计一般可分为下面几步。

首先明确控制任务和控制要求。通过分析工艺过程绘制工作循环和检测元件分布图，取得电气元件执行功能表。

其次是详细绘制电控系统的状态转换表。通常它由输出信号状态表、输入信号状态表、状态主令表和中间记忆装置状态表四个部分组成。状态转换表全面、完整地展示了电控系统各部分、各时刻的状态和状态之间的联系及转换，非常直观，对建立电控系统的整体联系，动态变化的概念有很大帮助，是进行电控系统分析和设计的有效工具。

有了状态转换表，便可进行电控系统的逻辑设计。包括列写中间记忆元件的逻辑函数式和列写执行元件（输出端点）的逻辑函数式两个内容。这两个函数式组，既是生产机械或生产过程内部逻辑关系和变化规律的表达形式，又是构成电控系统实现控制目标的具体程序。

PLC 程序的编制就是将逻辑设计结果转化。PLC 作为工业控制机，逻辑设计的结果（逻辑函数式）能够很方便的过渡到 PLC 程序，特别是语句表达式。当然，如果设计者需要由梯形图程序作为一种过渡，或者选用的 PLC 的编程器具有图形输入的功能，则也可以首先由逻辑函数式转化为梯形图程序。程序的完善和补充是逻辑设计法的最后一步，包括手动调整工作方式的设计，手动与自动工作方式的选择，自动工作循环，保护措施等。

### 9.2.1 集选电梯外呼信号停站控制

集选三层电梯的示意图如图 9.7 所示。三层电梯的限位开关分别为 SQ1、SQ2、SQ3。一层的向上呼按钮 SB11，二层的向下呼按钮 SB22，二层的向上呼按钮 SB12，三层的向下呼按钮 SB23。

图 9.7 三层电梯地址分配和示意图

1. 三层电梯动作控制要求

（1）当电梯位于 1 层或 2 层时，若按 3 层的向下外呼按钮 SB23，则电梯上升到 3 层，由行程开关 SQ3 停止电梯上升。

（2）当电梯位于 1 层时，若按 2 层的向上外呼按钮 SB12，则电梯上升到 2 层，由行程开关 SQ2 停止电梯上升。

（3）当电梯位于 2 层或 3 层时，若按 1 层的向上外呼按钮 SB11，则电梯下降到 1 层，由行程开关 SQ1 停止电梯下降。

（4）当电梯位于 3 层时，若按 2 层的向下外呼按钮 SB22，则电梯下降到 2 层，由行程开关 SQ2 停止电梯下降。

（5）当电梯位于 3 层时，若按 2 层的向下外呼按钮 SB22，此时 3 层的向下外呼按钮 SB23 不按，则电梯上升到 2 层，行程开关 SQ2 停止电梯上升。

（6）当电梯位于 3 层时，若下方仅出现 2 层的向上外呼信号 SB12，即 1 层的向上外呼按钮 SB11 不按，则电梯下降到 2 层，由行程开关 SQ2 停止电梯下降。

（7）电梯在上升途中，不允许下降。

（8）电梯在下降途中，不允许上升。

2．根据控制要求，三层电梯输入点和输出点对应分配如下。

3．下面我们逐条对上面的动作要求（1）～（8）用逻辑设计法进行设计：

对（1）：这条输出为电梯上升，用输出继电器 Q0.0 表示。其进入条件是 SB23 呼叫，且电梯位于 1 层或 2 层。分别用 SQ1 或 SQ2 表示 1 层或 2 层停的位置。

进入条件表示为：$(SQ1+SQ2)\cdot SB23$，退出条件是 SQ3 动作。

因此 Q0.0 的逻辑方程为：

$$f(Q0.1)=[(SQ1+SQ2)\cdot SB23+Q0.1]\cdot \overline{SQ3}$$

对（2）：这条输出也是电梯上升，进入条件为 $SQ1\cdot SB12$，退出条件为 SQ2 动作。因此，Q0.0 的逻辑方程为：

$$f(Q0.0)=(SQ1\cdot SB12+Q0.0)\cdot \overline{SQ3}$$

对（3）：这种情况输出为电梯下降，用输出继电器 Q0.1 表示。进入条件为 $(SQ2+SQ3)\cdot SB11$，退出条件为 SQ1 动作。因此，Q0.1 的逻辑方程为：

$$f(Q0.1)=[(SQ2+SQ3)\cdot SB11+Q0.1]\cdot \overline{SQ1}$$

对（4）：这种情况输出为电梯下降，进入条件为 $SQ3\cdot SB22$，退出条件为 SQ2 动作。因此，Q0.1 的逻辑方程为：

$$f(Q0.1)=(SQ3\cdot SB22+Q0.1)\cdot \overline{SQ2}$$

对（5）：这条输出是电梯上升，进入条件为 $SQ1\cdot SB2\cdot \overline{SB23}$，退出条件是 SQ2 动作。因此，Q0.1 的逻辑方程为：

$$f(Q0.0)=(SQ1\cdot SB22\cdot \overline{SB23}+Q0.0)\cdot \overline{SQ2}$$

对（6）：这条输出是电梯下降，进入条件为 $SQ3\cdot SB12\cdot \overline{SB11}$，退出条件为 SQ2 动作。因此，Q0.1 的逻辑方程为：

$$f(Q0.1)=(SQ3\cdot SB12\cdot \overline{SB11}+Q0.1)\cdot \overline{SQ2}$$

对（7）：为了满足电梯在上升途中，不允许下降，只需在 Q0.1 逻辑式中串联 Q0.0 的"非"，也就是实现连锁。当 Q0.0 动作时，不允许 Q0.1 动作。

对（8）：同上，只是在 Q0.0 中串联 Q0.1 的"非"。

将上面的逻辑方程整理如下：

$$f(Q0.0) = \{[(SQ1+SQ2) \cdot SB23 + Q0.0] \cdot \overline{SQ3} + (SQ1 \cdot SB12 + Q0.0) \cdot SQ2$$
$$+ (SQ1 \cdot SB22 \cdot SB23 + Q0.0) \cdot SQ2\}\overline{Q0.1}$$

$$f(Q0.1) = \{[(SQ2+SQ3) \cdot SB11 + Q0.1] \cdot \overline{SQ1} + (SQ3 \cdot SB22 + Q0.1) \cdot \overline{SQ2}$$
$$+ (SQ3 \cdot SB12 \cdot SB11 + Q0.1) \cdot \overline{SQ2}\}\overline{Q0.0}$$

4. 绘制控制梯形图,集选三层电梯的梯形图如图9.8所示。

图 9.8 三层电梯的控制梯形图

## 9.2.2 装卸料小车多方式运动控制

在生产现场中,尤其是在一些自动化生产线上,经常会遇到一台送料车在生产线上根据请求,多地点随机搜集成品(或废品)的情况。如图 9.9 所示装卸料小车,可根据请求在五个停车位置卸料。因此,它有三个状态:左行(电机正转)、右行(电机反转)及停车。SQ1～SQ5 为五个停车位置的行程开关,小车压上时为 ON,SB1～SB5 为选择小车停车位置的按钮。

### 1. 控制要求

(1)如果所按选择小车停车位置的按钮号与小车所压下的行程开关号时,按下启动按钮 SB,小车仍停车。

(2)如果所按选择小车停车位置的按钮号大于小车所压下的行程开关号时,按下启动按钮 SB,小车右行,直到两者相等时停车。

(3)如果所按选择小车停车位置的按钮号小于小车所压下的行程开关号相等时,按下启动按钮 SB,小车左行,直到两者相等时停车。

图 9.9 装卸料小车示意图

## 2．根据控制要求，三层电梯输入点和输出点对应分配

输入 I/输出 Q 地址分配：

| | | |
|---|---|---|
| SB： I0.0 | | 小车右行：Q0.1 |
| SB1：I1.1 | SQ1：I0.1 | 小车左行：Q0.2 |
| SB2：I1.2 | SQ2：I0.2 | |
| SB3：I1.3 | SQ3：I0.3 | |
| SB4：I1.4 | SQ4：I0.4 | |
| SB5：I1.5 | SQ5：I0.5 | |

## 3．用逻辑设计法设计上述问题

（1）根据控制要求知道，选择小车停车位置按钮 SB1～SB5 信号是短信号，而且这个信号是启动小车左、右行的呼叫信号，而小车左、右行的决定信号或者说立即动作信号为 SB，因此应对小车行走选择按钮短信号设计记忆电路。设存储位 M0.1～M0.5 分别对 SB1～SB5 进行记忆，其逻辑表达式为：

$$M0.1 = SB1 + M0.1 \cdot \overline{SQ1}$$
$$M0.2 = SB2 + M0.2 \cdot \overline{SQ2}$$
$$M0.3 = SB3 + M0.3 \cdot \overline{SQ3}$$
$$M0.4 = SB4 + M0.4 \cdot \overline{SQ4}$$
$$M0.5 = SB5 + M0.5 \cdot \overline{SQ5}$$

对于记忆逻辑表达式，采用输入优先的方式，断电信号为小车到达该停车位置时的限位开关信号。

（2）在 9.2.1 节中，采用的是启、保、停方式的逻辑表达式，为了简化表达式，本例用置位指令与复位指令编程。

通过分析知道，小车右行的基本条件是当小车处于按钮开关的左边任一位置时，按下本按钮，启动右行准备信号，因此小车右行的置位信号为：

$$S1 = SB5 \cdot (SQ4 + SQ3 + SQ2 + SQ1) + SB4 \cdot (SQ3 + SQ2 + SQ1)$$
$$+ SB3 \cdot (SQ2 + SQ1) + SB2 \cdot SQ1$$

小车右行的复位置信号为：

$$R1 = SB5 \cdot SQ5 + SB4 \cdot SQ4 + SB3 \cdot SQ3 + SB2 \cdot SQ2 + SB1 \cdot SQ1$$

同样对于小车左行，置位信号为：

$$S2 = SB1(SQ2 + SQ3 + SQ4 + SQ5) + SB2(SQ3 + SQ4 + SQ5) + SB3(SQ4 + SQ5) + SB4 \cdot SQ5$$

复位信号为：

$$R2 = SB1 \cdot SQ1 + SB2 \cdot SQ2 + SB3 \cdot SQ3 + SB5 \cdot SQ4 + SB5 \cdot SQ5$$

（3）启动信号 SB 是立即动作，是个先决条件，先将其串入左右行置位输入端。考虑左右行的安保，即左、右行必须互锁。

（4）根据上述逻辑关系和条件，用 M0.1～M0.5 代替 SB1～SB5。绘制的控制梯形图如图 9.10 所示。

图9.10 装卸料小车多方式运动控制梯形图

### 9.2.3 深孔钻床的自动控制

**1. 深孔钻床的控制要求**

设计一个深孔钻床的控制程序，钻孔时要求每个孔钻三次完成，工作循环图如图 9.11 所示。

在工作循环图中各行程开关的工作状态为：SQ1（压下，1 状态）表示油缸在原位；SQ2（压下，1 状态）表示油缸第一次工进完毕；SQ3（压下，1 状态）表示油缸第二次工进完毕；

SQ4（压下，1状态）表示油缸最后一次工进完毕。

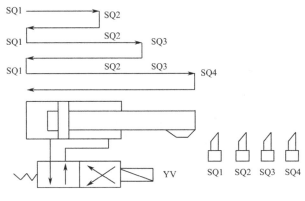

图 9.11　工作循环图

### 2．程序设计

（1）作出执行元件动作节拍表及检测元件状态表。见表 9.1。

检测元件和执行元件对应 I/O 点分配如下。

启动按钮 SB：　　　　　I0.0　　　　　液压电磁阀 YV：　　Q0.0

行程开关 SQ1：　　　　I0.1

行程开关 SQ2：　　　　I0.2

行程开关 SQ3：　　　　I0.3

行程开关 SQ4：　　　　I0.4

检测元件状态表和执行元件动作节拍表是对照工作循环图并根据各程序中检测元件状态变化情况列写出来的。

表 9.1　元件节拍表

| 程序 | 名称 | 执行元件Q0.0 | 检测元件状态表 | | | | | 转换 主令 | 特相区分组 | | | | | | 中间线圈 | | |
|---|---|---|---|---|---|---|---|---|---|---|---|---|---|---|---|---|---|
| | | | I0.1 | I0.2 | I0.3 | I0.4 | I0.0 | | A | B | C | D | E | F | M0.0 | M0.1 | M0.2 |
| 0 | 原始 | − | 1 | 0 | 0 | 0 | 0 | | ■ | | | | | | | | |
| 1 | 第一次工进 | + | 1/0 | 0 | 0 | 0 | 1/$\phi$ | I0.0 | | ■ | | | | | | | |
| 2 | 退回 | − | 0 | 1/0 | 0 | 0 | $\phi$ | I0.2 | | | ■ | ■ | | | | ↓ | | |
| 3 | 第二次工进 | + | 1/0 | 1/0 | 0 | 0 | $\phi$ | I0.1 | | | | | | | | | ↓ | |
| 4 | 退回 | − | 0 | 1/0 | 1/0 | 0 | $\phi$ | I0.3 | | | ■ | ■ | | ■ | ■ | | | ↓ |
| 5 | 第三次工进 | + | 1/0 | 1/0 | 1/0 | 0 | $\phi$ | I0.1 | | ■ | ■ | | ■ | | ■ | | | ↓ |
| 6 | 退回 | − | 0 | 1/0 | 1/0 | 1/0 | $\phi$ | I0.4 | | | | | | | | | |
| 0 | 原始 | − | 1/0 | 0 | 0 | 0 | 0 | I0.1 | | | | | | | | | |

表中"0"表示检测元件处于原始状态;"1"表示检测元件处于受激状态;"0/1"表示检测元件的状态由原始状态转为受激状态;"1/0"表示受激状态转为原始状态;"∅"表示检测元件的状态可能不定。执行元件节拍表一栏。表中"+"表示 Q0.0 通电;"−"表示 Q0.0 断电。

### 2. 设置中间线圈

中间线圈的设置首先确定程序的特征码(就是某一程序中所有检测元件和主令元件状态开关量所构成的二进制数码)。根据特征码确定待相区分组并填入表 9.1 中。表中"粗实线"表示已相区分的程序;"黑点"表示相邻两个程序不能区分。通过计算本例设置 3 个中间线圈,每个中间线圈用带箭头的线段表示,中间线圈在线段通过的程序是通电的,反之为失电,中间线圈填写在中间线圈表中,见表 9.1 所示。

### 3. 列写中间线圈开关、执行元件逻辑函数式,并画出梯形图

(1)开关逻辑函数式的列写。依据我们熟悉的继电接触式控制线路中的开关逻辑函数式:

$$F=I_i \cdot \overline{I_{开约}} + (I_{i+n+1}+I_{关约}) \cdot KA$$

有:

$$M0.0 = I0.0 \cdot \overline{I0.2} + (\overline{I0.1}+\overline{M0.1}) \cdot M0.0$$

$$M0.1 = I0.2 \cdot M0.0 + (\overline{I0.1}+\overline{M0.2}) \cdot M0.1$$

$$M0.2 = I0.3 \cdot \overline{M0.0} \cdot M0.1 + (\overline{I0.4}+\overline{M0.1}) \cdot M0.2$$

(2)执行元件逻辑函数式的列写。

$$Q0.0 = M0.0 \cdot \overline{M0.1} + \overline{M0.0} \cdot M0.1 \cdot \overline{M0.2} + \overline{M0.1} \cdot M0.2$$

(3)画出梯形图。如图 9.12 所示。

图 9.12　深孔钻床的控制梯形图

### 4. 按 PLC 程序的逻辑函数式画出梯形图

还需进一步检查和修改,以缩短系统的研制周期,检查的主要内容是:能否符合控制要求,合理利用指令,提高内存的利用率,缩短运行周期,提高系统的运行速度;修改的目的是:从梯形图的可靠性、经济性、简明性全面考虑看是否增加必要的中间线圈并加入必需的信号指示。在本例中,各中间线圈的逻辑函数式和执行逻辑函数式符合控制要求,但在梯形

图中需加入停止按钮及必要的信号指示（略）。

采用逻辑设计法设计 PLC 程序虽然过程较繁，特别是当系统比较复杂时，列表可能过于复杂，梯形图的检查和修改出现困难，但此法有很强的规律性，易于掌握。

## 9.3 PLC 梯形图的"翻译"设计法及应用

PLC 的梯形图是在继电器控制系统的基础上发展起来的，如果用 PLC 改造继电器控制系统，根据继电器电路图来设计梯形图是一条捷径。这是因为原有的继电器控制系统经过长期使用和考验，已经被证明能完成系统要求的控制功能，而继电器电路图又与梯形图有很多相似之处，因此可以将继电器电路图"翻译"成梯形图，即用 PLC 的外部硬件接线和梯形图软件来实现继电器系统的功能，这种方法习惯上也称为翻译法。

将继电器控制系统电路图转换为功能相同的 PLC 的外部接线图和梯形图的步骤如下：

（1）了解和熟悉被控设备的工艺过程和机械的动作情况，根据继电器电路图分析和掌握控制系统的工作原理，这样才能做到在设计和调试控制系统时心中有数。

（2）确定 PLC 的输入信号和输出负载，以及与它们对应的梯形图中的输入位和输出位的地址，画出 PLC 的外部接线图。

（3）确定与继电器电路图的中间继电器、时间继电器对应的梯形图中的存储器位（M）和定时器（T）的地址。这两步建立了继电器电路图中的元件和梯形图中的位地址之间的对应关系。

（4）根据上述对应关系画出梯形图。

在设计时应注意 PLC 的梯形图与继电器电路图的区别，梯形图是一种软件，是 PLC 图形化的程序。在继电器电路图中，各继电器可以同时动作，而可编程序控制器的 CPU 是串行工作的，即 CPU 同时只能处理 1 条指令。根据继电器电路图设计 PLC 的外部接线图和梯形图时应注意以下问题：

（1）遵守梯形图语言中的语法规定。在继电器电路图中，触点可以放在线圈的左边，也可以放在线圈的右边，但是在梯形图中，线圈必须放在电路的最右边。

（2）设置中间单元。在梯形图中，若多个线圈都受某一触点串、并联电路的控制，为了简化电路，在梯形图中可设置该电路控制的存储器位（如图 9.14 中的 M0.1），它类似于继电器电路中的中间继电器。

（3）尽量减少 PLC 的输入信号和输出信号。可编程序控制器的价格与 I/O 点数有关，每一输入信号和每一输出信号分别要占用一个输入点和一个输出点，因此减少输入信号和输出信号的点数是降低硬件费用的主要措施。

某些器件的触点如果在继电器电路图中只出现一次，并且与 PLC 输出端的负载串联（如有锁存功能的热继电器的常闭触点），不必将它们作为 PLC 的输入信号，可以将它们放在 PLC 外部的输出回路，仍与相应的外部负载串联。继电器控制系统中某些相对独立且比较简单的部分，可以用继电器电路控制，这样同时减少了所需的 PLC 的输入点和输出点。

（4）外部连锁电路的设立。在许多实际应用中，为了防止控制电机的正反转、三位两通电磁阀的两侧同时通电等造成电源短路、设备损坏等现象的发生，我们除了在程序上进行处理外，还应在 PLC 外部设置硬件连锁电路。图 9.12 中的 KM1、KM2、KM3 的线圈不能同时通电，除了在梯形图中设置与它们对应的输出位的线圈串联的常闭触点组成的连锁电路外，还在 PLC 外部设置硬件连锁电路。

### 9.3.1 三速异步电动机启动和自动加速的控制

#### 1. 三速异步电动机启动和自动加速的继电器控制原理简介

图 9.13 是某三速异步电动机启动和自动加速的继电器控制电路图。接触器 KM1 控制电动机启动，KM2 控制电机加速，KM3 控制电机稳定运行。按下启动按钮 SB1，KM1 得电，经 KT1 延时，KM2 得电，再经 KT2 延时，KM3 得电，自动完成三种速度的变化。按 SB2，KM1、KM2、KM3 同时失电。

图 9.13　继电器控制电路图

#### 2. 程序设计

根据上述原理，要实现相同功能的 PLC 控制系统的外部接线及地址分配如图 9.14 所示，利用"翻译"法设计的 PLC 梯形图如图 9.15 所示。

图 9.14　PLC 控制系统的外部接线

#### 3. 说明

以上梯形图程序是在继电器控制系统的基础上"翻译"过来的，逻辑关系没有任何变化，只是为了简化梯形图，增加可读性，加设了一个存储器位（M0.1）。按钮、控制开关、限位开关、光电开关等用来给 PLC 提供控制命令和反馈信号，它们的触点接在 PLC 的输入端，一般使用常开触点，如停车按钮 SB2，接入 PLC 的是常开接点，在梯形图里 I0.1 是它的原位状态，即常开为常开，常闭为常闭。继电器电路图中的交流接触器和电磁阀等执行机构如用 PLC 的输出位来控制，它们的线圈接在 PLC 的输出端。继电器电路图中的中间继电器和时间继电器（如图 9.13 中的 KA、KT1 和 KT2）的功能由 PLC 内部的存储器位和定时器来完成，它们与 PLC 的输入位、输出位无关。图 9.13 中左边的时间继电器 KT2 的触点是瞬动触点，即该触点在 KT2 的线圈通电的瞬间接通，在梯形图中，在与 KT2 对应的 T38 功能块的两端并联有 M0.2 的线圈，用 M0.2 的常开触点来模拟 KT2 的瞬动触点。

图 9.15　梯形图程序

### 9.3.2　异步电动机长动与点动控制

在生产实践中，有些生产机械（机床）在正常工作时，一般需要电动机处于连续运动状态，即所谓长动，但在试车（调整刀架）等特殊情况下，又需要电动机能点动控制。图 9.16 是异步电动机的长动和点动控制电路。

（1）异步电动机长动与点动控制电路原理介绍。图 9.16（a）所示是电机主控制电路，即执行电路。图 9.16（b）所示是利用主令开关 SA 实现长动和点动转换的控制电路。当 SA 闭合时，按下 SB2，接触器 KM 得电并自锁，从而实现了长动；当 SA 断开时，按下 SB2，接触器 KM 得电电机启动，即点动控制。图 9.16（c）所示是利用 SB3 的一对连锁触点来实现长动和点动控制。当长动时，按下 SB2，接触器 KM 得电并自锁；当点动工作时，按下 SB3，接触器 KM 线圈得电电机启动，SB3 的常闭触点断开，切断自锁回路，手一离开按钮，KM 失电，从而实现了点动。若接触器 KM 的释放时间大于按钮的恢复时间，则点动结束 SB3 常闭触点复位时，接触器 KM 的常开触点尚未断开，使接触器自锁电路继续通电，线路就无法实现点动控制。这种现象称为"触点竞争"。在实际应用中应保证接触器的释放时间大于按钮的恢复时间，从而实现可靠的点动控制。图 9.16（d）所示是利用中间继电器实现长动和点动控制的电路，其优点是工作可靠，缺点是成本增加。工作原理不再分析。

（2）在这里，我们只对图 9.16（c）和（d）所示的两种长动和点动控制电路进行"翻译"编程。为了更加简便和直接，热继电器不予考虑。输入信号：停止按钮 SB1:I0.1，长动按钮 SB2：I0.2，点动按钮 SB3：I0.3；输出接触器 KM：Q0.0。

图 9.16　长动与点动控制电路

（3）根据继电器控制电路图 9.16（c）和（d），分别绘制 PLC 控制程序如图 9.17（a）和（b）所示。翻译过来的图 9.17（a）程序，当按点动按钮 SB3 时，程序只能实现长动功能，因此这种硬翻译就完成不了点动控制功能，分析原因有两点，主要是继电器控制系统与 PLC 控制系统的工作方式不同，继电器是并行工作方式，PLC 是串行工作方式，每一个梯级的输出是它前面控制逻辑运算的结果；另一方面，对于 I0.3 的接点在它的线圈失电恢复原态的时候，很可能出现像我们上面所说的触点竞争现象。所以在旧设备的改造中，要熟悉继电器控制系统的工作原理和工作工程，才能做到准确无误。图 9.17（b）是理想的长动与点动控制程序。

图 9.17　长动与点动控制梯形图

## 9.4　PLC 梯形图的顺序控制设计法及应用

所谓顺序控制，就是按照生产工艺预先规定的顺序，在各个输入信号的作用下，根据内部状态和时间的顺序，在生产过程中各个执行机构自动地有秩序地进行操作。使用顺序控制设计法时首先根据系统的工艺过程，画出顺序功能图，然后根据顺序功能图画出梯形图。有的 PLC 为用户提供了顺序功能图语言，在编程软件中生成顺序功能图后便完成了编程工作。它是一种先进的设计方法，很容易被初学者接受，对于有经验的工程师，也会提高设计的效率，程序的调试、修改和阅读也很方便。

顺序控制设计法最基本的思想是将系统的一个工作周期划分为若干个顺序相连的阶段，这些阶段称为步（Step），并用编程元件（例如位存储器 M 和顺序控制继电器 S）来代表各步。步是根据输出量的状态变化来划分的，在任何一步之内，各输出量的 ON/OFF 状态不变，但是相邻两步输出量的状态是不同的。

步与步之间的过渡则是通过转换条件实现的，转换条件可以是外部的输入信号，如按钮、指令开关、限位开关的接通/断开等；也可以是可编程序控制器内部产生的信号，如定时器、计数器常开触点的接通等。转换条件还可能是若干个信号的与、或、非逻辑组合。

顺序控制设计法就是用转换条件控制代表各步的编程元件，让它们的状态按一定的顺序变化，然后用代表各步的编程元件去控制 PLC 的各输出位。

顺序功能图根据序列中有无分支及实现转换的不同，功能图的基本结构可分为三种：单序列、选择序列和并列序列。本章对这三种结构的编程加以说明。

根据系统的顺序功能图设计梯形图的方法，称之为顺序控制梯形图的编程方式。顺序功能图的一般格式如图 9.18（a）所示，假设 $M_X$、$M_{X-1}$ 和 $M_{X+1}$ 是顺序功能图中相连的三步，$I_X$、$I_{X+1}$ 是转换条件，这里用 M 代替状态继电器 S 是为了表示通用的格式，不拘于顺序功能指令编程一种格式。根据功能图，我们介绍三种编程方式。

### 1. 顺序功能指令编程方式

顺序功能指令编程方式是本章重点介绍的方法。对于图 9.19（a）所示的功能图，采用顺序功能指令编程的格式示意图如图 9.18（b）所示。由 SCRT 指令来激活 $M_X$ 步，复位 $M_{X-1}$ 步，在 $M_X$ 步中，一般采用特殊功能继电器 SM0.0 即常闭接点来带输出，满足条件再转移到下一步。不过特别要注意的是采用顺序功能指令编程时，不能用位存储器 M，只能用状态继电器 S（这里是为了就功能图的格式才采用图 9.18（b）的方式表示），否则不能用顺序功能指令编程。

### 2. 启保停电路编程方式

启保停电路编程方式的格式如图 9.19（a）所示。这是一种具有记忆的电路，它是经验法和逻辑法编程的基础，$M_{X-1}$ 是转换的前提条件，$I_X$ 是转换条件，下一步 $M_{X+1}$ 是 $M_X$ 退出条件，启保停电路仅仅使用与触点和线圈有关的指令，任何一种 PLC 的指令系统都有这一类的指令，因此这是一种通用的编程方式。

（a）功能图　　　　　（b）顺序指令编程方式

图 9.18　功能图及顺序功能指令编程方式示意图

### 3. 以转换为中心的编程方式

对于启保停电路，我们可以用具有同样功能的 SET 和 RST 指令来代替它，如图 9.19（b）所示，其图（a）和图（b）的区别是图（b）复位的是由它的上一步。其他的与图（a）具有相同功能。

（a）启保停电路编程方式　　　　（b）以转换为中心编程方式

图 9.19　启保停编程方式和以转换为中心的编程方式

在这一节中，我们主要通过顺序功能图的三种结构来介绍顺序功能指令编程方式，以转换为中心的编程方式在 9.4.1 节中介绍，启保停电路编程方式在 9.4.2 节中介绍。本书 9.4.3 节～9.4.6 节将介绍顺序功能指令编程方式。

#### 9.4.1　液压剪切机的控制

（1）液压剪切机液压工作过程。液压剪切机液压工作原理在 1.9.4 节中介绍过了，它的示意图如图 9.20 所示。液压剪切机在初始位置时，压紧板料的压块 1 在上面位置，行程开关 SQ2 压合，剪刀 2 也在上面，行程开关 SQ4 压合。行程开关 SQ1、SQ3 和 SQ5 均为断开状态。剪切机进入工作状态前，物料放在送料皮带上，然后启动液压系统并升压到工作压力后，开动送料机 4，向前输送物料 3，当物料送至规定的剪切长度时压下行程开关 SQ1，送料机 4 停止，压块 1 由液压缸带动下落，当压块下落到压紧物料位置触动 SQ3 时，剪刀 2 由另一液压缸带动下降，剪刀切断物料后，行程开关 SQ5 接通。料下落，行程开关 SQ1 复位断开。与此同时，压块 1 和剪刀 2 分别回程复位，即完成一次自动工作循环。然后自动重复上述过程，实现剪切机的工作过程自动控制。

图 9.20　液压剪板机的结构原理简图

（2）输入/输出地址分配。

| | | | |
|---|---|---|---|
| 启动： | I0.0 | 板料送料： | Q0.0 |
| 压钳原位（SQ2）： | I0.1 | 压钳压行： | Q0.1 |
| 压钳压力到位（SQ3）： | I0.2 | 压钳返回： | Q0.2 |
| 剪刀原位（SQ4）： | I0.3 | 剪刀剪行： | Q0.3 |

剪刀剪到位（SQ5）：I0.4　　　　剪刀返回：Q0.4

板料到位（SQ1）：　　I0.5

（3）绘制顺序功能流程图如图 9.21 所示。这是一个单序列加并列序列的简单功能图。需要说明的是当压钳到位后，剪刀下行的同时，压钳要保持，即 Q0.1 在 M0.2、M0.3 步都为 ON，即常说的存储性命令。编程的时候有两种简单的解决办法，一是用置位指令，另一种是用位存储器过渡。当剪刀剪断板料后，是一个并列结构，压钳和剪刀返回后，都加了一个空操作步，是为了并列结构的合并，同时满足后，转移到下一步。

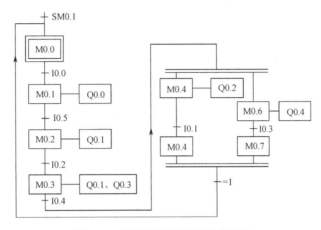

图 9.21　液压剪板机的顺序功能图

（4）根据工作过程编制控制梯形图程序。这里采用以转换为中心的编程方式，编制控制程序如图 9.22 所示。

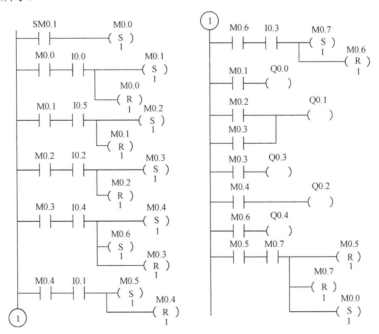

图 9.22　液压剪板机控制梯形图

在控制梯形图中,每一步的输出接点作为下一步的启动的条件,而这一步的终止条件是下一步启动的决定条件,一旦下一步变为活动步,同时也要复位上一步。在以转换为中心的编程方式中,运动要注意置位和复位指令的使用,对某一位置位,在该程序中,一定也要对它复位,否则这一位永远处于一种状态,无法循环使用。如在压钳和剪刀都返回原位后,M0.5和 M0.7 都要复位,在程序的最后面。

### 9.4.2 组合机床动力滑台的控制

#### 1．动力滑台液压系统的工作过程

动力滑台液压系统图见第 1 章图 1.50 所示。它的工作过程见 29 页 1.9.3 节 2.。

#### 2．输入/输出地址分配

| | | | |
|---|---|---|---|
| 启动: | I0.0 | 电磁阀 1YA: | Q0.0 |
| 行程阀 11 动作信号: | I0.1 | 电磁阀 3YA: | Q0.1 |
| 行程开关: | I0.2 | 电磁阀 2YA: | Q0.2 |
| 压力继电器: | I0.3 | | |
| 原位行程开关: | I0.4 | | |

#### 3．动力滑台功能流程图（如图 9.23 所示）

按下启动按钮 SB0,电磁阀 1YA 通电,滑台差动快进。当滑台快进终了时,滑台上的挡块压下行程阀 11(I0.1),切断换向阀 3 快速运动的进油路,滑台实现由调速阀 8 调速的第一次工作进给,在这个过程中,是电磁阀 1YA 和行程阀共同作用的结果,行程阀由液压油控制,不受 PLC 控制。第一次工作进给终了时,挡块压下行程开关 I0.2（图中未画）,使电磁铁 3YA 通电。滑台完成第二次工作进给后,液压缸碰到滑台座前端的止位钉（可调节滑台行程的螺钉）后停止运动。这时液压缸左腔压力升高,当压力升高到压力继电器 12 的开启压力时,压力继电器动作,向时间继电器发出电信号,由时间继电器延时控制滑台停留时间（时间继电器在功能图中没画出）。滑台停留时间结束时,时间继电器发出电信号,使电磁铁 2YA 通电,1YA、3YA 断电,滑台快速退回。当滑台快速退回到其原始位置时,挡块压下原位行程开关,使电磁铁 2YA 断电,电磁换向阀 4 恢复中位,液动换向阀 3 也恢复中位,液压缸两腔油路被封闭,滑台被锁紧在起始位置上。

图 9.23　动力滑台功能流程图

### 4．动力滑台控制梯形图程序（如图9.24所示）

这是采用启保停电路编程方式编制的梯形图程序，程序的启动由初始化脉冲SM0.1或者原位开关启动。

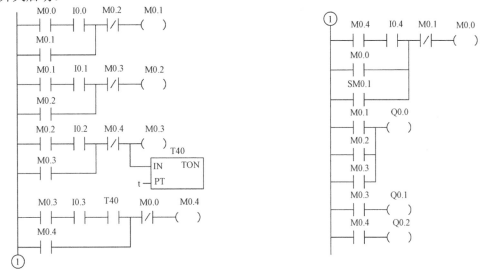

图9.24　动力滑台控制梯形图

## 9.4.3　交通指挥信号灯的顺序控制

交通指挥信号灯的控制要求在本章 9.1.3 节中已经介绍过了。在这里用顺序功能指令来编程。

（1）交通信号灯输入/输出地址分配为：

| 启动按钮： | I0.0 | 警灯： | Q0.0 |
| 南北红灯： | Q0.1 | 东西绿灯： | Q0.2 |
| 南北绿灯： | Q0.5 | 东西黄灯： | Q0.3 |
| 南北黄灯： | Q0.6 | 东西红灯： | Q0.4 |

（2）根据控制要求和动作编制顺序功能流程图，如图9.25所示。这是一个典型的并列结构，在并列结构中还有选择结构，但是控制功能清晰。在功能图中，严格按照工艺流程过程编制顺序功能图，以便于理解。

（3）绘制控制梯形图，如图9.26所示。S7-200 PLC 的顺控指令不支持直接输出（＝）的双线圈操作。如果在图9.20中的状态 S0.1 的 SCR 段有 Q0.2 输出，在状态 S0.3 的 SCR 段也有 Q0.2 输出，则不管在什么情况下，在前面的 Q0.2 永远不会有效，这是 S7-200 PLC 顺控指令设计方面的缺陷，为用户的使用带来了极大的不便，所以在使用 S7-200 PLC 的顺控指令时一定不要有双线圈输出。为解决这个问题，如在本例中的绿灯亮和闪烁的控制逻辑设计，这里的 Q0.2 用中间继电器 M0.1 和 M0.2 过渡一下，Q0.5 用中间继电器 M0.5 和 M0.6 过渡一下，即在 SCR 段中先用中间继电器表示其分段的输出逻辑，在程序的最后再进行合并输出处理，这是解决这一缺陷的最佳方法。另一种方法是在功能指令应用编程中介绍过的，使用跳转指令，但是在 SCR 段中不能使用 JMP 和 LBL 指令，就是说不允许跳入、跳出或在内部跳转，但可以在 SCR 段附近使用跳转和标号指令。

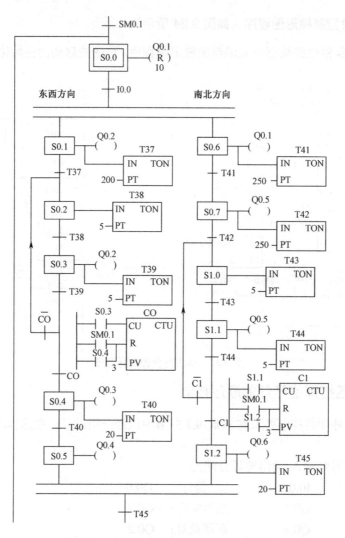

图 9.25　交通指挥信号灯控制功能流程图

在功能图中使用了两个计数器，如在 S0.3 中使用了 C0 来计绿灯的闪烁次数，而且作为选择支路的转换条件，但是在程序中，计数器不能在活动部 S0.3 的编程阶梯中，必须编制在公共段程序中，否则无法实现计数和复位功能。计数器的计数脉冲和复位脉冲分别是满足条件后转换的两个相邻步。

还要注意并列结构步进功能指令的编程方法，尤其是合并，在本程序中，当 S0.5 和 S1.2 都变成活动步后，而且 T45 定时时间到后转换到起始步，同时复位 S0.5 和 S1.2。

由于是并列结构，而且两个方向的程序基本相同，所以在程序中省略了一部分，请读者参考前面的程序补上。

### 9.4.4　自动门顺序控制

自动门的示意图如图 9.27 所示，K1 是微波人体检测开关，SQ3、SQ4 是开门限位开关，SQ1、SQ2 是关门限位开关。开、关门的主电机 M，电机高速控制接触器 KM2、KM4 和低速控制接触器 KM1、KM3，电机和门运动系统之间有安全离合器。

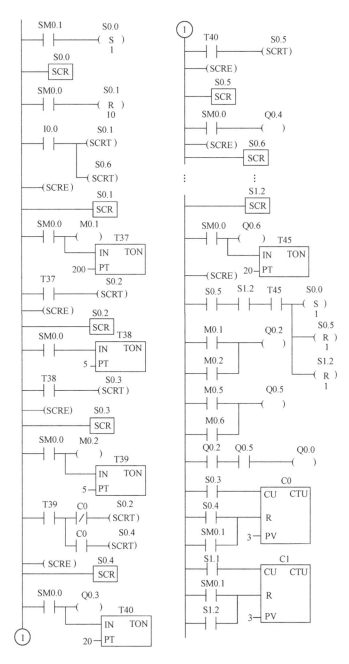

图 9.26　交通指挥信号灯顺序控制梯形图

（1）控制要求及过程。微波人体检测开关检测到有人，高速开门，高速开门减速开关动作，转为低速开门，开门到位，停止开门并延时；延时到，高速关门，高速关门减速开关动作，转为低速关门，关门到位，停止关门；在关门期间，微波人体检测开关检测到有人，停止关门，延时 1 秒，自动转换为高速开门。

图 9.27 自动门示意图图

图 9.28 自动门顺序功能流程图

（2）自动门输入/输出地址分配。

微波开关 K1：I0.0

开门减速开关 SQ4：I0.4

高速开门 KM4：Q0.4

开门极限开关 SQ3：I0.3

低速开门 KM3：Q0.3

关门减速开关 SQ2：I0.2

高速关门 KM2：Q0.2

关门极限开关 SQ1：I0.1

低速关门 KM1：Q0.1

（3）根据控制要求，设计的顺序功能流程图如图 9.28 所示。这是典型的选择结构序列。微波人体检测开关检测到有人；或者是在关门期间，不管是高速还是低速，微波人体检测开关检测到有人；自动门都高速开门。其余情况按正常程序运行。

（4）设计自动门控制梯形图如图 9.29 所示。

### 9.4.5 皮带传输线的顺序控制

（1）皮带传输线及控制要求。皮带传输线电力拖动有 M1、M2、M3、M4 四台电动机组成，如图 9.30 所示。启动时，为了避免在前段传输皮带上造成物料堆积，要求逆物流方向按一定的时间隔顺序启动，其启动顺序为：M4→M3→M2→M1，级间间隔时间为 4s。停车时，为了使传输皮带上不残留物料，要求顺物流方向按一定的时间间隔顺序停止，其停止顺序为：M1→M2→M3→M4 顺序停车，级间间隔时间为 4s。并且要求：

① 紧急停车时，无条件地将 M1、M2、M3、M4 立即全部同时停车。

② 皮带传输线正常启动后，任何一台电动机发生故障时，该传输皮带前面的传输皮带

立即停止工作，而该传输皮带后面的传输皮带必须间隔 4s 依次停止工作。例如，M2 发生故障，则 M1 和 M2 立即停止工作，而 M3 在 M2 停止工作 4s 后停止工作，M4 在 M3 停止工作 4s 后停止工作。

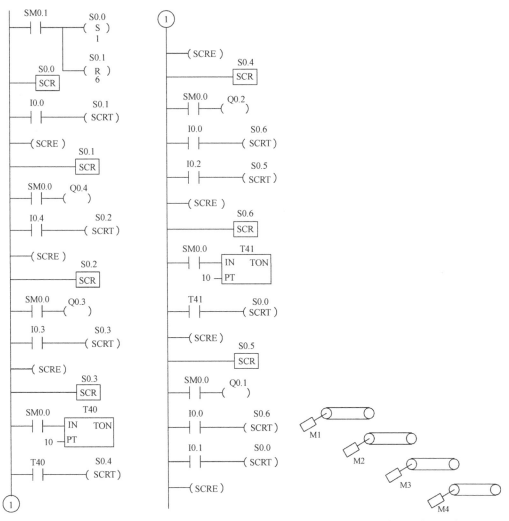

图 9.29　自动门控制梯形图程序　　　　　　图 9.30　皮带传输线示意图

③ 在启动过程中，一台电动机发生故障时，则立即终止启动过程，对已启动的皮带，马上反方向间隔 4s 依次停止工作。

（2）PLC 的输入/输出地址分配如下：

| 启动按钮： | I0.0 | 皮带电机 M4：Q0.1 |
| 停止按钮及 M1 故障信号： | I0.1 | 皮带电机 M3：Q0.2 |
| M2 故障信号： | I0.2 | 皮带电机 M2：Q0.3 |
| M3 故障信号： | I0.3 | 皮带电机 M1：Q0.4 |
| 紧急停车及 M4 故障信号： | I0.4 | |

（3）根据控制要求及过程，编制的顺序功能流程图如图 9.31 所示，这是一个比较复杂的选择结构功能图。需要解释的几个问题如下：

图 9.31　皮带传输线控制功能流程图

① 如果 M4 发生了故障，第一种情况是在启动过程中，M3、M2、M1 都没发生故障，满足条件 A（如图 9.11 左上角），立即返回 S0.0，复位 Q0.1(M4)；另外一种情况是皮带机已全部启动，则也是返回 S0.0，复位 Q0.1、Q0.2、Q0.3、Q0.4。

② 如果是 M3 故障，同样地，第一种情况是在启动过程中，满足条件 B，跳到 S0.7，停止启动 M2、M1，复位 M4、M3。另外一种情况是皮带机已全部启动，M3 故障（I0.3），跳到 S1.1，复位 M3、M2、M1，延时复位 M4。M2 故障，依据上述进行分析。M1 故障和停止信号功能一样。

③ 有一种情况，在这里我们没有考虑。比如，如果 M4、M3、M2 已启动，M1 还没有启动，M3 发生故障，程序跳到 S1.1 步，即立即停 M3、M2；如果 M4、M3、M2 已启动，M1 还没有启动，M4 发生了故障，程序跳到 S0.0，即立即停 M4、M3、M2；如果 M4、M3 已启动 M2、M1 还没有启动，M4 发生故障，程序跳到 S0.0 步，即立即停 M4、M3。如果在工程实践中就必须考虑。

④ 当皮带机都启动后，就是一个选择结构了，根据具体的故障信号选择其中一条分支执行程序。

（4）用步进功能指令编制控制梯形图。根据功能图编制的控制梯形图如图 9.32 所示。

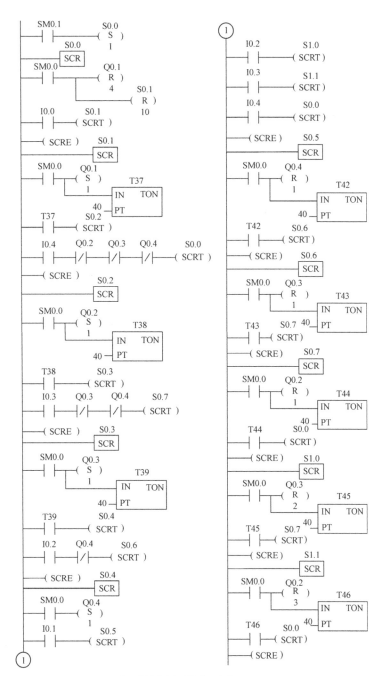

注：本图右上方①接左下方①

图 9.32 皮带传输线控制梯形图

### 9.4.6 大、小球分拣机械臂装置的控制

（1）大、小球分拣机械臂装置的工作过程。大、小球分拣机械臂装置如图 9.33 所示。当机械臂处于原始位置时，即上限位开关 LS1 和左限位开关 LS3 压下，抓球电磁铁处于失电状态，这时按动启动按钮后，机械臂下行，碰到下限位开关后停止下行，且电磁铁得电吸球。

如果吸住的是小球，则大、小球检测开关 SQ 为 ON；如果吸住的是大球，则 SQ 为 OFF。1 秒钟后，机械臂上行，碰到上限位开关 LS1 后右行，它会根据大、小球的不同，分别在 LS4（小球）和 LS5（大球）处停止右行，然后下行至下限位停止，电磁铁失电，机械臂把球放在小球箱里或大球箱里，1 秒钟后返回。如果不按停止按钮，则机械臂一直工作下去；如果按了停止按钮，则不管何时按，机械臂最终都要停止在原始位置。再次按动启动按钮后，系统可以再次从头开始循环工作。

图 9.33  大、小球分拣机械臂装置示意图

（2）输入/输出点地址分配。

| | | | |
|---|---|---|---|
| 启动按钮 SB1： | I0.0 | 原始位置指示灯 HL： | Q0.0 |
| 停止按钮 SB2： | I0.1 | 抓球电磁铁 K： | Q0.1 |
| 上限位开关 LS1： | I0.2 | 下行接触器 KM1： | Q0.2 |
| 下限位开关 LS2： | I0.3 | 上行接触器 KM2： | Q0.3 |
| 左限位开关 LS3： | I0.4 | 右行接触器 KM3： | Q0.4 |
| 小球右限位开关 LS4： | I0.5 | 左行接触器 KM4： | Q0.5 |
| 大球右限位开关 LS5： | I0.6 | 大、小球检测开关 SQ： | I0.7 |

（3）绘制大、小球分拣机械臂装置顺序功能图如图 9.34 所示。这是一个单序列加选择序

图 9.34  大、小球分拣机械臂装置功能图

列的功能图，一个周期中机械臂的上行出现三次，下行出现两次，右行出现两次，为了避免出现前面所讲的双线圈输出，编程时用位存储器代替；抓球电磁铁 K 从抓到放是一个存储命令，这里用置位指令执行，其余的可以用线圈指令；如果不按停止按钮，则机械臂一直工作下去，如果按了停止按钮，则不管何时按，机械臂最终都要停止在原始位置，根据这个要求，这里用 M1.0 作为选择条件，选择回到原点或直接进入循环。

（4）设计控制梯形图程序如图 9.35 所示。机械臂用 SM0.1 启动，同时加了一个启动选择存储位 M1.0，选择系统是进行单周期操作还是循环操作。机械臂的上行出现三次，分别用 M0.1、M0.3、M0.6 标志，下行出现两次，分别用 M0.0、M0.5 标志，右行出现两次，分别用 M0.2、M0.6 标志，最后来合并输出处理，其余的直接用本位线圈输出。机械手上、下、左、右行走的控制中，加上了一个软件连锁触点，替代了 SM0.0。

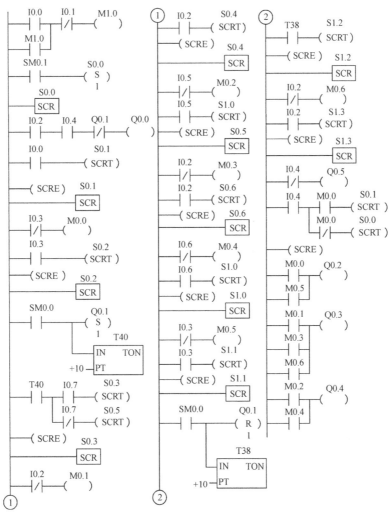

图 9.35　大、小球分拣机械臂装置控制梯形图

# 本 章 小 结

本章介绍了 PLC 梯形图的四种设计方法和每种设计方法的应用举例。

PLC 梯形图的经验设计法是在一些典型电路的基础上，根据被控对象对控制系统的具体要求，不断地修改和完善梯形图，同时增加一些中间编程元件和触点，最后才能得到一个较为满意的 PLC 控制程序。

PLC 梯形图的逻辑设计法的理论基础是逻辑代数。逻辑设计法是在明确控制任务和控制要求的同时，通过分析工艺过程绘制工作循环和检测元件分布图，取得电气元件执行功能表和电控系统的状态转换表，接着进行电控系统的逻辑设计，包括列写中间记忆元件的逻辑函数式和列写执行元件（输出端点）的逻辑函数式两个内容，再将逻辑设计结果转化为 PLC 程序。

PLC 的梯形图的翻译法是在继电器控制系统的基础上，根据继电器与 PLC 控制逻辑关系，改造继电器控制系统，翻译法是设计梯形图的一条捷径。

PLC 的梯形图的顺序控制设计法是根据控制系统的工艺过程，画出顺序功能图，然后根据顺序功能图画出梯形图。它是一种先进的设计方法，不但能提高设计的效率，而且程序的调试、修改和阅读都很方便。

# 习 题 9

9.1 有 2 台绕线式电动机，为限制绕线式电动机的启动电流，在每台电动机的转子回路串接三段启动电阻。2 台电动机分别操作。试设计一段程序，实现下述要求：

（1）电动机 M1 采用时间控制原则进行控制（如按下启动按钮后，间隔 5s，依次切除转子电阻）。

（2）电动机 M2 采用电流控制原则进行控制（3 只过电流继电器线圈的吸合值相同，释放值不同）。

9.2 电动葫芦起升机构的动负荷试验，试设计用 PLC 控制的系统。控制要求如下：

（1）可手动上升、下降。

（2）自动运行时，上升 6s 后停 9s，然后下降 6s 停 9s，反复运行 1h，然后发出声光信号，并停止运行。

9.3 按下启动按钮后，能根据图 9.36 所示依次完成下列动作，用 PLC 实现并画出梯形图。

图 9.36

（1）A 部件从位置 1 到 2。

（2）B 部件从位置 3 到 4。

（3）A 部件从位置 2 回到 1。

（4）B 部件从位置 4 回到 3。

9.4 某电动单梁起重机质量检测系统，要求起重机有升降、进退、左右行三个动作机构，整机性能检测试验要求如下：

（1）钩上没有负载时，前进、后退、左行、右行、上升、下降 6 个动作周期运行。

进退机构为：前进 30s，休息 45s，后退 30s，再休息 45s，每个周期 150s。

左右行机构为：进退机构启动 1s 后启动，左行 14s，休息 23s，右行 14s，休息 23s，每个周期 75s。

升降机构为：在进退机构启动 15s 后启动，上升 10s，休息 15s，下降 10s，休息 15s，一个周期为 50s。

（2）逐步加载至 1.1 倍额定负载，重复上述操作。

（3）周期运行时间不少于 1h。

试设计该 PLC 控制程序。

9.5　试设计一个 4 层电梯 PLC 控制系统，要求：某层楼有呼叫信号时，电梯自动运行到该层后停止；如果同时有二层或三层楼呼叫时，以先后顺序排列，同方向就近楼层优先，电梯运行到就近楼层后，待电梯门关严后，电梯自行启动，运行至下一个楼层。

9.6　试设计一个送料小车自动循环送料控制系统，如图 9.37 所示，要求：

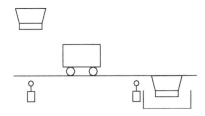

图 9.37　送料小车示意图

（1）初始状态：小车在起始位置时，压下 SQ1。

（2）启动：按下启动按钮 SB1，小车在起始位置装料，10s 后向右运动，至 SQ2 处停止，开始下料，5s 后下料结束，小车返回起始位置，再用 10s 的时间装料，然后向右运动到 SQ3 处下料，5s 后再返回到起始位置……完成自动循环送料，直到有复位信号输入（提示：可用计数器计下小车经过 SQ2 的次数）。

9.7　如图 9.38 所示，某大厦欲统计进出大厦的人数，在惟一的门廊里设置了两个光电检测器，当有人进出时就会遮住光信号，检测器就会输出 ON 状态，反之为 OFF 状态。当检测器 A 的光信号被遮住时，若检测器 B 发出上升沿信号时，可以认为有人进入大厦，若 B 发出下降沿信号，可以认为有人走出大厦。其时序图如图 9.39 所示。试设计一段程序，统计大厦内现有人数，达到限定人数（如 500 人）时，发出报警信号。

图 9.38　大厦平面图

图 9.39　检测 A 和 B 的时序图

9.8　自动门示意图如图 9.40 所示，它由微波人体检测开关 K1 和 K2、门限位开关 SQ1 和 SQ2 以及主电机 M 的前进、后退控制接触器组成。电机和门运动系统之间有安全离合器。控制要求如下：

只要 K1 和 K2 检测到有人，就开门，门一直开着直到检测不到人为止。若是检测不到人，在停顿 2s 后开始关门。

如果该自动门安装在商店，在商店开门期间（上午 8：00 到下午 6：00），只要 K1 检测到有人进商店或 K2 检测到有人离开商店，立即就开门。

但是在下午 6：00 到 7：00 期间，只有 K2 检测到有人离开商店才开门，K1 即使检测到有人，也不开门。

9.9　某商店橱窗需要 4 组照明灯。

第 1 组：照明时间为星期一到星期五上午 8：00 到晚上 10：00，星期六 8：00 到午夜，星期天自中午 12：00 到晚上 8：00。

第 2 组：第一组的晚上附加照明，由光电开关控制。

第 3 组：在第一组的时间外，由光电开关控制在晚上进行低亮度照明。

第 4 组：在商店的营业时间打开聚光灯，照亮特殊商品。

设置一个测试开关，该开关可以使每组灯顺序点亮 60s。

系统需求如下。

SQ1：第 2 组光电开关；

SQ2：第 3 组光电开关；

S1：测试开关；

KM1：第 1 组灯接触器；

KM2：第 2 组灯接触器；

KM3：第 3 组灯接触器；

KM4：第 4 组灯接触器。

9.10　某配电控制系统由两个进线开关与一个联络开关组成，如图 9.41 所示。用 PLC 控制这三个开关，实现两个配电系统的不间断供电。

控制要求如下：

两个进线电源为各自的系统供电。当一个系统停电时，由另外一个进线系统继续为它供电。例如，当#1 进线停电，这时#1 线的开关断开，联络开关闭合，则#1 线供电的系统改为#2 线供电。当#1 线恢复供电后，首先断开联络开关 0.1s 后，闭合#1 开关，恢复由#1 系统为#2 系统供电。

图 9.40　自动门示意图

图 9.41　配电控制系统图

系统需求如下。

K1：检测#1 电源；K2：检测#2 电源；S0：自动控制、手动控制切换开关；S1：检测联络开关是否闭合；S2：检测#1 线开关是否闭合；S3：检测#2 线开关是否闭合；Q1：向#1 开关发出合闸信号（此开关停电时自动断开）；Q2：向#2 开关发出合闸信号（此开关停电时自动断开）；Q3：联络开关合闸信号；Q4：联络开关分闸信号。

9.11　电动回转刀架示意图如图 9.42 所示。外圈的圆可以旋转，上面装有八把刀和一个磁钢，里圈的圆静止，上面装有 8 个霍尔开关，由霍尔开关检测刀具的位置，要求刀架能以捷径方向旋转，按照刀号正确换刀。

控制要求：正确到达所需刀号。

需要做如下判断：判断刀架旋转方向。

若 K0 是实际刀号，K1 是需换刀号。若 Q0.0=K1·K0>0，则 Q0.0 直接与 4 相比较；若是 Q0.0=K1·K0<0，则 Q0.0=Q0.0+8。当 Q0.0≥4 时逆时针旋转；当 Q0.0<4 时，顺时针旋转。

判断刀位：正确到达所需刀号。该实验用开关输入所需刀号。

图 9.42　电动回转刀架示意图

9.12　图 9.43 为两种液体的混合装置结构图。SL1、SL2、SL3 为液面传感器，液面淹没时接通，两种液体（液体 A、液体 B）的流入和混合液体流出分别由电磁阀 YV1、YV2、YV3 控制，M 为搅匀电动机，控制要求如下：

（1）初始状态：当装置投入运行时，容器内为放空状态。

图 9.43　液体混合装置结构图

（2）启动操作：按下启动按钮，装置就开始按规定动作工作。液体 A 阀门打开，液体 A 流入容器。当液面到达 SL2 时，关闭液体 A 阀门，打开 B 阀门。当液面到达 SL3 时，关闭液体 B 阀门，搅拌电机开始转动。搅拌电机工作 1min 后，停止搅动，混合液体阀门打开，开始放出混合液体。当液面下降到 SL1 时，SL1 由接通变为断开，经过 20s 后，容器放空，混合液体阀门关闭，接着开始下一循环操作。

（3）停止操作：按下停止按钮后，要处理完当前循环周期剩余的任务后，系统停止在初始状态。

根据工艺过程编制功能图和控制程序。

9.13　自动封装系统示意图如图 9.44 所示。它用来自动封装定量产品，例如牛奶、面粉等。控制任务如下：

（1）按下启动按钮，重量开关动作，使进料阀门打开，物料落入包装袋中。

（2）当重量达到时，重量开关动作，使进料阀们关闭，同时封口作业开始，将包装袋热凝封口 5s。

（3）移去已包装好的物品，重量开关重新动作，进料阀门打开，进行下一循环的封装作业。

（4）按下停止按钮，停止封装工作。

图 9.44　自动封装系统示意图

9.14　由两台电机 M1、M2 分别驱动 A、B 两个工作台。如图 9.45 所示。控制任务说明如下：

当按下启动按钮时，有如下动作：

（1）运动部件 A 从 1 到 2。

（2）运动部件 B 从 3 到 4。

（3）运动部件 A 从 2 到 1。

（4）运动部件 B 从 4 到 3。

图 9.45

# 附录 A　实训指导书

## 内容提要

本附录有 5 个实训,即并励直流电动机正、反转控制实训、S7-200 PLC 编程软件使用实训、人行道按钮控制信号灯实训、五星彩灯与数码管控制实训和 S7-200 简单通信实训。

## 学习要求

掌握 PLC 程序设计方法。

能够完成 PLC 程序设计,并能调试程序,分析运行结果。

PLC 是专为工业环境下应用而设计的控制设备,通过学习,我们了解了它的基本组成,熟悉了它的数据结构,掌握了指令系统的功能和应用。还有一个重要的环节,就是通过实训来巩固和提高应用设计能力。

实训是掌握任何一种实用工具的基本训练手段,也是一种基本技能。通过实训学会正确无误的操作方法,培养细致严谨的观察能力,锻炼认真思考、大胆创新的工作作风,最终达到解决一切实际问题的能力。因此实训时要做到以下几点。

(1)精心准备。布置实训任务后,要认真了解实训指导书的相关内容,弄清实训的任务、条件、目标和要求,按要求做好准备工作,比如编制好程序等。

(2)细心操作,认真观察,做好笔录。根据实训的工艺流程,完成正确的接线,编制程序并输入到 PLC 中,调试和修改程序,不断完善程序,并记录调试程序过程中的指令差别,为正确使用各类指令打好基础。

(3)认真总结。实训结束后,及时整理实训数据,写好实训报告,总结实训经验,巩固学习的知识,提高编程的方法和技巧,为更加接近实际应用打好坚实的基础。

## 实训 1　并励直流电动机正、反转控制实训

### 1. 实训目的

(1)熟悉常用低压电器的结构、原理和使用方法。

(2)掌握并励直流电动机正、反转主回路的接线(参考第 2 章图 2.5)。

(3)掌握 PLC 实现并励直流电动机正、反转过程的编程方法。

### 2. 实训内容

根据图 2.5,接好直流电动机正、反转主回路,并将控制按钮和控制回路线接入 PLC;在计算机上用 STEP7-Micro/Win 编程软件编写相应的梯形图程序,并通过 PC/PPI 电缆下传到 S7-200PLC。

检查好接线，确认准确无误后按下启动按钮 SB2，电动机正转。若要反转，则需先按下 SB1，再按下反转按钮 SB3，使电枢电流反向，电动机反转。

### 3. 实训设备

计算机一台，S7-200 系列的 PLC 一台，PC/PPI 电缆一根，并励直流电动机一台，按钮 3 个，导线若干。

### 4. 实训报告要求

（1）指出直流电动机正、反转控制线路中哪些触点起"自锁"作用?哪些触点起"连锁"作用？

（2）写出电气控制线路各个电器的动作顺序过程。

（3）整理出运行调试后的梯形图及相关的语句表程序。

（4）写出程序的调试步骤和观察结果。

（5）通过本实训，总结实训技能有何提高。

## 实训 2　S7-200 PLC 编程软件使用实训

### 1. 实训目的

（1）熟悉 STEP 7-Micro/WIN V4.0 编程软件的使用。

（2）初步掌握编程软件的使用方法和调试程序的方法。

### 2. 实训内容

（1）熟悉编程软件的菜单、工具条、指令输入和程序调试。

（2）参照第 5 章的基本指令应用实例的内容，编写一段简单程序。

（3）将程序写入 PLC，检查无误后运行该程序，并观察运行结果。

### 3. 实训设备

计算机一台，S7-200 系列的 PLC 一台，PC/PPI 电缆一根，实训演示板一块。

### 4. 实训报告要求

整理出运行调试后的梯形图程序，写出该程序的调试步骤和观察结果。

## 实训 3　人行道按钮控制信号灯实训

### 1. 实训目的

（1）进一步熟悉 PLC 的指令系统，重点是功能图的编程、定时器和计数器的应用。

（2）熟悉时序控制程序的设计和调试方法。

### 2．实训内容

某人行横道设有红、绿两盏信号灯，通常是红灯亮，路边设有按钮 SB，行人横穿街道时需按一下按钮，4s 后红灯灭，绿灯亮，过 5s 后，绿灯闪烁 5 次（0.5s 亮、0.5s 灭），然后红灯又亮，时序如图 A.1 所示，街道人行横道红、绿两盏信号灯示意图如图 A.2 所示。

从按下按钮 SB 后到下一次红灯亮之前这一段时间内按钮不起作用。根据时序要求设计出红灯、绿灯的控制电路。将设计的程序写入 PLC，检查无误后运行程序。用 I0.0 对应的开关模拟按钮的操作，用 Q0.0 和 Q0.1 分别代替红灯和绿灯的变化情况，观察 Q0.0 和 Q0.1 的变化，发现问题后及时修改程序。

图 A.1　人行道简单交通灯时序图　　　　图 A.2　人行道交通灯示意图

### 3．实训设备

计算机一台，S7-200 系列的 PLC 一台，PC/PPI 电缆一根，实训演示板一块。

### 4．实训报告要求

整理出调试好的人行横道的梯形图程序，并写出调试过程及结果。

## 实训 4　五星彩灯和数码管控制实训

### 1．实训目的

熟悉 PLC 的传送指令、移位指令等指令的编程，熟悉设计和调试程序的方法。

### 2．实训内容

图 A.3 是五星彩灯和数码管显示示意图。要求分别用传送指令、置位指令、移位指令等编制控制程序。按启动按钮，每隔 1 秒数码管依次显示 0～9，同时五星彩灯依次点亮 L2、L5、L6、L10，L1、L4、L9、L10，L1、L3、L6、L7，L3、L5、L8、L9，　L2、L4、L7、L8，全灭 1 秒，全亮，全灭 1 秒，全亮，全灭 1 秒，反复循环。按停止按钮停止循环。

### 3．实训设备

计算机一台，S7-200 系列的 PLC 一台，PC/PPI 电缆一根，实训演示板一块。

### 4．实训报告要求

写出调试程序时观察到的现象。

图 A.3　五星彩灯和数码管显示示意图

# 实训 5　S7-200 PLC 简单通信实训

## 1. 实训目的

（1）熟悉 PLC 的通信功能指令。

（2）熟悉几种常用通信方式处理的方法。

（3）熟悉各种通信方式的设置及程序的编制。

## 2. 实训内容

两台 S7-200 PLC 与装有编程软件的计算机（PC）通过 RS-485 通信接口组成通信网络。

（1）建立 PLC 与 PC 之间的通信。PLC 与 PC 之间建立通信时，应将 PLC 的工作方式置为 STOP 状态。将 PC/PPL 电缆的 RS-232C 端连接到计算机上，RS-485 端分别连接到两台 PLC（例如 S7-200CPU226 模块）的端口 1 上。通过编程软件的系统块分别将它们端口 0 的站地址设为 2 和 3，并将系统块参数和用户程序分别下载到各自的 CPU 模块中。

（2）建立 PLC 与 PLC 之间的通信。PLC 与 PLC 之间建立通信时，应将 PLC 的工作方式置为 STOP 状态。用网络连接器将两台 PLC 的端口 0 连接起来。接在网络末端的连接器必须有终端匹配和偏置电阻，即将开关放在 ON 的位置上。连接器内有 4 个端子 A1，B1，A2，B2，用电缆连接时，请注意接线端子的连接。例如，分别将两个连接器的 A 端子和 A 端子连在一起，B 端子和 B 端子连在一起。

## 3. 实训设备

计算机一台，S7-200PLC 两台，PC/PPI 编程电缆一根，模拟输入开关两套，模拟输出装置两套，连接导线若干。

## 4. 实训报告要求

要求写出实训过程和观察到的现象。

# 附录 B　应用课题的简单设计

## 内容提要

本附录有 7 个设计课题，即送料小车控制系统、压铸机控制系统、全自动洗衣机控制系统、化学反应过程控制系统、电镀生产线控制系统、自动售货机控制系统和打乒乓球模拟控制系统。

## 学习要求

掌握 PLC 的硬件接线，功能图绘制方法。

能够完成 PLC 程序设计，并能调试程序，分析运行结果。

通过前面章节的学习，我们掌握了 PLC 结构、工作原理、PLC 指令系统应用、功能图绘制方法及基本的硬件接线等理论和技巧，为了巩固这些知识，达到实际工程应用的能力，这里选择了 5 个比较接近实际应用的例子，供大家作简单的课题设计使用。

## 课题 1　送料小车控制系统的设计

### 1. 送料小车系统说明

送料车示意图如图 B.1 所示。该车由电动机拖动，电动机正转，车子前进，电动机反转，车子后退。控制任务说明如下：

（1）单周期工作。按动送料按钮，预先装满料的车子便自动前进。到达卸料处，SQ2 自动停止运行，开始卸料，经过 10s 时间后卸料完毕，送料车回到装料处（SQ1），装满料等待下一次送料。

（2）自动循环方式工作。要求送料车在装料处装料后，当按动送料按钮时，送料车开始送料，到达卸料处停 10s 进行卸料后，自动返回装料处装料，预设装料时间是 20s，送料车在 20s 后自动到卸料处卸料，然后再返回装料，如此反复，自动运行。

图 B.1　送料小车示意图

（3）小车可以紧急停止，而且可以手动控制送料车的前进和后退。

### 2. 设计要求

根据送料小车系统说明，理清输入/输出信号的关系和状态，列出 I/O 分配表，绘制 PLC 硬件接线图和顺序功能图，设计控制梯形图程序或语句表。

### 3. 设计报告

报告内容包括设计思路和方案，器件的选择，I/O 地址分配表，功能图，梯形图，程序清单，调试过程和心得。

## 课题 2　压铸机控制系统的设计

### 1. 压铸机控制系统及工作过程

压铸机的结构如图 B.2 所示，它由上模、下模及浇注机械手三部分组成。工作过程如下：

图 B.2　压铸机工作示意图

（1）初始状态。机械手原位，SQ2 开关压合，上模抬起，SQ5 开关压合。下模平放，SQ7 开关压合。

（2）浇注。启动按钮 SB 按下后，机械手前进旋转，将铁水浇注到模内，碰到限位开关 SQ1 后退回，直到压合 SQ2 开关为止。由机械手浇注和退回两步组成。这里省略了机械手如何取铁水再回原位的过程。

（3）压铸。上模快速压下，碰到限位开关 SQ3 后转为工进，碰到 SQ4 开关后停止工进，并保压一分钟。然后工退至 SQ3 转为快退，直到碰到 SQ5 为止。这一过程由上模快进、上模工进、保压、工退和快退五步组成。

（4）倒工件。上模回转将工件倒出，碰到 SQ6 后反向旋转，直到碰到 SQ7 停止。这一过程可分为下模回转和复位两步。

（5）工作方式。若连续工作开关 SA 闭合，就处于连续工作状态，自动进入下一循环，若为单周工作状态，需再次按启动按钮，才进入第二周循环。

整个系统用液压油缸推动。一个按钮开关作为启动信号，一个选择开关作为连续/单周工作方式选择信号；7 个行程开关控制各工步的结束和下一工步的开始，执行元件为 8 个两位三通电磁阀。

### 2. 设计要求

根据压铸机的工作过程，理清输入/输出信号的关系和状态，列出 I/O 分配表，绘制 PLC 硬件接线图和顺序功能图，设计控制梯形图程序或语句表。

### 3. 设计报告

报告内容包括设计思路和方案，器件的选择，I/O 地址分配表，功能图，梯形图，程序清单，调试过程和心得。

## 课题 3　全自动洗衣机控制系统的设计

### 1. 全自动洗衣机系统说明及工艺过程

全自动洗衣机的洗衣桶（外桶）和脱水桶（内桶）是以同一中心安放的。外桶固定，作盛水用；内桶可以旋转，作脱水（甩干）用。内桶的周围有很多小孔，使内桶和外桶的水流相通。洗衣机的进水和排水分别由进水电磁阀和排水电磁阀来执行。进水时，通过控制系统将排水电磁阀打开，将水由外桶排到机外。洗涤正转、反转由洗涤电机驱动波盘的正、反转来实现，此时脱水桶并不旋转。脱水时，控制系统将离合器合上，由洗涤电机带动内桶正转进行甩干。高、低水位控制开关分别用来检测高、低水位。启动按钮用来启动洗衣机工作，停止按钮用来实现手动停止进水、排水、脱水及报警，排水按钮用来实现手动排水。其示意图如图 B.3 所示。

图 B.3　全自动洗衣机示意图

该全自动洗衣机的控制工艺过程：按下启动按钮后，洗衣机开始进水。水满时（即水位到达高水位，高水位开关由 OFF 变为 ON），PLC 停止进水，并开始洗涤正转，正转洗涤 15s后暂停，暂停 3s 后开始洗涤反转，反洗 15s 后暂停。暂停 3s 后，若正、反洗未满 3 次，则返回从正洗开始的动作；若正、反洗满 3 次时，则开始排水。水位下降到低水位时（低水位开关由 ON 变为 OFF）开始脱水并继续排水。脱水 10s 即完成一次从进水到脱水的大循环过程。若未完成 3 次大循环，则返回从进水开始的全部动作，进行下一次大循环；若完成了 3次大循环，则进行洗完报警。报警 10s 后结束全部过程，自动停机。此外，还要求可以按排水按钮以实现手动排水；按停止按钮以实现手动停止进水、排水、脱水及报警。

### 2．设计要求

根据洗衣机系统说明和工艺过程，理清输入/输出信号的关系和状态，列出 I/O 分配表，绘制 PLC 硬件接线图和顺序功能图，设计控制梯形图程序或语句表。

### 3．设计报告

报告内容包括设计思路和方案，器件的选择，I/O 地址分配表，功能图，梯形图，程序清单，调试过程和心得。

## 课题 4　化学反应过程控制系统的设计

### 1．化学反应工艺过程及要求

某化学反应过程由四个容器组成，如图 B.4 所示。容器之间用泵连接，每个容器都装有检测容器空和满的传感器。1 号、2 号容器分别用泵 P1、P2 将碱和聚合物灌满，灌满后传感器发出信号，P1、P2 关闭。2 号容器开始加热，当温度达到 60℃时，温度传感器发出信号，关掉加热器。然后泵 P3、P4 分别将 1 号、2 号容器中的溶液输送到反应池 3 号中，同时搅拌器启动，搅拌时间为 2 分钟。一旦 3 号满或 1 号、2 号空，则泵 P3、P4 停，等待。当搅拌时间到，P5 将混合液抽入产品池 4 号容器，直到 4 号满或 3 号空。产品用 P6 抽走，直到 4 号池空。这样就完成了一次循环，等待新的循环开始。

图 B.4　化学反应过程控制示意图

### 2．设计要求

根据生产流程及工艺要求，绘制 PLC 硬件接线图、状态流程图。控制系统采用半自动工作方式，即系统每完成一次循环后，自动停止在初始状态，等待再次启动信号后，开始下一次循环。

### 3．设计报告

报告内容包括设计思路和方案，器件的选择，I/O 地址分配表，功能图，梯形图，程序清单，调试过程和心得。

## 课题 5　电镀生产线控制系统的设计

### 1．工艺要求及控制流程

某电镀生产线有三个槽，工件由装有可升降吊钩的行车带动，经过电镀、镀液回收、清洗等工序，完成工件的电镀全过程。工艺要求为：工件放入镀槽中，电镀 5 分钟后提起，停放 30 秒，让镀液从工件上流回镀槽，然后放入回收液槽中浸 30 秒，提起后停 15 秒，接着放入清水槽中清洗 30 秒，最后提起停 15 秒，行车返回原位，一个工件的电镀过程结束。电镀生产线的示意图如图 B.5 所示。

图 B.5　电镀生产线的示意图

电镀生产线除装卸工件外，要求整个生产过程能自动进行，这主要体现在行车的控制上，同时还要求行车和吊钩的正、反向运行均能实现点动控制，以便对主要设备进行调整和检修。行车自动工作控制过程如下：

行车在原位，吊钩下降到最下方，限位开关 SQ1、SQ3 被压下，操作人员将要电镀的工件放在挂具上，即可开始电镀工作。按下启动按钮，吊钩上升，当碰到上限位开关 SQ2 后，吊钩上升停止；行车开始前进，行车前进至压下限位开关 SQ6，行车停止前进；同时吊钩下降，吊钩下降至下限位开关 SQ1 时，吊钩停止下降，同时开始电镀 5 分钟；5 分钟后吊钩上升，吊钩上升至压下 SQ2 时，吊钩停止上升，工件停留 30 秒滴液；30 秒后，行车后退，后退至 SQ5，吊钩下降，吊钩下降至下限位开关 SQ1 时，吊钩停止下降，在回收液槽中浸 30 秒，提起后停 15 秒，后退至 SQ4，再下降，在清水槽中清洗 30 秒，最后提起停 15 秒，行车返回原位。最后行车退到原位上方，吊钩下放，机构回到原位。如果再按下启动按钮，则开始下一个工作循环。

### 2. 设计要求

根据电镀生产线的工艺要求和控制流程，理清输入/输出信号的关系和状态，列出 I/O 分配表，绘制 PLC 硬件接线图和顺序功能图，设计控制梯形图程序或语句表。

### 3. 设计报告

报告内容包括设计思路和方案，器件的选择，I/O 地址分配表，功能图，梯形图，程序清单，调试过程和心得。

## 课题 6  自动售货机控制系统的设计

### 1. 自动售货机的动作过程

（1）此自动售货机可以投入 1 元、5 元和 10 元代金硬币。

（2）自动售货机可售两种饮料，果汁每瓶 12 元，啤酒每瓶 15 元。

（3）当投入的硬币总值等于或超过 12 元时，果汁指示灯亮；当投入的硬币总值等于或超过 15 元时，果汁和啤酒指示灯都亮。

（4）当果汁指示灯亮时，按下果汁按钮，则售货机输出果汁。

（5）当啤酒指示灯亮时，按下果汁按钮，则售货机输出啤酒。

（6）若投入的硬币总值超过所选饮料的价值时，售货机计算出余额，并且以币值为一元的硬币按照余额退还给买者。

### 2. 设计要求

根据上述售货机的动作，可以想象售货机应该有投入硬币币值计算，确认可以购买的饮料种类，根据选择输出饮料，计算余额，根据余额输出硬币给买者等步骤，绘制 PLC 硬件接线图和顺序功能图，设计控制梯形图程序或语句表。

### 3. 设计报告

报告内容包括设计思路和方案，器件的选择，I/O 地址分配表，功能图，梯形图，程序

清单，调试过程和心得

## 课题 7  打乒乓球的模拟控制系统的设计

### 1．打乒乓球控制要求

用 5 盏灯（球）左、右移动来模拟乒乓球的运动轨迹，即灯的依次点亮代表乒乓球的运动。再用两个按键模拟左、右两个球拍，键按下代表球拍击球。"左拍"按下可使灯从左到右依次点亮，如同乒乓球从左向右飞来；反之，"右拍"按下则可使灯从右向左依次点亮，代表乒乓球从右向左运动。乒乓球移动速度分"快"和"慢"两种，"快"为 0.5 秒移动 1 位；"慢"为 1 秒移动一位。移动速度的快、慢由接球方接球的快、慢来决定，如果接球方挥拍（按钮）时间在球到位后停留时间的 0.5 秒以内，则球以高速返回；如果接球方挥拍（按钮）时间在球到后停留时间的后半段，则球以低速返回。

本游戏供两人玩耍，如果接球方提前或滞后击球，则接球方失误，对方得分。这时"乒乓球"灯熄灭，数码管显示双方比分；每局比赛采用 11 分（用 1、2、3、4、5、6、7、8、9、A、b 显示）。其中一方达到 11 分后，比分显示闪烁 3 次（3 秒）后，显示胜负局结果（如：3：2）。

用一个按键模拟裁判功能"开始"，按一次由甲方发球，按两次（一秒以内）由乙方发球，开始后双方依次轮流发球。

用一个按键来控制数码管的复位。按复位按钮复位显示，进入下一轮。

### 2．设计要求

根据控制要求，绘制模拟乒乓球球台、比分显示系统、顺序功能图，设计控制梯形图程序。

### 3．设计报告

报告内容包括设计思路和方案，器件的选择，I/O 地址分配表，功能图，梯形图，程序清单，调试过程和心得。

# 附录 C    S7-200 PLC 快速参考信息

表 C.1    常用特殊继电器 SM0 和 SM1 的位信息

| 特殊存储器位 | | | |
|---|---|---|---|
| SM0.0 | 该位始终为 1 | SM1.0 | 操作结果=0 时置位 |
| SM0.1 | 首次扫描时为 1 | SM1.1 | 结果溢出或非法数值时置位 |
| SM0.2 | 保持数据丢失时为 1 | SM1.2 | 结果为负数时置位 |
| SM0.3 | 开机进入 RUN 时为一个扫描周期 | SM1.3 | 试图除以零时置位 |
| SM0.4 | 时钟脉冲：30s 闭合/30s 断开 | SM1.4 | 执行 ATT 指令，超出表范围时置位 |
| SM0.5 | 时钟脉冲：0.5s 闭合/0.5s 断开 | SM1.5 | 从空表中读数时置位 |
| SM0.6 | 时钟脉冲：闭合 1 个扫描周期/断开 1 个扫描周期 | SM1.6 | BCD 到二进制转换出错时置位 |
| SM0.7 | 开关放置在 RUN 位置时为 1 | SM1.7 | ASCII 码到十六进制转换出错时置位 |

表 C.2    S7-200 CPU 存储器范围和特性汇总

| 描  述 | 范  围 | | | | 存  取  格  式 | | | |
|---|---|---|---|---|---|---|---|---|
| | CPU221 | CPU222 | CPU224 | CPU226 | 位 | 字节 | 字 | 双字 |
| 用户程序区 | 2KB 字 | 2KB 字 | 4KB 字 | 4KB 字 | | | | |
| 用户数据区 | 1KB 字 | 1KB 字 | 2.5KB 字 | 2.5KB 字 | | | | |
| 输入映像寄存器 | I0.0～I15.7 | I0.0～I15.7 | I0.0～I15.7 | I0.0～I15.7 | Ix.y | IBx | IWx | IDx |
| 输出映像寄存器 | Q0.0～Q15.7 | Q0.0～Q15.7 | Q0.0～Q15.7 | Q0.0～Q15.7 | Qx.y | QBx | QWx | QDx |
| 模拟输入（只读） | — | AIW0～AIW30 | AIW0～AIW30 | AIW0～AIW30 | | | AIWx | |
| 模拟输出（只写） | — | AQW0～AQW30 | AQW0～AQW30 | AQW0～AQW30 | | | AQWx | |
| 变量存储器（V） | VB0.0～VB2047.7 | VB0.0～VB2047.7 | VB0.0～VB5119.7 | VB0.0～VB5119.7 | Vx.y | VBx | VWx | VDx |
| 局部存储器（L） | LB0.0～LB63.7 | LB0.0～LB63.7 | LB0.0～LB63.7 | LB0.0～LB63.7 | Lx.y | LBx | LWx | LDx |
| 位存储器（M） | M0.0～M31.7 | M0.0～M31.7 | M0.0～M31.7 | M0.0～M31.7 | Mx.y | MBx | MWx | MDx |
| 特殊存储器<br>（SM）只读 | SM0.0～SM179.7<br>SM0.0～SM29.7 | SM0.0～SM179.7<br>SM0.0～SM29.7 | SM0.0～SM179.7<br>SM0.0～SM29.7 | SM0.0～SM179.7<br>SM0.0～SM29.7 | SMx.y | SMBx | SMWx | SMDx |
| 定时器 | 256<br>（T0～T255） | 256<br>（T0～T255） | 256<br>（T0～T255） | 256<br>（T0～T255） | Tx | | Tx | |
| 保持接通延时 1ms<br>保持接通延时 10ms<br>保持接通延时 100ms<br><br>接通/断开延时 1ms<br><br>接通/断开延时 10ms<br>接通/断开延时 100ms | T0，T64<br>T1～T4<br>T65～T68<br>T5～T31<br>T69～T95<br>T32，T96<br>T33～T36<br>T97～T100<br>T101～T255 | T0，T64<br>T1～T4<br>T65～T68<br>T5～T31<br>T69～T95<br>T32，T36<br>T97～T100<br>T37～T63<br>T101～T255 | T0，T64<br>T1～T4<br>T65～T68<br>T5～T31<br>T69～T95<br>T32，T96<br>T37～T63<br>T97～T100<br>T101～T255 | T0，T64<br>T1～T4<br>T65～T68<br>T5～T31<br>T69～T95<br>T32，T96<br>T37～T63<br>T97～T100<br>T101～T255 | Cx | | Cx | |

| 描　述 | 范　围 | | | | 存　取　格　式 | | | |
|---|---|---|---|---|---|---|---|---|
| | CPU221 | CPU222 | CPU224 | CPU226 | 位 | 字节 | 字 | 双字 |
| 计数器 | C0～C255 | C0～C255 | C0～C255 | C0～C255 | Cx | | | Cx |
| 高速计数器 | HC0，HC3 HC4，HC5 | HC0，HC3 HC4，HC5 | HC0—HC5 | HC0—HC5 | | | | HCx |
| 顺控继电器（s） | S0.0～S31.7 | S0.0～S31.7 | S0.0～S31.7 | S0.0～S31.7 | Sx.y | SBx | SWx | SDx |
| 累加器 | AC0～AC3 | AC0～AC3 | AC0～AC3 | AC0～AC3 | | ACx | ACx | ACx |
| 跳转/标号 | 0～255 | 0～255 | 0～255 | 0～255 | | | | |
| 调用/子程序 | 0～63 | 0～63 | 0～63 | 0～63 | | | | |
| 中断程序 | 0～127 | 0～127 | 0～127 | 0～127 | | | | |
| 回路 | 0～7 | 0～7 | 0～7 | 0～7 | | | | |
| 通信口 | 0 | 0 | 0 | 0 | | | | |

注：（1）所有存储器可以保持在永久存储器中。

（2）LB60 到 LB63 为 STEP7-Micro/WIN 32 V3.0 或更高版本保留。

## 表 C.3　S7-200 CPU 指令系统速查表

| 传送、移位、循环和填充指令 | | 表、查找和转换指令 | |
|---|---|---|---|
| MOVB IN，OUT | | ATT　　DATA，TABLE | 把数据加入到表中 |
| MOVW IN，OUT | | LIFO　　TABLE，DATA | 从表中数取数据 |
| MOVD IN，OUT | 字节、字、双字和实数传送 | FIFO　　TABLE，DATA | |
| MOVR IN，OUT | | FND＝ TBL，PATRN，INDX | |
| BIR IN，OUT | | FND<> TBL，PATRN，INDX | 根据比较条件在表中查 |
| BIW IN，OUT | | FND< TBL，PATRN，INDX | 找数据 |
| BMB IN，OUT，N | | FND> TBL，PATRN，INDX | |
| BMW IN，OUT，N | 字节、字和双字块传送 | BCDI　OUT | 把 BCD 码转换成整数 |
| BMD IN，OUT，N | | IBCD　OUT | 把整数转换成 BCD 码 |
| SWAP IN | 交换字节 | BTI　　IN，OUT | 把字节转换成整数 |
| SHRB DATA，S-BIT，N | 寄存器移位 | ITB　　IN，OUT | 把整数转换成字节 |
| SRB　OUT，N | | ITD　　IN，OUT | 把整数转换成双整数 |
| SRW　OUT，N | 字节、字和双字右移 | DTI　　IN，OUT | 把双整数转换成整数 |
| SRD　OUT，N | | | |
| SLB　OUT，N | | | |
| SLW　OUT，N | 字节、字和双字左移 | DTR　　IN，OUT | 把双字转换成实数 |
| SLD　OUT，N | | TRUNC　IN，OUT ROUND | 把实数转换成双字（舍去小数） |
| RRB　OUT，N | | IN，OUT、 | 把实数转换成双整数（保留小数） |
| RRW　OUT，N | 字节、字和双字循环右移 | | |
| RRD　OUT，N | | | |
| RLB　OUT，N | | ATH　　IN，OUT，LEN | 把 ASCⅡ 码转换成 16 进制格式 |
| RLW　OUT，N | 字节、字和双字循环左移 | HTA　　IN，OUT，LEN | 把 16 进制格式转换成 ASCⅡ 码 |
| RLD　OUT，N | | ITA　　IN，OUT，FMT | 把整数转换成 ASCⅡ 码 |
| FILL IN，OUT，N | 用指定的元素填充存储器空间 | DTA　　IN，OUT，FM | 把双整数转换成 ASCⅡ 码 |
| | | RTA　　IN，OUT，FM | 把实数转换成 ASCⅡ 码 |

| 传送、移位、循环和填充指令 | | 表、查找和转换指令 | | |
|---|---|---|---|---|
| 逻 辑 操 作 | | DECO   IN，OUT | 解码 | |
| ALD | 与一个组合 | ENCO   IN，OUT | 编码 | |
| OLD | 或一个组合 | SEG   IN, OUT | 产生 7 段码显示器格式 | |
| LPS | 逻辑堆栈（堆栈控制） | 中 断 | | |
| LRD | 读逻辑栈（堆栈控制） | CRETI | 从中断返回 | |
| LPP | 逻辑出栈（堆栈控制） | ENI   允许中断 | | |
| LDS | 装入堆栈（堆栈控制） | DISI   禁止中断 | | |
| AENO | 对 ENO 进行与操作 | ATCH   INT，EVENT | 给事件分配中断程序 | |
| ANDB IN1，OUT | | DTCH   EVENT | 解除中断事件 | |
| ANDW IN1，OUT | 对字节、字和双字取逻辑与 | 通 讯 | | |
| ANDD IN1，OUT | | XMT   TABLE,PORT | 自由口传送 | |
| ORB  IN1，OUT | | RCV   TABLE,PORT | 自由口接收信息 | |
| ORW  IN1，OUT | 对字节、字和双字取逻辑或 | NETR   TABLE，PORT | 网络读 | |
| ORD  IN1，OUT | | NETW   TABLE，PORT | 网络写 | |
| XORB IN1，OUT | | GPA   ADDR，PORT | 获取口地址 | |
| XORW IN1，OUT | 对字节、字和双字取异或 | SPA   ADDR，PORT | 设置口地址 | |
| XORD IN1，OUT | | 高 速 指 令 | | |
| INVB OUT | | HDEF   HSC,Mode | 定义高速计数器模式 | |
| INVW OUT | 对字节、字和双字取反 | HSC   N | 激活高速计数器 | |
| INVD OUT | （1 的补码） | PLS   Q | 脉冲输出（Q 位 0 或 1） | |
| 布 尔 指 令 | | 数学增减指令 | | |
| LD   N | 装载 | +I   IN1，OUT | 整数、双整数或实数加法 | |
| LDI  N | 立即装载 | +D   IN1，OUT | IN1+OUT=OUT | |
| LDN  N | 取反后装载 | +R   IN1，OUT | | |
| LDNI N | 取反后立即装载 | −I   IN1，OUT | 整数、双整数或实数减法 | |
| A   N | 与 | −D   IN1，OUT | IN1−OUT=OUT | |
| AI   N | 立即与 | −R   IN1，OUT | | |
| AN   N | 取反后与 | DUL  IN1，OUT | 整数或实数乘法 | |
| ANI  N | 取反后立即与 | *R   IN1，OUT | IN1×OUT=OUT | |
| O   N | 或 | *D、*I IN1，OUT | 整数或双整数乘法 | |
| OI   N | 立即或 | DIV  IN1，OUT | 整数或实数除法 | |
| ON   N | 取反后或 | /R   IN1，OUT | IN1/UT=OUT | |
| ONI  N | 取反后立即或 | /D、/I IN1，OUT | 整数或双整数除法 | |
| LDBx  N1, N2 | 装载字节比较的结果<br>N1（x:<,<=,=,>=,>,<>）N2 | SQRT  IN，OUT | 平方根 | |
| | | LN   IN，OUT | 自然对数 | |
| | | EXP   IN，OUT | 自然指数 | |
| ABx   N1, N2 | 与字节比较的结果<br>N1（x:<,<=,=,>=,>,<>）N2 | SIN   IN，OUT | 正弦 | |
| | | COS   IN，OUT | 余弦 | |
| | | TAN   IN，OUT | 正切 | |

| 布 尔 指 令 | | 数学增减指令 | | |
|---|---|---|---|---|
| OBx　　N1，N2 | 或字节比较的结果<br>N1（x:<,<=,=,>=,>,<>）N2 | INCB　　OUT<br>ONCB　　OUT<br>INCD　　OUT | 字节、字和双字增 1 | |
| LDWx　　N1，N2 | 装载字比较结果<br>N1（x:<,<=,=,>=,>,<>）N2 | DECB　　OUT<br>DECW　　OUT<br>DECD　　OUT | 字节、字和双字减 1 | |
| AWx　　N1，N2 | 与字比较结果<br>N1（x:<,<=,=,>=,>,<>）N2 | PID　　Table,Loop | PID 回路 | |
| OWx　　N1，N2 | 或字比较结果<br>N1（x:<,<=,=,>=,>,<>）N2 | 定时器和计数器指令 | | |
| | | TON　　Txxx，PT | 接通延时定时器 | |
| LDDx　　N1，N2 | 装载双字比较结果<br>N1（x:<,<=,=,>=,>,<>）N2 | TOF　　Txxx，PT<br>TONR　　Txxx，PT | 关断延时定时器<br>带记忆的接通延时定时器 | |
| ADx　　N1，N2 | 与双字比较结果<br>N1（x:<,<=,=,>=,>,<>）N2 | CTU　　Cxxx，PV<br>CTD　　Cxxx，PV<br>CTUD　　Cxxx，PV | 增计数<br>减计数<br>增/减计数 | |
| ODx　　N1，N2 | 或双字比较结果<br>N1（x:<,<=,=,>=,>,<>）N2 | 实时时钟指令 | | |
| | | TODR　　T | 读实时时钟 | |
| LDRx　　N1，N2 | 装载实数比较结果<br>N1（x:<,<=,=,>=,>,<>）N2 | TODW　　T | 写实时时钟 | |
| | | 程序控制指令 | | |
| ARx　　N1，N2 | 与实数比较结果<br>N1（x:<,<=,=,>=,>,<>）N2 | END | 程序的条件结束 | |
| ORx　　N1，N2 | 或实数比较结果<br>N1（x:<,<=,=,>=,>,<>）N2 | STOP | 切换到 STOP 模式 | |
| NOT | 堆栈取反 | WDR | 看门狗复位（300ms） | |
| EU | 检测上升沿 | JMP　　N | 跳到定义的标号 | |
| DU | 检测下降沿 | LBL　　N | 定义一个跳转的标号 | |
| =　　N | 赋值 | CALL　　N[N1…] | 调用子程序[N1，……可以有 16 个 | |
| =1　　N | 立即赋值 | CRET | 可选参数]<br>从 SBR 条件返回 | |
| S　　S-BIT，N | 置位一个区域 | FOR　　INDX，INIT<br>FINAL<br>NEXT | For/Next 循环 | |
| R　　S-BIT，N | 复位一个区域 | | | |
| SI　　S-BIT，N | 立即置位一个区域 | LSCR<br>SCRT　　N<br>SCRE　　N | 顺控继电器段的启动、转换和结束 | |
| RI　　S-BIT，N | 立即复位一个区域 | | | |

# 参 考 文 献

[1] 王永华. 现代电气及可编程程序控制技术[M]. 北京：北京航天航空大学出版社，2002.

[2] 孙平. 可编程程序控制器原理及应用[M]. 北京：高等教育出版社，2003.

[3] 胡学林. 可编程序控制器教程[M]. 北京：电子工业出版社，2003.

[4] 劳动和社会保障部教材办公室. 电力拖动控制线路与技能训练[M]. 北京：中国劳动和社会保障部出版社，2001.

[5] 陈立定等. 电气控制与可编程序控制器[M]. 广州：华南理工大学出版社，2001.

[6] 余雷声. 电气控制与 PLC 应用[M]. 北京：机械工业出版社，1996.

[7] SIMATIC S7-200 可编程序控制器系统手册[M]. 2002.

[8] 廖常初. PLC 编程及应用[M]. 北京：机械工业出版社，2002.

[9] 朱善君等. 可编程序控制器系统原理、应用、维护[M]. 北京：清华大学出版社，1992.

[10] 郑瑜平等. 可编程序控制器[M]. 北京：北京航天航空大学出版社，1992.

[11] 廖常初. 可编程序控制器应用技术[M]. 重庆：重庆大学出版社，2002.

[12] 于桂音. PLC 程序设计的方法——逻辑设计法[J]. 机床电器，2000.

[13] 谢克明等. 可编程序控制器原理与程序设计[M]. 北京：电子工业出版社，2002.

[14] 王兆义. 可编程序控制器教程[M]. 北京：机械工业出版社，2000.

[15] 胡汉文等. 电气控制与 PLC 应用[M]. 北京：人民邮电出版社，2009.

[16] 金沙等. PLC 应用技术[M]. 北京：中国电力出版社，2010.

# 《电气控制与 PLC 原理及应用

## （西门子 S7-200 系列）（第 3 版）》读者意见反馈表

尊敬的读者：

感谢您购买本书。为了能为您提供更优秀的教材，请您抽出宝贵的时间，将您的意见以下表的方式（可从 http://www.huaxin.edu.cn 下载本调查表）及时告知我们，以改进我们的服务。对采用您的意见进行修订的教材，我们将在该书的前言中进行说明并赠送您样书。

姓名：＿＿＿＿＿＿＿＿＿＿＿　　电话：＿＿＿＿＿＿＿＿＿＿＿＿＿＿＿＿＿

职业：＿＿＿＿＿＿＿＿＿＿＿　　E-mail：＿＿＿＿＿＿＿＿＿＿＿＿＿＿＿＿

邮编：＿＿＿＿＿＿＿＿＿＿＿　　通信地址：＿＿＿＿＿＿＿＿＿＿＿＿＿＿

1. 您对本书的总体看法是：

　　□很满意　　□比较满意　　□尚可　　□不太满意　　□不满意

2. 您对本书的结构（章节）：□满意　□不满意　改进意见＿＿＿＿＿＿＿＿＿＿＿＿

＿＿＿＿＿＿＿＿＿＿＿＿＿＿＿＿＿＿＿＿＿＿＿＿＿＿＿＿＿＿＿＿＿＿＿＿＿＿

3. 您对本书的例题：□满意　□不满意　改进意见＿＿＿＿＿＿＿＿＿＿＿＿＿＿＿

＿＿＿＿＿＿＿＿＿＿＿＿＿＿＿＿＿＿＿＿＿＿＿＿＿＿＿＿＿＿＿＿＿＿＿＿＿＿

4. 您对本书的习题：□满意　□不满意　改进意见＿＿＿＿＿＿＿＿＿＿＿＿＿＿＿

＿＿＿＿＿＿＿＿＿＿＿＿＿＿＿＿＿＿＿＿＿＿＿＿＿＿＿＿＿＿＿＿＿＿＿＿＿＿

5. 您对本书的实训：□满意　□不满意　改进意见＿＿＿＿＿＿＿＿＿＿＿＿＿＿＿

＿＿＿＿＿＿＿＿＿＿＿＿＿＿＿＿＿＿＿＿＿＿＿＿＿＿＿＿＿＿＿＿＿＿＿＿＿＿

6. 您对本书其他的改进意见：

＿＿＿＿＿＿＿＿＿＿＿＿＿＿＿＿＿＿＿＿＿＿＿＿＿＿＿＿＿＿＿＿＿＿＿＿＿＿

＿＿＿＿＿＿＿＿＿＿＿＿＿＿＿＿＿＿＿＿＿＿＿＿＿＿＿＿＿＿＿＿＿＿＿＿＿＿

＿＿＿＿＿＿＿＿＿＿＿＿＿＿＿＿＿＿＿＿＿＿＿＿＿＿＿＿＿＿＿＿＿＿＿＿＿＿

＿＿＿＿＿＿＿＿＿＿＿＿＿＿＿＿＿＿＿＿＿＿＿＿＿＿＿＿＿＿＿＿＿＿＿＿＿＿

7. 您感兴趣或希望增加的教材选题是：

＿＿＿＿＿＿＿＿＿＿＿＿＿＿＿＿＿＿＿＿＿＿＿＿＿＿＿＿＿＿＿＿＿＿＿＿＿＿

＿＿＿＿＿＿＿＿＿＿＿＿＿＿＿＿＿＿＿＿＿＿＿＿＿＿＿＿＿＿＿＿＿＿＿＿＿＿

＿＿＿＿＿＿＿＿＿＿＿＿＿＿＿＿＿＿＿＿＿＿＿＿＿＿＿＿＿＿＿＿＿＿＿＿＿＿

请寄：100036　北京市万寿路 173 信箱职业教育分社　　陈晓明　收

电话：010-88254575　　E-mail：chxm@phei.com.cn

# 反侵权盗版声明

电子工业出版社依法对本作品享有专有出版权。任何未经权利人书面许可，复制、销售或通过信息网络传播本作品的行为；歪曲、篡改、剽窃本作品的行为，均违反《中华人民共和国著作权法》，其行为人应承担相应的民事责任和行政责任，构成犯罪的，将被依法追究刑事责任。

为了维护市场秩序，保护权利人的合法权益，本社将依法查处和打击侵权盗版的单位和个人。欢迎社会各界人士积极举报侵权盗版行为，本社将奖励举报有功人员，并保证举报人的信息不被泄露。

举报电话：（010）88254396；（010）88258888

传　　真：（010）88254397

E-mail：dbqq@phei.com.cn

通信地址：北京市海淀区万寿路 173 信箱

　　　　　电子工业出版社总编办公室

邮　　编：100036

